建筑设计实用技术手册

深圳市建筑设计研究总院有限公司　编

U0291124

中国建筑工业出版社

图书在版编目（CIP）数据

建筑设计实用技术手册/深圳市建筑设计研究总院有
限公司编. —北京：中国建筑工业出版社，2017.2（2021.8重印）
ISBN 978-7-112-20288-1

Ⅰ.①建… Ⅱ.①深… Ⅲ.①建筑设计-技术手册
Ⅳ.①TU2-62

中国版本图书馆 CIP 数据核字（2017）第 011122 号

责任编辑：费海玲 张幼平
责任设计：谷有稷
责任校对：王宇枢 关 健

建筑设计实用技术手册

深圳市建筑设计研究总院有限公司 编

*

中国建筑工业出版社出版、发行（北京海淀三里河路9号）
各地新华书店、建筑书店经销
霸州市顺浩图文科技发展有限公司制版
北京建筑工业印刷厂印刷

*

开本：880×1230毫米 1/32 印张：12½ 字数：349千字
2017年6月第一版 2021年8月第三次印刷
定价：**39.00**元
ISBN 978-7-112-20288-1
（29650）

前　　言

　　《建筑设计实用技术手册》是在深圳市建筑设计研究总院有限公司编著、中国建筑工业出版社出版的《建筑设计技术细则与措施》（2009 年版）及《建筑设计技术手册》（2011 年版）的基础上，根据各级规范与标准的更新与技术发展特点重新整合修编的面向全国而部分侧重深圳市的技术手册。编制的目的是方便建筑设计人员更好地执行国家和地方规范、了解新技术、新材料、新工艺，从而提高建筑设计的质量和效率。

　　《建筑设计实用技术手册》的编制特点在于以下四方面：

　　（1）内容全面。手册覆盖常用的工业与民用建筑，一册在手，方便使用。

　　（2）清晰准确。手册严格执行国家及地方的各级规范和标准，编写出处有依据。

　　（3）安全可靠。手册中的技术措施成熟、安全、可靠。

　　（4）简明扼要。手册内容主要表格化，脉络清晰，查找方便。

　　由于本手册内容广、工作量大，而编制时间与水平有限，敬请批评指正，以便今后修订和完善。

《建筑设计实用技术手册》编委

主　编　孟建民　黄晓东　陈邦贤　李泽武

编　委　各章节编委如下：

第1章　总则　　　　　　　　　　　　　　黄晓东
第2章　一般规定　　　　　　　　　　　　孟建民
第3章　总平面与场地设计　　　　　　　　黄晓东
第4章　建筑防火设计　　　　　　　　　　涂宇红　李泽武
第5章　无障碍设计　　　　　　　　　　　黄晓东
第6章　建筑安全设计　　　　　　　　　　罗韶坚
第7章　建筑防水技术　　　　　　　　　　孙文静
第8章　车库设计　　　　　　　　　　　　涂宇红
第9章　人防地下室技术　　　　　　　　　林镇海
第10章　厨房设计　　　　　　　　　　　　冯　春
第11章　卫生间设计　　　　　　　　　　　冯　春
第12章　台阶、坡道与楼梯设计　　　　　　陈邦贤
第13章　电梯、自动扶梯、自动人行道设计　陈邦贤　凌　霞
第14章　屋面技术　　　　　　　　　　　　涂宇红
第15章　楼地面技术　　　　　　　　　　　涂宇红
第16章　墙体技术　　　　　　　　　　　　罗韶坚
第17章　门窗与幕墙技术　　　　　　　　　陈慧芬　李泽武
第18章　附属设施　　　　　　　　　　　　黄晓东
第19章　设备用房与防排烟设施　　　　　　凌　霞
第20章　建筑防腐技术　　　　　　　　　　陈慧芬　李泽武
第21章　建筑采光技术　　　　　　　　　　冯　春
第22章　建筑节能技术　　　　　　　　　　岳红文
第23章　环保及室内环境污染控制　　　　　黄晓东
第24章　绿色建筑设计　　　　　　　　　　冯　春　李泽武

主审、统稿　　　　　　　　　　　　　黄晓东　冯　春
　　　　　　　　　　　　　　　　　　　　林镇海　涂宇红

排版、整理　　　　　　　　　　　　　刘宏涛

4

目　　录

1 总 则

1.0.1 为适应建筑设计发展需要，提高民用建筑设计的效率与质量，合理选定技术，制定本技术手册。

1.0.2 本技术手册是贯彻执行国家、各省市和深圳市有关规范与标准的要点提示和补充，并结合深圳市建筑设计研究总院有限公司在全国各地的设计实践经验，针对建筑设计中的共同性问题而编制的实用技术手册。

1.0.3 本手册的主要技术要求适用于全国新建、扩建和改建的各类民用建筑工程，其中注明的深圳市标准与规定仅适合于深圳市本地工程，亦可作为全国各地的参考。

1.0.4 除执行本技术手册外，建筑设计还应符合国家、所在省市及自治区现行有关法规和技术标准。采用本技术手册，应因地制宜进行选定，采取合理技术。

1.0.5 本技术手册未尽事宜、未考虑周全之内容、现有科学技术尚未发现的技术缺陷和瑕疵，或政府相关职能部门发布的新的标准和要求，应自动适用于国家相关法律法规、技术标准。

2 一般规定

2.1 民用建筑分类

2.1.1 按使用功能分类

民用建筑的功能分类 表 2.1.1

分类	建筑类别	建筑物举例
居住建筑	住宅建筑	住宅、别墅等
	宿舍建筑	宿舍、公寓等
公共建筑	教育建筑	托儿所、幼儿园、中小学校、高等院校、职业学校、特殊教育学校等
	办公建筑	政府办公楼、商务写字楼、证券、银行大厦等
	科研建筑	实验楼、科研楼、研发产业园等
	文化建筑	剧院、电影院、图书馆、博物馆、档案馆、文化馆、展览馆、音乐厅等
	商业建筑	购物中心、百货商场、超市、商业步行街等
	商业综合体	酒店、办公、购物中心、公寓等综合一体的建筑
	旅游建筑	酒店、旅馆、度假村等
	体育建筑	体育场、体育馆、游泳馆、专业竞技馆等
	医疗建筑	综合医院、专科医院、康复中心、急救中心、疗养院等
	会展建筑	展览中心、会议中心、科技展览馆等
	交通建筑	汽车客运站、港口客运站、铁路旅客站、空港航站楼、地铁站等
	纪念建筑	纪念碑、纪念馆、纪念塔、故居等
	园林建筑	动物园、植物园、海洋馆、游乐场、旅游景点建筑、城市建筑小品等

分类	建筑类别	建筑物举例
公共建筑	广播、电视建筑	广播、电视中心等建筑
	殡葬建筑	殡仪馆、墓地等
	惩戒建筑	劳教所、监狱等

2.1.2 按建筑高度分类

分为高层民用建筑和单、多层民用建筑，详 4.2 节建筑防火分类。

2.1.3 按建筑工程规模分类

民用建筑的规模分类 表 2.1.3

建筑类别	规模	指标或使用要求
商场、百货商店	大型	>20000m²
	中型	5000～20000m²
	小型	<5000m²
专业商店	大型	>5000m²
	中型	1000～5000m²
	小型	<1000m²
菜市场	大型	>6000m²
	中型	1200～6000m²
	小型	<1200m²
汽车库	特大型	>1000辆
	大型	301～1000辆
	中型	51～300辆
	小型	≤50辆
电影院	特大型	1800座以上
	大型	1201～1800座
	中型	701～1200座
	小型	700座以下

建筑类别	规 模	指标或使用要求		
剧场	特大型	＞1601 座		
	大型	1201～1600 座		
	中型	801～1200 座		
	小型	300～800 座		
	话剧戏曲剧场	不宜超过 1200 座		
	歌舞剧场	不宜超过 1800 座		
体育建筑	特级	举办亚运会、奥运会及世界级比赛主场馆		
	甲级	举办全国性及单项国际比赛场馆		
	乙级	举办地区性和全国性单项比赛场馆		
	丙级	举办地方性、群众性运动会用场馆		
		体育场	体育馆	游泳馆
	特大型	＞60000 座	＞10000 座	＞6000 座
	大型	40000～60000 座	6000～10000 座	3000～6000 座
	中型	20000～40000 座	3000～6000 座	1500～3000 座
	小型	＜20000 座	＜3000 座	＜1500 座

注：体育建筑的规模分类与建筑等级有一定的对应关系，相关设施、设备及标准也应相匹配，但不绝对化。

2.1.4 民用建筑按设计使用年限分类

民用建筑设计使用年限分类　　　表 2.1.4-1

类别	设计使用年限	示　例	类别	设计使用年限	示　例
1	5 年	临时性建筑	3	50 年	普通建筑和构筑物
2	25 年	易于替换结构构件的建筑	4	100 年	纪念性建筑和特别重要的建筑

体育建筑、剧场建筑主体结构使用年限　　表 2.1.4-2

体育建筑		剧场建筑	
建筑等级	主体结构设计使用年限(年)	建筑等级	耐久使用年限(年)
特级	＞100	甲等	＞100
甲级、乙级	50～100	乙等	51～100
丙级	25～50	丙等	25～50

2.2 室内环境

2.2.1 日照

各类主要用房获得日照的最低标准见表 2.2.1。

各类主要用房获得日照的最低标准　　　表 2.2.1

类　别	获得日照的最低标准
住宅	每套至少有一个居住空间能获得冬季日照,当一套住宅中居住空间总数超过四个时,其中宜有两个获得日照
宿舍	半数以上的居室能获得同住宅居室相等的日照标准
托儿所、幼儿园的生活用房	冬至日底层满窗日照不少于 3h 的日照
老年人、残疾人住宅的卧室、起居室	冬至日满窗日照不宜少于 2h 的日照
医院、疗养院	半数以上的病房、疗养室能获得冬至日不少于 2h 的日照(良好日照)
中小学校	半数以上的教室能获得冬至日底层满窗日照不少于 2h 的日照

注:住宅日照标准见表 3.1.7-2。

2.2.2 采光

1. 内廊采光应符合下表规定

内廊采光　　　表 2.2.2-1

名　称	内廊长度	采光方式	备　注
内廊采光	≤20m	可一端采光	—
	>20m	应两端采光	—
	≥40m	应增加中间采光	否则应采用人工照明

2. 建筑窗地比

各类主要用房侧窗采光的窗地面积比　　　表 2.2.2-2

类别	房间名称	窗地面积比
住宅	卧室、起居室、厨房	1/6
	卫生间、过道、餐厅、楼梯间	1/10

类别	房 间 名 称	窗地面积比
办公	复印室、档案室	1/6
	办公室、会议室	1/5
	设计室、绘图室	1/4
	走道、楼梯间、卫生间	1/10
中小学	普通教室、专用教室、实验室、阶梯教室、教师办公室	1/5
	走道、楼梯间、卫生间	1/10
托幼	多功能厅、活动室、卧室、隔离室、保健室	1/5
	办公室、辅助用房	1/5
旅馆	大堂、客房、餐厅、健身房	1/6
	会议室	1/5
	走道、楼梯间、卫生间	1/10
医院	诊室、药房、治疗室、化验室	1/5
	一般病房、医生办公室(护士室)、候诊室、挂号处、综合大厅	1/6
	走道、楼梯间、卫生间	1/10
图书馆	阅览室、开架书库	1/5
	目录室	1/6
	书库、走道、楼梯间、卫生间	1/10
博物馆	文物修复室、标本制作室、书画装裱室	1/5
	陈列室、展厅、门厅	1/6
	库房、走道、楼梯间、卫生间	1/10
展览建筑	展厅(单层及顶层)	1/5
	登录厅、连接通道	1/6
	库房、楼梯间、卫生间	1/10
交通建筑	进站厅、候机(车)厅	1/5
	出站厅、连接通道、自动扶梯	1/6
	站台、楼梯间、卫生间	1/10

类别	房间名称	窗地面积比
体育建筑	体育馆场地、观众入口大厅、休息室、运动员休息室、治疗室、贵宾室、裁判用房	1/6
	浴室、楼梯间、卫生间	1/10
饮食建筑	用餐区、厨房	1/6
	库房、楼梯间、卫生间	1/10
宿舍	居室	1/7
	楼梯间	1/12
	公共厕所、公共浴室	1/10
商店	营业厅	宜利用天然采光

注 1. 本表适用于Ⅲ类光气候区；其他光气候区的窗地面积比应乘以相应的光气候系数；见表21.1.3；
2. 窗地面积比仅适用于方案设计采光窗洞口面积估算；
3. 教室、办公室和厂房在采光设计中应采取控制窗眩光的措施。

3. 建筑采光设计及采光系数计算详见第21章建筑采光设计

2.2.3 通风

1. 建筑物室内应有与室外空气直接流通的窗口或洞口，否则应设自然通风道或机械通风设施。

2. 采用直接自然通风的空间，其通风开口面积应符合下表规定：

各类主要用房自然通风开口面积与地面面积比

表 2.2.3

类别	房间名称	通风开口面积/地面面积
住宅	卧室、起居室、明卫生间	≥1/20(深圳节能采取1/10)
	厨房	≥1/10 并≥0.6m²
公共建筑	办公用房	≥1/20
	餐厅	>1/16
	厨房和饮食制作间	≥1/10
	营业厅	≥1/20

类别	房间名称	通风开口面积/地面面积
公共建筑	卫生间、浴室	>1/20
	中小学教室、实验室	>1/10
	病房、候诊室	>1/15
	儿童活动室	>1/10
	宿舍居室	≥1/20(深圳市的要求为1/10)

3. 住宅厨房炉灶上方应安装排除油烟设备，并设排烟道。

4. 严寒地区居住用房、厨房、卫生间应设自然通风道或通风换气设施。

5. 自然通风道的位置应设于窗户或与进风口相对的一面。

6. 无外窗的浴室和厕所应设机械通风换气设施，并设通风道。

7. 厨房、卫生间的门的下方应设进风固定百叶或留有进风缝隙。

8. 对难以满足开启面积要求的房间，应设置必要的机械通风。

2.2.4 保温

1. 建筑物宜布置在向阳、无日照遮挡、避风地段。

2. 寒冷地区的建筑物不应设置开敞的楼梯间和外廊，其出入口应设门斗或采取其他防寒措施。

3. 建筑宜采用紧凑的体形，外墙凹凸面不宜过多，缩小体形系数。

4. 建筑物的外门窗面积不宜过大，且应满足不同地区及朝向的窗墙比要求。外门窗应减少其缝隙长度，并采取密封措施。宜选用节能型外门窗。

5. 建筑物的节能设计应符合有关节能设计标准的规定。

6. 设置集中供暖的建筑物，其建筑热工和采暖设计应符合有关节能设计标准的规定。

2.2.5 防热

1. 夏季防热应采取绿化环境、组织有效自然通风、外围护结构隔热和设置建筑遮阳等综合措施。

2. 建筑群总体布局、建筑物的平面空间组织、剖面设计和门窗的设置，应有利于组织室内通风。

3. 建筑物的东、西向窗户，外墙和屋顶应采取有效的遮阳和隔热措施。

4. 建筑物的外围护结构，应进行夏季隔热设计，并应符合有关节能设计标准的规定。

2.2.6 隔声

1. 对有防噪要求的建筑物，应采取防噪措施。

2. 民用建筑各类主要用房的室内允许噪声级应符合下表的规定：

室内允许噪声级 表2.2.6

建筑类别	房间名称	允许噪声级（A声级，dB）	
		高要求标准	低限标准
住宅	卧室	昼间≤40；夜间≤30	昼间≤45；夜间≤37
	起居室（厅）	≤40	≤45
医院	病房、医护人员休息室	昼间≤40；夜间≤35	昼间≤45；夜间≤40
	各类重症监护室	昼间≤40；夜间≤35	昼间≤45；夜间≤40
	诊室、手术室、分娩室	≤40	≤45
	洁净手术室	—	≤50
	人工生殖中心净化区	—	≤40
	听力测听室	—	≤25
	化验室、分析实验室	—	≤40
	入口大厅、候诊厅	≤50	≤55
注：1. 对有特殊要求的病房，室内允许噪声级应≤30dB； 2. 表中听力测听室允许噪声级的数值适用于采用纯音气导和骨导听阈测听法的听力测听室；采用声场测听法的听力测听室的允许噪声级另有规定			

建筑类别	房间名称	允许噪声级(A声级,dB)	
		高要求标准	低限标准
办公	单人办公室、电视电话会议室	≤35	≤40
	多人办公室、普通会议室	≤40	≤45
商业	商场、商店、购物中心、会展中心	≤50	≤55
	餐厅	≤45	≤55
	员工休息室	≤40	≤45
	走廊	≤50	≤60

建筑类别	房间	特级	一级	二级
旅馆	客房	昼间≤35；夜间≤30	昼间≤40；夜间≤35	昼间≤45；夜间≤40
	办公室、会议室	≤40	≤45	≤45
	多功能厅	≤40	≤45	≤50
	餐厅、宴会厅	≤45	≤50	≤55
学校	语言教室、阅览室	≤40		
	普通教室、实验室、计算机房	≤45		
	音乐教室、琴房	≤45		
	舞蹈教室	≤50		

3. 民用建筑的隔声减噪设计应符合下列规定：

（1）对于结构整体性较强的民用建筑，应对附着于墙体和楼板的传声源部件采取防止结构声传播的措施。

（2）有噪声和振动的设备用房应采取隔声、隔振和吸声的措施，并应对设备和管道采取减振、消声处理；平面布置中，不宜将有噪声和振动的设备用房设在主要用房的直接上层或贴邻布置，当其设在同一楼层时，应分区布置。

（3）安静要求较高的房间内设置吊顶时，应将隔墙砌至梁、板底面；采用轻质隔墙时，其隔声性能应符合有关隔声标准的规定。

（4）住宅的卧室、起居室宜布置在背向噪声源的一侧。

（5）电梯不应与卧室、起居室紧邻布置。受条件限制需要紧邻布置时，必须采取隔声、减振措施。

注：其他详见《民用建筑隔声设计规范》GB 50118—2010。

2.3 房间合理使用人数

2.3.1 主要功能用房人均最小使用面积及各种用房人口密度

主要功能房间人均最小使用面积　　　　表 2.3.1-1

类别	房间功能		人均最小使用面积(m²/人)	
办公楼	普通办公室		4	
	研究工作室		5	
	设计绘图室		6	
	单间办公室		10	
	中、小会议室	有会议桌	1.8	
		无会议桌、报告厅	0.8	
中小学校	普通教室(m²/每座)	小学	1.36	
		中学	1.39	
		幼儿及中等师范	1.37	
	合班教室(m²/每座)		小学 0.89	中学 0.9
	教师办公室(m²/每座)		5.0	
剧场	观众厅	甲等	0.8	
		乙等	0.7	
		丙等	0.6	
电影院	观众厅	特级	1.0	
		甲级		
		乙级		
		丙级	0.6	
商场	营业厅、自选营业厅		1.35	
	用小车选购的自选营业厅		1.7	

类别	房间功能		人均最小使用面积(m²/人)
餐饮	餐馆餐厅	一级	1.3
		二级	1.1
	食堂餐厅	一级	1.1
		二级	0.85
图书馆	阅览室	普通及报刊阅览室	1.8～2.3
		专业阅览室	3.5
		儿童阅览室	1.8

注：1. 本表依据各相关建筑设计规范编制。
    2. 本表为建筑正常使用情况下房间的合理使用人数，非消防疏散计算的最不利人数。

各种主要用房的人口密度　　表 2.3.1-2

房间名称			人口密度(人/m²)
人员密集的房间(影剧院、会堂等)			1～2
教育用房(如教室等)			0.7～1
商业用房	一般商场		0.5～0.7
	黄金地段商场		1
	特大型商场		1.2～1.5
办公楼	一般办公楼		0.2
	高层办公楼	普通办公室	0.25
		单间办公室	0.1
会议室			1.0
住宿用房(旅馆、宿舍、住宅等)			0.1～0.2
餐厅、食堂			0.5～0.8
宴会厅			1.25
图书馆			0.4
美容理发			0.2
娱乐场所	酒吧		0.6
	娱乐室		0.3

房 间 名 称		人口密度（人/m²）
娱乐场所	录像、放映厅	1.0
	歌舞厅、游艺场	0.5
工厂	坐作业	0.3
	立作业	0.1
集散广场		1.0～1.4

注：1. 表中人口密度中的面积（m²）是指有效使用面积，约占建筑面积的 60%；
　　2. 建筑的安全疏散计算应符合有关"防火规范"规定；
　　3. 凡有确定人数设计的用房，其人数按设计人数确定。

2.4　常用房间室内净高

各类常用房间室内净高（m）　　　　表 2.4

类别	房间部位		室内净高	备 注
住宅	卧室、起居室		≥2.40	局部（≤1/3 室内使用面积）净高应 ≥2.10
	厨房、卫生间		≥2.20	排水横管下表面与楼面、地面净距 ≥1.90
	利用坡屋顶内空间作卧室、起居室		≥2.10	至少 1/2 使用面积
宿舍	居室	单层床	≥2.60	—
		双层床或高架床	≥3.40	—
	辅助用房		≥2.50	—
办公建筑	办公室	一类（特别重要）	≥2.70	—
		二类（重要）	≥2.60	—
		三类（普通）	≥2.50	—
	走道		≥2.20	—
	贮藏		≥2.00	—

类别	房间部位		室内净高	备 注
中小学	普通教室、史地、美术、音乐教室	小学	≥3.00	—
		初中	≥3.05	—
		高中	≥3.10	—
	舞蹈教室		≥4.5	—
	科学教室、实验室、计算机教室、劳动教室、技术教室、合班教室		≥3.10	
	阶梯教室		最低处≥2.20	最后一排距顶棚或上方凸出物的最小距离
	风雨操场	田径、羽毛球	≥9.00	田径场地可减少部分项目降低净高
		篮球、排球	≥7.00	—
		体操	≥6.00	—
		乒乓球	≥4.00	—
托幼建筑	活动室、寝室、乳儿室		≥2.80	特殊形状的顶棚、最低处距地面净高≥2.2
	音体活动室		≥3.60	
旅馆	客房	无空调客房	≥2.60	设空调时≥2.40
		利用坡屋顶内空间	≥2.4	≥8m² 面积满足此高度
	卫生间		≥2.20	—
	公共走道及客房内过道		≥2.10	—
医院	诊查室		≥2.60	医技科室宜根据需要确定
	病房		宜≥2.80	—
	公共走道		≥2.30	—
疗养院	疗养室		≥2.60	—
图书馆	音像控制室		≥3.00	—
	书库、阅览室藏书区		≥2.40	梁与管线底净高≥2.30,积层书架时≥4.70。藏、阅空间合一者,宜采取统一层高
博物馆	藏品库房		≥2.40	若有梁或管道等突出物,其底面净高应≥2.20
	陈列室		≥3.50	

类别	房间部位			室内净高	备注
档案馆	档案库			≥2.60	—
文化馆	计算机与网络教室			≥3.00	—
	舞蹈排练室			≥4.50	—
	录音录像室			≥5.50	—
电影院	放映机房			≥2.60	—
饮食建筑	小餐厅、小饮食厅			≥2.60	设空调时≥2.40
	大餐厅、大饮食厅			≥3.00	异形顶棚最低处应≥2.40
	厨房、饮食制作间			≥3.00	—
商店	储存库房	设有货架		≥2.10	—
		设有夹层		≥4.60	—
		无固定堆放形式		≥3.00	—
	营业厅	自然通风	单面开窗	≥3.20	最大进深与净高比2:1
			前后敞开	≥3.20	最大进深与净高比2.5:1
			前后开窗	≥3.50	最大进深与净高比4:1
		机械通风和自然通风结合		≥3.50	最大进深与净高比5:1
		空气调节系统		≥3.00	≤50m² 的房间或宽度≤3 的局部空间的净高可酌减,但应≥2.40
车库	机动车库	微型车、小型车		≥2.20	—
		轻型车		≥2.95	—
		中型、大型客车		≥3.70	—
		中型、大型货车		≥4.20	—
	非机动车库停车区域			≥2.00	—
防空地下室	室内地平面至梁底和管底的净高			≥2.00	—
	室内地平面至结构板底面的净高			≥2.40	—
	专业队装备掩蔽部和人防汽车库的室内地平面至梁底和管底的净高			≥车高+0.20	—

3 总平面与场地设计

3.1 基地总平面设计

3.1.1 建筑基地审批程序的"一书两证"

建筑基地审批程序的"一书两证"　　表3.1.1

审批程序类别		适 用 阶 段
一书	核发《建筑项目选址意见书》	审批项目立项
两证	核发《建设用地规划许可证》	审批建设用地
	核发《建设工程规划许可证》	审批建设工程

3.1.2 建筑基地控制线

建筑基地控制线　　表3.1.2

类别		技 术 要 求	
红线	用地红线	规划主管部门批准的各类建筑工程项目用地的使用权属范围的用地界限	
	道路红线	规划主管部门确定的城市道路路幅(含居住区级道路)用地界限	
	基地边界线	建筑工程项目用地的使用权属范围边界线	
	建筑控制线(建筑红线)	有关法规或控制性详细规划确定的建(构)筑物的基底位置不得超出的界线	
绿线		规划主管部门确定的城市各类绿地范围的控制线	

16

类别	技 术 要 求
蓝线	规划主管部门确定的江、河、湖、水库、湿地等地表水体保护的控制界限
紫线	国家和各级政府确定的历史文物、历史文化街区和历史建筑保护范围界限
黄线	规划主管部门确定的必须控制的城市基础设施的用地界限

3.1.3 城市规划对建筑基地和建筑的限定
1. 城市规划对建筑基地和建筑的限定

城市规划对建筑基地和建筑的限定　　表 3.1.3-1

<table>
<tr><td colspan="3">类　　别</td><td colspan="2">技 术 限 定</td></tr>
<tr><td rowspan="13">建筑基地</td><td colspan="2" rowspan="3">基地与城市道路连接的道路宽度</td><td colspan="2">当基地内建筑面积≤3000m² 时</td><td>≥4m</td></tr>
<tr><td rowspan="2">当基地内建筑面积>3000m²</td><td>只有一条基地道路与城市道路相连接时</td><td>≥7m</td></tr>
<tr><td>有两条道路与城市相连接时</td><td>≥4m</td></tr>
<tr><td rowspan="10">机动车出入口</td><td rowspan="5">一般规定</td><td colspan="2">自道路红线交叉点量起，与大中城市主干道交叉口的距离</td><td>≥70m</td></tr>
<tr><td colspan="2">与人行横道、人行天桥、人行地道(包括引道、引桥)的最近边缘线距离</td><td>≥5m</td></tr>
<tr><td colspan="2">距地铁出入口、公共交通站台边缘</td><td>≥15m</td></tr>
<tr><td colspan="2">距公园、学校、儿童及残疾人使用建筑的出入口</td><td>≥20m</td></tr>
<tr><td colspan="2">基地道路坡度>8%时，应设缓冲段与城市道路相连接</td><td></td></tr>
<tr><td rowspan="3">居住区</td><td colspan="2">主要道路至少应有 2 个出入口，至少两个方向与外围道路相连</td><td></td></tr>
<tr><td colspan="2">对外出入口间距</td><td>≥150m</td></tr>
<tr><td colspan="2">与城市道路相接时，平面交角</td><td>≥75°</td></tr>
<tr><td rowspan="3">深圳市规定</td><td colspan="2">住宅区机动车出入口与城市公交车站出入口的距离</td><td>≥50m</td></tr>
<tr><td colspan="2">户数≥3000 户的居住小区</td><td rowspan="2">机动车出入口≥2 个</td></tr>
<tr><td colspan="2">公交首末站及公交枢纽站</td></tr>
</table>

类　别		技　术　限　定	
机动车出入口	深圳市规定	医院、城市综合体、大中型商业建筑	机动车出入口≥2个
		中型及以上展览建筑、体育场馆、文化馆(群艺馆)	
		有生产使用要求的工业厂区及仓储用地	
建筑基地	大型、特大型文娱、商业、体育、交通等人员密集建筑的基地	与城市道路邻接的总长度不应小于建筑基地周长的1/6	应经当地城市规划行政主管部门批准
		至少有两个通向不同方向城市道路的出口(包括连接道路)	
		基地或建筑物主要出入口,不得直接连接城市快速道路,也不应直对城市主道交叉口	
		建筑物主要出入口前应设人员集散场地,面积和长宽尺寸应根据使用性质和人数确定	
		绿化和停车场布置不应影响人员集散场地的使用,且不宜设置围墙、大门等障碍物	
	相邻基地建筑关系	建筑物与相邻建筑基地之间应按建筑防火等要求留出空地或道路	
		建筑前后各自留有空地或道路并符合防火要求时,相邻基地建筑可毗邻建造	
		基地内建(构)筑物不得影响基地或其他用地建筑物的日照标准和采光标准	
		紧贴建筑基地用地边界建造的建筑物不得向相邻建筑基地方向设洞口、门、外平开窗、阳台、挑檐、空调室外机、废气排出口及排泄雨水	
建筑物地下室外墙面		距用地红线距离宜≥0.7倍地下建筑物深度,一般≥5m;特殊情况≥3m	
骑楼、地上建筑通廊和沿道路红线的悬挑建筑		不应影响交通及消防安全,在有顶盖的公共空间下不应设置直接排气的空调机、排气扇等设施或排出有毒气体的通风系统	
允许突出道路红线的建筑突出物	在有人行道的路面上空	2.5m以上允许突出凸窗等建筑构件 / 突出深度≤0.50m	不得向道路上空直接排泄雨水、空调冷凝水等
		2.5m以上允许突出活动遮阳 / 突出宽度≤人行道宽度减1m,且≤3m	
		3m以上允许突出雨篷、挑檐 / 突出深度≤2m	

类　　别		技　术　限　定		
允许突出道路红线的建筑突出物	在有人行道的路面上空	5m以上允许突出雨篷、挑檐	突出深度≤3m	不得向道路上空直接排泄雨水、空调冷凝水等
	在无人行道的路面上空	4m以上允许突出窗罩、空调机位等建筑构件	突出深度≤0.50m	

注：本表主要根据《民用建筑设计通则》GB 50352—2005的规定编制。

2. 深圳市建筑退让用地红线距离

深圳市建筑退让用地红线距离　　　　表3.1.3-2

建筑类别			控制要素	最小距离（m）
住宅建筑	总体控制	一级退线	三层及以下	≥6
		二级退线	四层及以上	≥9
	相邻地块建筑平行（或非平行但夹角不大于30°）布置		一方或双方为住宅	≥12
	与高速公路、快速路相邻		临道路一侧	≥15
	与城市主次干路相邻		临道路一侧	不宜<12
非住宅建筑	总体控制	一级退线	24m及以下部分	≥6
		二级退线	24m以上部分	≥9
	学校等噪声敏感建筑	与高速公路、快速路相邻	临道路一侧	≥15
		与城市主次干路相邻	临道路一侧	不宜<12
地下室外墙面（柱外缘）			满足消防、人防、地下管线、基坑支护和基础施工要求	≥3
底层设连续商业骑楼或挑檐遮蔽空间的建筑			满足交通要求的前提下	≥3

注：本表根据《深圳市城市规划标准与准则》的规定编制。

3.1.4 建筑高度控制

建筑高度控制 表 3.1.4

类别	限定区域	建筑高度计算规定	
一般控制	城市规划及城市设计控制区域	平屋顶	建筑物室外地面至其屋面面层或女儿墙顶点的高度
		坡屋顶	建筑物室外地面至屋檐和屋脊的平均高度
		不计高度部分	局部突出屋面的机房、楼梯间、水箱间等,占屋面面积≤1/4
			屋面通风道、装饰构件、花架、通信设施、空调冷却塔等
特殊控制	机场、电台、电信、通信、气象、卫星、军事等设施技术作业控制区内	应按建筑物室外地面至建筑物和构筑物最高点的高度	
	历史文化文物保护区域及单位、历史建筑和风景名胜区、自然保护区		

3.1.5 建筑基地的规划指标控制
1. 建筑基地的规划指标控制

建筑基地的规划指标控制一览表 表 3.1.5-1

类别	分项指标	备注
用地控制	用地面积	规划拨地红线范围内用地的面积,含代征道路、代征绿地和建设用地面积
	用地性质	按规划主管部门规定执行
	用地红线	各类建筑工程项目用地的使用权属范围的边界线
	建筑控制线	法规或详细规划确定的建筑物、构筑物的基底位置不得超出的界线
	停车数量	按机动车与非机动车执行规划主管部门规定
建设容量控制	总建筑面积	计容积率建筑面积+不计容积率建筑面积
	容积率	计容积率建筑面积总和/建设用地面积

类别	分项指标		备　注	
建设容量控制	规定容积率		计规定容积率建筑面积总和/建设用地面积(深圳地区)	
	建筑面积密度		地上总建筑面积(m²)/建设用地面积(hm²)	
	人口密度	人口毛密度	居住总人数(人)/居住区建用地总面积(hm²)	
		人口净密度	居住总人数(人)/住宅建设用地总面积(hm²)	
密度控制	建筑密度(建筑覆盖率)(%)		建筑物的基底面积总和/建设用地面积	
	深圳市	一级建筑覆盖率(%)	建筑基底面积/建设用地面积	《建设用地规划许可证》对建筑覆盖率有分级控制要求时
		二级建筑覆盖率(%)	塔楼建筑基底面积/建设用地面积	
	建筑系数(%)		建筑物、构筑物占用的用地面积/建设用地面积	
	场地利用系数(%)		以各种方式计算的用地面积/建设用地面积	
高度控制	平均层数		总建筑面积/建筑基地总面积或容积率/覆盖率	
	规划控制高度		规划主管部门允许的建筑高度	
	特殊控高		机场、通信、气象、卫星、军事、历史文物保护区等控制高度	
绿色控制	绿地率(%)		各类绿地总面积/该用地总面积	
	绿化覆盖率(%)		(绿地面积＋折算绿地面积)/建设用地面积	
	透水率(%)		透水面积/建设用地面积	

2. 深圳市绿化覆盖率计算标准

《深圳市建筑设计规则》规定：绿地面积包括绿地种植土，以及绿地范围内符合规定要求的部分硬质景观和水体景观的水平投影面积。

折算绿地面积＝绿化面积(屋顶绿化或架空绿化种植覆土的投影面积)×折算系数

深圳市绿化面积折算系数　　　　表 3.1.5-2

类　别	地面绿化	屋顶绿化和架空绿化					
覆土厚度 d(m)	—	$d<0.3$	$0.3\leqslant d <0.5$	$0.5\leqslant d <1$	$1\leqslant d <1.5$	$1.5\leqslant d <3$	$d\geqslant3$
折算系数	1.0	0.0	0.3	0.5	0.6	0.8	0.9

3.1.6 公共建筑总体布局要求

公共建筑总体布局要求 表 3.1.6

类 别	技 术 要 求	
中小学校	出入口和城市道路之间的缓冲距离	≥10m
	主要教学用房外墙与铁路距离	≥300m
	主要教学用房外墙与高速路、地上轨道交通或机动车流量超过每小时270辆的城市主干道距离	≥80m（不足时采取有效的隔声措施）
幼儿园	宜与居住区配套，出入口不应开向城市交通干道，大门设缓冲空间	服务半径宜 <500m
	应不少于1/2的活动面积在标准的建筑日照阴影之外	
综合医院	宜面临两条城市道路，出入口远离城市道路交叉口，基地留出足够的机动车停车用地	
体育建筑	需留有集散场地，不得小于0.2m²/100人，出入口不少于2处，并通向不同方向的城市道路	
老年人设施	出入口处有1.50m×1.50m的回旋面积；室内外高差≤0.4m，应设置缓坡，活动场地坡度≤3%	

3.1.7 建筑间距

1. 日照间距

建筑日照间距 表 3.1.7-1

类 别		技 术 规 定
相邻建筑的相互遮挡	本地块	执行表3.1.7-2的技术规定
	相邻地块	
本栋建筑的自我遮挡		执行"有一个居住空间能获得冬季日照（但不受时限）的标准"

建筑日照标准 表 3.1.7-2

类 别	技 术 规 定				
建筑气候区划	Ⅰ、Ⅱ、Ⅲ、Ⅶ气候区		Ⅳ气候区		Ⅴ、Ⅵ气候区
	大城市	中小城市	大城市	中小城市	
日照标准日	大寒日				冬至日
住宅日照时数(h)	≥2		≥3		≥1

类　别	技　术　规　定	
有效日照时间带（h）	8～16时	9～15时
日照时间计算起点	底层窗台面	
各类型建筑日照标准	住宅	每套至少应有一个居住空间获得冬季日照	
	宿舍	半数以上的居室	同住宅居室相等的日照标准
	托儿所、幼儿园	主要生活用房	日照标准≥冬至日满窗3h
	老年人、残疾人居住建筑	卧室、起居室	日照标准≥冬至日满窗2h
	中小学	普通教室	
	医院、疗养院	半数以上的病房和疗养室	
	旧区改建的新建住宅	日照标准可酌情降低，但日照标准≥大寒日1h	

不同方位间距折减系数　　表 3.1.7-3

方位	0°～15°（含）	15°～30°（含）	30°～45°（含）	45°～60°（含）	＞60°
折减值	1.00L	0.90L	0.80L	0.90L	0.95L

注：1. 表中方位为正南向（0°）偏东、偏西的方位角。
　　2. L 为当地正南向住宅的标准日照间距（m）。
　　3. 本表指标仅适用于无其他日照遮挡的平行布置条式住宅之间。

2. 深圳市规定的建筑间距

（1）《深圳市城市规划标准与准则》规定的住宅建筑间距

深圳市住宅建筑的建筑间距　　表 3.1.7-4

建筑类别	适用条件			建筑间距	备　注
低层、多层住宅	平行布置	正向	新区	1.0($H1＋H2$)/2	—
			旧区	0.8($H1＋H2$)/2	—

建筑类别	适用条件			建筑间距	备注
低层、多层住宅	平行布置	正向	南侧点式≥5层	0.8(H1+H2)/2	南侧点式住宅面宽<25m
			5层以下	1.0H,且≥9m	—
		侧向		按消防间距或通道要求	侧面均有门、窗时按垂直布置
	垂直布置	南北向	新区	1.0(H1+H2)/2	当山墙宽度>12m时,按平行布置
			旧区	0.8(H1+H2)/2	
		东西向	新区	0.7(H1+H2)/2	
			旧区	0.6(H1+H2)/2	
	非平行且非垂直	两栋建筑夹角≤30°		最窄处间距按平行布置	—
		两栋建筑夹角>30°		最窄处间距按垂直布置	
高层、超高层住宅	平行布置	高层与高层		≥24m	—
		高层与超高层	高层在南侧	≥24m	—
			高层在北侧	≥30m	
		超高层与超高层		≥30m	
	垂直布置	侧向		按消防间距或通道要求	均有门或窗户时≥18m
		南北向		≥18m	—
		东西向		一般情况时≥13m	当山墙宽度>15m时,按平行布置
				两侧均有门、窗户时≥18m	
低、多层住宅与高层、超高层住宅之间	平行布置	正向	低、多层位于南、东、西侧	1.0H,且≥13m	—
			高层、超高层在南侧	≥24m	

24

建筑类别	适用条件		建筑间距	备 注
低、多层住宅与高层、超高层住宅之间	垂直布置	南北向且低、多层位于高层、超高层南侧	$0.8H$，且$\geqslant 13m$	—
		东西向或低、多层位于高层、超高层北侧	参照高层、超高层住宅垂直布置的要求	

注：1. 本表根据《深圳市城市规划标准与准则》的规定编制，其中 H（建筑高度），非特指时为南侧住宅建筑高度；

2. 采用建筑间距系数计算住宅建筑间距时，相关建筑室外地坪高差应按相应间距系数折算为水平距离予以折减。

（2）《深圳市城市规划标准与准则》规定的非住宅建筑间距

深圳市非住宅建筑的建筑间距　　　　表 3.1.7-5

建筑类别	适用条件		建筑间距	备 注
托儿所、幼儿园	生活用房与其他建筑间距		$\geqslant 18m$	底层冬至日满窗$\geqslant 3h$
学校	教室外窗与周边有噪声干扰建筑		$\geqslant 25m$	普通教室冬至日满窗$\geqslant 2h$，$\geqslant 1$ 间科学教室或生物实验室的室内在冬季获得直射阳光
	相对的教学用房或距室外运动场地			
医院病房楼、休(疗)养院住宿楼	与周边相邻建筑间距		$\geqslant 24m$	半数以上病房、住宿楼冬至日$\geqslant 2h$ 的日照标准
工业仓储、交通运输类及特殊建筑	与周边相邻建筑间距		按规范	—
非住宅建筑	位于高层、超高层住宅北侧	$H\leqslant 24m$	$0.7H$，且$\geqslant 13m$	H 为非住宅建筑高度；其他情况与住宅建筑的建筑间距按住宅建筑间距控制
		$24m<H\leqslant 100m$	$\geqslant 18m$	
		$H>100m$	$\geqslant 24m$	

建筑类别	适 用 条 件	建筑间距	备 注
非住宅建筑	多层非住宅建筑平行布置	10m	—
	多层与高层非住宅建筑平行布置	13m	
	高层非住宅建筑平行布置	18m	
	两栋建筑夹角≤30°	间距按平行布置	以最窄处限定
	非居住建筑以其他形式布置	防火间距	—

注：1. 有爆炸、有害气体、烟、雾、粉尘、辐射等危险的建筑物，其建筑间距（防护距离）应符合相关规范及行业规定要求。

2. 与自然景观资源或重要的公共空间直接相邻的建筑物，除上述规定外，建筑高度不超过24m的建筑，建筑间距不得小于12m；建筑高度超过24m的建筑，建筑间距不得小于18m。

3.1.8 防火间距

防火间距详4.4节建筑防火间距。

3.1.9 建筑面宽控制

建筑面宽控制各地规划部门均有规定，其中深圳市对建筑物的面宽作如下规定：

深圳市建筑面宽控制　　　　　　　　　　表 3.1.9

建筑高度 H	最 大 面 宽		备 注
	《深圳市城市规划标准与准则》	《深圳市建筑设计规则》	
$H≤24m$	≤80m	—	根据建筑物所在地区的实际情况控制,避免因面宽大形成屏风效应
$24m<H≤60m$	≤70m	≤100m	
$60m<H≤100m$	≤60m	≤80m	
$H>100m$	≤60m	≤70m	

注：表中《深圳市建筑设计规则》对与自然景观资源或重要公共空间直接相邻一侧的建筑物的最大面宽严格控制。

26

3.1.10 城市高压走廊安全隔离带

1. 高压线走廊

是指 35kV 及以上高压架空电力线路两边导线向外侧延伸一定安全距离所形成的两条平行线之间的通道，也称高压架空线路走廊。

2. 城市高压走廊安全隔离带

市区 35～1000kV 高压架空电力线路规划走廊宽度

表 3.1.10-1

线路电压等级 (kV)	高压线走廊宽度 (m)	线路电压等级 (kV)	高压线走廊宽度 (m)
直流±800	80～90	330	35～75
直流±500	55～70	220	30～40
1000(750)	90～110	66,110	15～25
500	60～75	35	15～20

注：本表来源于《城市电力规划规范》GB/T 50293—2014。

3. 导线与建筑物距离

66kV 及以下、110～750kV、100kV 高压架空电力线路导线与建筑物距离

表 3.1.10-2

类　　别	导线与建筑物的最小距离(m)									
	66kV 及以下				110～750kV					1000kV
线路电压、 标称电压	3kV 以下	3～ 10kV	35kV	66kV	110kV	220kV	330kV	500kV	750kV	
垂直距离	3.0	3.0	4.0	5.0	5.0	6.0	7.0	9.0	11.5	15.5
有风偏 净空距离	1.0	1.5	3.0	4.0	4.0	5.0	6.0	8.5	11.0	15
无风偏 水平距离	0.5	0.75	1.5	2.0	2.0	2.5	3.0	5.0	6.0	7

注：1. 本表来源于《66kV 及以下架空电力线路设计规范》GB 50061—2010、《110～750kV 架空输电线路设计规范》GB 50545—2010、《1000kV 架空输电线路设计规范》GB 50665—2014。
2. 垂直距离为在最大计算弧垂情况下，导线与建筑物的最小垂直距离。
3. 在最大计算风偏情况下，以边导线与建筑物之间的最小净空距离控制。
4. 在无风情况下，以导线与建筑物之间的水平距离控制。

4. 深圳市高压走廊宽度控制

深圳市高压走廊宽度控制指标　　　表 3.1.10-3

电压等级	单、双回(m)	同塔四回(m)	边导线防护距离(m)
500(400)kV	70	75	20
220kV	45	45～60	15
110(132)kV	30	30～50	10

注：本表来源于《深圳市城市规划标准与准则》。

3.1.11　城市噪声标准

环境噪声限值　　　表 3.1.11

声环境功能区类别			噪声限值(dB)	
类别		功能区域	昼间	夜间
0 类		康复疗养区等特别需要安静的区域	50	40
1 类		住宅、医疗、文教、科研、行政办公等需保持安静的区域	55	45
2 类		商业金融、集市贸易，或居住、商业、工业混杂区域	60	50
3 类		工业生产、仓储物流，需防止工业噪声对周边严重影响区域	65	55
4 类	4a 类	高速公路、城市干道及轨道、内河航道两侧区域	70	55
	4b 类	铁路干线两侧区域	70	60

注：本表来源于《声环境质量标准》GB 3096—2008。

3.2　规划设计控制指标

3.2.1　居住区规划控制指标

居住分级控制指标　　　表 3.2.1-1

项目类别	居 住 区	小 区	组 团
户数(户)	10000～16000	3000～5000	300～1000
人口(人)	30000～50000	10000～15000	1000～3000

人均居住区用地控制指标（m²/人）　　　表 3.2.1-2

居住规模	层 数	建筑气候区划		
		Ⅰ、Ⅱ、Ⅵ、Ⅶ	Ⅲ、Ⅴ	Ⅳ
居住区	低层(1～3层)	33～47	30～43	28～40
	多层(4～6层)	20～28	19～27	18～25
	中高层、高层(>6层)	17～26	17～26	17～26

居住规模	层 数	建筑气候区划		
		Ⅰ、Ⅱ、Ⅵ、Ⅶ	Ⅲ、Ⅴ	Ⅳ
小区	低层(1~3层)	30~43	28~40	26~37
	多层(4~6层)	20~28	19~26	18~25
	中高层(7~9层)	17~24	15~22	14~20
	高层(≥10层)	10~15	10~15	10~15
组团	低层(1~3层)	25~35	23~32	21~30
	多层(4~6层)	16~35	15~22	14~20
	中高层(7~9层)	14~20	13~18	12~16
	高层(≥10层)	8~11	8~11	8~11

注：本表各项指标按每户3.2人计算。

居住区用地平衡控制指标（％）　　　　表 3.2.1-3

用 地 构 成	居 住 区	小 区	组 团
住宅用地(R01)	50~60	55~65	70~80
公建用地(R02)	15~25	12~22	6~12
道路用地(R03)	10~18	9~17	7~15
公共绿地(R04)	7.5~18	5~15	3~6
居住区用地(R)	100	100	100

注：参与居住区用地平衡的用地应为构成居住区用地的四项用地，其他用地不参与平衡。

居住区各级中心绿地设置规定　　　　表 3.2.1-4

中心绿地名称	要　求	最小规模 （hm²）	居住区绿地率
居住区公园	园内布局应有明确的功能划分	1.00	新区建设不应低于30%，旧区改建不宜低于25％
小游园	园内布局应有一定的功能划分	0.40	
组团绿地	灵活布局	0.04	

注：1. 绿化面积（含水面）不宜小于70％；

　　2. 组团绿地不小于1/3面积在建筑日照阴影线范围之外。

29

居住区公共服务设施控制指标（m²/千人）

表 3.2.1-5

类别 居住规模	居住区		小区		组团	
	建筑面积	用地面积	建筑面积	用地面积	建筑面积	用地面积
总指标	1668~3293 (2228~4213)	2172~5559 (2762~6329)	968~2397 (1338~2977)	1091~3835 (1491~4585)	362~856 (703~1056)	488~1058 (868~1578)
其中 教育	600~1200	1000~2400	120~330	700~2400	160~400	300~500
医疗卫生（含医院）	78~198 (178~398)	138~378 (298~548)	38~98	78~228	6~20	12~40
文体	125~245	225~645	45~75	65~105	18~24	40~60
商业服务	700~910	600~940	450~570	100~600	150~370	100~400
社区服务	59~464	76~668	59~292	76~328	19~32	16~28
金融、邮电（含银行、邮电局）	20~30 (60~80)	25~50	16~22	22~34	—	—
市政公用（含居民存车处，不含锅炉房）	40~150 (460~820)	70~360 (500~960)	30~140 (400~720)	50~140 (450~760)	9~10 (350~510)	20~30 (400~550)
行政管理及其他	46~96	37~72	—	—	—	—

居住用地开发强度控制指标 表 3.2.1-6

住宅层数	建筑密度(%)		容积率	
	小 区	组 团	小 区	组 团
独立式住宅用地	≤12	≤16	≤0.3	≤0.3
低层	≤30	≤35	≤0.8	≤1.0
多层	≤25	≤32	≤1.5	≤1.8
中高层	≤23	≤30	≤2.0	≤2.4
高层	≤22	≤22	≤2.8	≤3.2

注：各种住宅层数混合的居住小区和组团取两者的指标值作为控制指标的上、下限值。

住宅建筑净密度控制指标（%） 表 3.2.1-7

住宅层数	建筑气候区划		
	Ⅰ、Ⅱ、Ⅵ、Ⅶ	Ⅲ、Ⅴ	Ⅳ
低层(1～3层)	35	40	43
多层(4～6层)	28	30	32
中高层(7～9层)	25	28	30
高层(≥10层)	20	20	22

注：1. 混合层取两者的指标值作为控制指标的上、下限值；
　　2. 住宅建筑净密度：住宅建筑基底总面积与住宅用地面积的比率（%）。

住宅建筑面积净密度控制指标（万 m²/hm²）

表 3.2.1-8

住宅层数	建筑气候区划		
	Ⅰ、Ⅱ、Ⅵ、Ⅶ	Ⅲ、Ⅴ	Ⅳ
低层(1～3层)	1.10	1.20	1.30
多层(4～6层)	1.70	1.80	1.90
中高层(7～9层)	2.00	2.20	2.40
高层(≥10层)	3.50	3.50	3.50

注：1. 混合层取两者的指标值作为控制指标的上、下限值；
　　2. 本表不计入地下层面积；
　　3. 住宅建筑面积净密度：每公顷住宅用地上拥有的住宅建筑面积（万 m²/hm²）。

3.2.2 深圳市密度分区与容积率

1. 城市建设用地密度分区

城市建设用地密度分区等级基本规定　　　表 3.2.2-1

密度分区	主要区位特征	开发建设特征
密度一区	城市主中心及部分高度发达的副中心	高密度开发
密度二区	城市副中心及部分高度发达的组团中心	中高密度开发
密度三区	城市组团中心及部分高度发达的一般地区	中密度开发
密度四区	城市一般地区,城市各级中心与城市边缘地区过渡区域	中低密度开发
密度五区	城市边缘地区,紧邻生态控制线周边	低密度开发
密度六区	城市特殊要求地区	滨海(水)、机场、码头、港口,专项规划确定

2. 居住用地、商业服务用地地块容积率

FAR 规划＝FAR 基准×$(1＋A_1)$×$(1＋A_2)$……(A 为地块规模、周边道路、地铁站点等修正系数)

地块容积率指引　　　表 3.2.2-2

居住用地			商业服务用地		
密度分区	基准容积率	容积率上限	密度分区	基准容积率	容积率上限
密度一区	3.2	6.0	密度一区	5.4	15.0
密度二区	3.2	6.0	密度二区	4.2	10.0
密度三区	2.8	5.0	密度三区	3.2	8.0
密度四区	2.2	4.0	密度四区	2.4	5.5
密度五区	1.5	2.5	密度五区	1.8	4.2

注:本表根据《深圳市城市规划标准与准则》的规定编制。

地块规模修正系数　　　表 3.2.2-3

指标	居住用地				商业服务用地				
用地规模（hm²）	≤0.7	0.7~1	1	>1 每增 1hm²	≤0.3	0.3~0.5	0.5~0.7	0.7	>1 每增 1hm²
修正系数	−0.06	−0.03	0	−0.05	−0.12	−0.06	−0.03	0	−0.05

注:1. 本表根据《深圳市城市规划标准与准则》的规定编制;

　　2. 大于 1hm²、每增加 1hm² 的指标核算时,不足 1hm² 时按 1hm² 修正。

周边道路修正系数　　　　　表 3.2.2-4

周边道路修正系数　　　　　表 3.2.2-4

地块类别	一边临路	两边临路	三边临路	周边临路
修正系数	0	+0.10	+0.20	+0.30

地铁站点修正系数　　　　　表 3.2.2-5

区位情况	距离站点(m)	车站综合定位	
		枢纽站	一般站
修正系数	0～100	+0.60	+0.40
	200～500	+0.40	+0.20

3. 工业用地、物流仓储用地地块容积率

工业用地和物流仓储用地地块容积率　　　　　表 3.2.2-6

工业用地			物流仓储用地		
分级	用地性质	容积率上限	分级	用地性质	容积率上限
1	普通工业用地(M_1)	4.0	1	仓储用地(W_1)	3.0
2	普通工业用地(M_0)	6.0	2	物流用地(W_0)	4.0

3.3　竖　向　设　计

3.3.1　竖向设计的内容、基本要求与原则

竖向设计的内容、基本要求与原则　　　　　表 3.3.1

分类	技　术　要　点
内容	1. 制定利用与改造地形的方案,合理选择、设计场地的地面形式。 2. 确定场地坡度、控制点高程、地面形式。 3. 制定合理排除地面和路面雨水,以及合理利用、储存和收集雨水的方案。 4. 合理组织场地的土石方工程和防护工程。 5. 配合道路设计和景观设计,提出合理的竖向设计条件与要求
基本要求	1. 合理利用地形地貌,减少土石方、挡土墙、护坡和建筑基础工作量,减少雨水对土壤的冲刷。 2. 满足建设场地的高程要求以及工程管线适宜的埋设深度。 3. 满足场地地面排水及防洪、防涝的要求。 4. 满足车行、人行及无障碍设计的技术要求。

分类	技 术 要 点
基本要求	5. 场地设计高程与周边相应的各制约因素的现状高程及规划控制高程之间有合理的衔接。 6. 建筑物之间,以及建筑物与场地、道路、停车场、广场之间,关系合理
基本原则	1. 应根据相应的现状高程、确定的控制标高进行竖向设计,确定建筑物室内外地坪标高。 2. 地形复杂时,应经分析并对应功能确定地形陡坡、中坡、缓坡等不同分类,确定高程关系。 3. 大型公共建筑群依据周边控制高程,确定不同性质建筑的室内外标高。 4. 场地设计标高应根据地下排水管线标高,采用合理的纵坡和埋深确定。 5. 占地面积不大且较平坦时,定出建筑室内地坪设计标高、室外四角及场地内道路交叉点标高。 6. 占地面积大或地形复杂的场应作竖向设计,土石方平衡应遵循"就近合理平衡"的原则。 7. 合理排除场地和路面雨水。可采用渗水路面、铺装、缘石、路肩、管网渗入地面合理收集利用。 8. 场地设计标高应高于或等于城市设计防洪、防涝标高。沿海或受洪水泛滥威胁地区,场地设计标高应高于设计洪水位标高 0.5～1.0m,否则需设相应的防洪措施。场地设计标高应高于多年平均地下水位。 9. 场地设计标高应高于场地周边道路设计标高,且应比周边道路的最低路段高程高出 0.2m 以上。 10. 场地设计标高与建筑物首层地面标高之间的高差应大于 0.15m。 11. 建筑物靠山坡布置或场地高差较大时应设挡土墙或护坡,顶部应设截洪沟,护坡或挡土墙底应设排水沟。 12. 高度>2m 的挡土墙或护坡的上缘与住宅水平距离不应小于 3m,其下缘与住宅间的水平距离应>2m

3.3.2 高程系统换算

高程系统换算（m）   表 3.3.2

被转换者 转换者	56 黄海高程	85 高程基准	吴淞高程基准	珠江高程基准
56 黄海高程	—	+0.029	−1.688	+0.586
85 高程基准	−0.029	—	−1.717	+0.557
吴淞高程基准	+1.688	+1.717	—	+2.274
珠江高程基准	−0.586	−0.557	−2.274	—

注：高程基准之间的差值为各地区精密水准网点之间差值的平均值。

3.3.3 各种场地的适用坡度

1. 城市主要建设用地适宜规划坡度

城市主要建设用地适宜规划坡度　　表 3.3.3-1

用地名称	最小坡度	最大坡度	用地名称	最小坡度	最大坡度
工业用地	0.2%	10%(自然坡度宜<15%)	城市道路用地	0.2%	5%
仓储用地	0.2%	10%(自然坡度宜<15%)	居住用地	0.2%	25%(自然坡度宜<30%)
铁路用地	0%	2%	公共设施用地	0.2%	20%
港口用地	0.2%	5%			

注：城市中心区自然坡度应小于 15%。

2. 场地设计的适用坡度

各种场地设计的适用坡度　　表 3.3.3-2

场地名称	适用坡度	最大坡度	备注	场地名称		适用坡度
密实性地面和广场	0.3%~3.0%	3.0%	平坦地区宜≤1%	室外场地	儿童游戏场地	0.3%~2.5%
停车场	0.2%~0.5%	1.0%~2.0%	一般坡度为0.5%		运动场	0.2%~0.5%
绿地	0.5%~5.0%	10.0%	—		杂用场地	0.3%~2.9%
湿陷性黄土地面	0.5%~7.0%	8.0%	—		一般场地	0.2%

3.4 道　路

3.4.1 建筑基地道路设计的规定

建筑基地道路的宽度及坡度　　表 3.4.1

道路类别	宽　度(m)		坡　度	
			纵坡	横坡
单车道	4		0.2%~8%	1.5%~2.5%
双车道	居住区	6		
	其他建筑基地	7		

道路类别	宽　度(m)		坡　度	
			纵坡	横坡
自行车道	3～4		0.2%～8%	
小区路	6～9		0.2%～8%	
组团路	3～5		0.2%～8%	
宅前路	2.5		0.2%～3%	
居住区路 （红线宽度）	20		0.2%～8%	1.5%～2.5%
人行道	车站、商业区、大型公建	4.5	0.2%～8%	
	住宅区	1.5～3.5		
	乡村	1.5		
	工业区	2.5～3.5		

3.4.2 建筑基地内道路边缘至建、构筑物的最小距离

道路边缘至建、构筑物的最小距离 (m)　　表 3.4.2

道路与建、构筑物关系			道路级别（路面宽度）		
			<6	6～9	>9
建筑物面向道路	无出入口	高层	2.0	3.0	5.0
		多层	2.0	3.0	3.0
	有出入口		2.5	5.0	—
道路平行于建筑物山墙		高层	1.5	2.0	4.0
		多层	1.5	2.0	2.0
道路平行于围墙			1.5	1.5	1.5

　　注：1. 当道路设有人行道时，道路边缘指人行道边线。

　　　　2. 表中"—"表示建筑不应向路面宽度大于9m的道路开设出入口。

3.4.3 连通街道和内院的人行通道

　　1. 有封闭内院或天井的建筑物沿街时，应设置连通街道和内院的人行通道（可利用楼梯间），其间距宜≤80m。

　　2. 当沿街建筑物的长度>80m时，应设穿过建筑物的人行通道。

3.5 停 车 场

3.5.1 各类车辆尺寸、当量换算系数及最小转弯半径

各类车辆尺寸、当量换算系数及最小转弯半径

表 3.5.1

车 辆 类 型		外廓尺寸(m)			车辆换算系数	转弯半径(m)
		总长	总宽	总高		
机动车	微型汽车	3.80	1.60	1.80	0.7	4.50
	小型汽车	4.80	1.80	2.00	1.0	6.00
	轻型汽车	7.00	2.25	2.60	1.5	6.00~7.20
	中型汽车 客车	9.00	2.50	3.20	2.0	7.20~9.00
	中型汽车 货车	9.00		4.00		
	大型汽车 客车	12.00	2.50	3.20	2.5	9.00~10.50
	大型汽车 货车	11.50		4.00		
自行车		1.93	0.60	1.15	—	
摩托车		1.60~2.05	0.70~0.74	1.00~1.30	二轮0.5、三轮0.7	—

注：本表根据《车库建筑设计规范》JGJ 100—2015编制。

3.5.2 停车场设计要求

停车场的设计要求

表 3.5.2

类 别			设 计 要 求
出入口	控制距离	城区人口≥50万的城市主干道红线交叉口	70m
		距人行天桥、地道、人行横道	5m
		距公园、公交车站边缘	15m
		距公园、学校及儿童、残疾人使用建筑出入口	20m
	数量	≤50辆	1个
		>50辆	≥2个
	宽度	单向	4m
		双向	小型:6m;中型:7m

类　别		设 计 要 求
出入口	出入口之间的最小距离	15m,且不小于两出入口道路转弯半径之和
	出入口处道路转弯半径	宜≥6m,且满足基地通行车辆的转弯半径
	与城市道路连接	应具有通视条件,平面交角≥75°
		坡度宜≤5%,当道路坡度≥8%时设缓冲段
其他设计要求	停车位尺寸	按表3.5.1机动车外廓尺寸进行设计
	停车位面积(m²)	小型车25~30,中型车40~60,大型车50~75
	布置方式	宜分组布置,每组停车数≤50辆,间距≥6m
	无障碍停车位	应靠近停车场出入口,具体详无障碍设计章节

3.5.3 非机动车停放

非机动车停车场技术参数同非机动车库,详8.5非机动车库设计。

3.5.4 大中型公共建筑停车位标准参数

大城市大中型公共建筑及住宅停车位标准（参考）

表 3.5.4

建筑类别		计量单位	机动车停车位	非机动车停车位		备　注
				内	外	
宾馆	一类	每套客房	0.6	0.75	—	五级
	二类	每套客房	0.4	0.75	—	三、四级
	三类	每套客房	0.3	0.75	0.25	二级
餐饮	建筑面积≤1000m²	每1000m²	7.5	0.5	—	—
	建筑面积>1000m²		1.2	0.5	0.25	—

建 筑 类 别		计量单位	机动车停车位	非机动车停车位		备 注
				内	外	
办公		每1000m²	6.5	1.0	0.75	证券、银行、营业场所
商业	一类（建筑面积＞1万 m²）	每1000m²	6.5	7.5	12	—
	二类（建筑面积≤1万 m²）		4.5	7.5	12	—
购物中心（超市）		每1000m²	10	7.5	12	—
医院	市级	每1000m²	6.5	—		—
	区级		4.5	—		—
展览馆		每1000m²	7	7.5	1.0	图书馆、博物馆参照执行
电影院		100 座	3.5	3.5	7.5	
剧院		100 座	10	3.5	7.5	—
体育场馆	大型场（≥15000 座）、大型馆（≥4000 座）	100 座	4.2	45		—
	小型场（＜15000 座）、小型馆（＜4000 座）	100 座	2.0	45		—
娱乐性体育设施		100 座	10	—		—
住宅	中高档商品住宅	每户	1.0	—		包括公寓
	高档别墅	每户	1.3	—		—
	普通住宅	每户	0.5	—		包括经济适用房等
学校	小学	100 名学生	0.5	—		有校车停车位
	中学	100 名学生	0.5	80～100		有校车停车位
	幼儿园	100 名学生	0.7	—		—

注：本表来源于《全国民用建筑工程设计技术措施——规划·建筑·景观》，如当地规划部门有规定时，按当地规定执行。

3.5.5 居住区配建公共停车场停车位指标

配建公共停车场（库）停车位控制指标　　表3.5.5

名　称	单　位	自行车	机动车
公共中心	车位/100m² 建筑面积	≥7.5	≥0.45
商业中心	车位/100m² 营业面积	≥7.5	≥0.45
集贸市场	车位/100m² 营业场地	≥7.5	≥0.30
饮食店	车位/100m² 营业面积	≥3.6	≥0.30
医院、门诊所	车位/100m² 建筑面积	≥1.5	≥0.30

3.5.6 深圳市主要项目配建停车场（库）的停车位指标

1. 深圳市根据不同区域的规划土地利用性质和开发强度、公交可达性及道路网容量等因素，将全市划分为三类停车供应区域：

深圳市停车供应区域　　表3.5.6-1

分类	编号	性质	范　围
一类区域	Ⅰ	停车策略控制区	主要商业办公核心区、原特区内轨道车站周围500m范围内的区域
二类区域	Ⅱ	停车一般控制区	原特区内除一类区域外的其他区域、原特区外的新城中心、组团中心、原特区外轨道车站周围500m范围内的区域
三类区域	Ⅲ		深圳市除一类、二类区域外的全市范围内余下的所有区域

2. 深圳市主要项目配建停车场（库）宜符合下表的规定：

深圳市主要项目配建停车场（库）的停车位指标
表3.5.6-2

分　类			单　位	配建标准	
居住类	单身宿舍		车位/100m²	0.3～0.4	专门或利用内部道路为每幢楼设置1个装卸货泊位及1个上下客泊位
	单元式住宅、安居房	S<60m²	车位/户	0.4～0.6	
		60m²≤S<90m²	车位/户	0.6～1.0	
		90m²≤S<144m²	车位/户	1.0～1.2	
		S≥144m²	车位/户	1.2～1.5	
	经济适用房		车位/户	0.3～0.5	

分类		单位	配建标准
居住类	独立联合式	车位/户	≥2.0
	轨道车站500m半径范围内的住宅停车位,不超过相应分类配建标准下限的80%		
商业类	行政办公楼	车位/100m²	Ⅰ:0.4～0.8;Ⅱ:0.8～1.2;Ⅲ:1.2～2.0
	其他办公楼	车位/100m²	Ⅰ:0.3～0.5;Ⅱ:0.5～0.8;Ⅲ:0.8～1.0
	商业区	车位/100m²	首2000m²:2.0
			>2000m²:Ⅰ:0.4～0.6;Ⅱ:0.6～1.0;Ⅲ:1.0～1.5
			1个装卸货泊位/1000m²;超过5个时,每增加5000m²增设1个装卸货泊位
	购物中心、专业批发市场	车位/100m²	Ⅰ:0.8～1.2;Ⅱ:1.2～1.5;Ⅲ:1.5～2.0
			1个装卸货泊位/1000m²;超过5个时,每增加5000m²增设1个装卸货泊位
	酒店	车位/客房	Ⅰ:0.2～0.3;Ⅱ:0.3～0.4;Ⅲ:0.4～0.5
			每100客房:设1个装卸货泊位、1个小型车辆港湾式停车位、0.5个旅游巴士上下客泊位
	餐厅	车位/10座	Ⅰ:0.8～1.0;Ⅱ:1.2～1.5;Ⅲ:1.5～2.0
工业仓储	厂房	车位/100m²	0.2～0.3,近市区者取高限
			车位半数应作停泊客车,其余供货车停泊及装卸货物
			占地较大的厂房,另设供货柜车的装卸泊位
	仓库	车位/100m²	0.2～0.4

分　类		单　位	配 建 标 准
综合公园、专类公园		车位/hm²	8～15
其他公园		车位/hm²	需进行专题研究
体育场馆		车位/100座	小型:3.0～4.0;大型:2.0～3.0
影剧院	市级(大型)	车位/100座	4.5～5.5,1个小型车辆港湾式停车位/100座
	一般		2.0～3.0,1个小型车辆港湾式停车位/200座
博物馆、图书馆、科技馆		车位/100座	0.5～1.0
展览馆		车位/100座	0.7～1.0
会议中心		车位/100座	3.0～4.5
独立门诊		车位/100m²	Ⅰ:0.6～0.7;Ⅱ:0.8～1.0;Ⅲ:1.0～1.3
			救护车:≥1个有盖路旁港湾式停车位
			其他车辆:≥1个路旁港湾式停车位
综合医院、中医医院、妇儿医院		车位/病床	Ⅰ:0.8～1.2;Ⅱ:1.0～1.4;Ⅲ:1.2～1.8
			救护车:≥2个有盖路旁港湾式停车位
			其他车辆:1个路旁港湾式停车位/50病床
其他专科医院		车位/病床	Ⅰ:0.5～0.8;Ⅱ:0.6～1.0;Ⅲ:0.8～1.3
			救护车:≥2个有盖路旁港湾式停车位
			其他车辆:1个路旁港湾式停车位/50病床
疗养院		车位/病床	0.3～0.6
大中专院校		车位/100学位	2.0～3.0

公
共
服
务
类

分　类	单　位	配　建　标　准
公共服务类 中学	车位/ 100 学位	0.7～1.5,校址范围内设≥2 个校车停车位
小学、幼儿园	车位/ 100 学位	0.5～1.2,校址范围内设≥2 个校车停车位

注：1. 引自《深圳市城市规划标准与准则》。

　　2. 表中 S 代表建筑面积。

　　3. 表中建筑物的面积均以建筑面积计算,公园类以占地面积计算。

　　4. 研发用房及商务公寓参照"其他办公楼"配建。

　　5. 其他未涉及设施、城市更新若突破既有法定图则控制要求的停车位配建标准应专题研究决定。

　　6. 公共交通发达、路网容量有限、开发强度高的区域,商业类停车供应应进一步减少,其配建标准应专题研究。

　　7. 公共租赁房、廉租房的停车配建标准应专题研究,与分配政策相适应。

　　8. 为教育设施家长接送停车设置的路边临时停车位由道路交通主管部门确定。

3.6　室外运动场地

3.6.1　室外运动场地的布置

室外运动场地的布置方向（以长轴为准）基本为南北向,根据地理纬度和主导风向可略偏南北向,但宜符合下表的规定：

运动场长轴偏角（°）　　　　表 3.6.1

北纬	16～25	26～35	36～45	46～55
北偏东	0	0	5	10
北偏西	15	15	10	5

3.6.2　室外活动和运动场地

1. 常用室外球类运动场地尺寸

常用室外球类运动场地尺寸（m）　　表 3.6.2-1

类　别		场地尺寸		缓冲带宽度		净高	备　注
		长度	宽度	端线外	边线外		
足球	比赛场地	105	68	≥2.0	≥1.5	—	球门线后≥6.0;球门区后≥3.5
	休闲健身 11 人制	90～120	45～90	≥2.0	≥2.0		—
	7 人制	45～90	45～60	≥1.5	≥1.5		

类　别		场地尺寸		缓冲带宽度		净高	备　注
		长度	宽度	端线外	边线外		
篮球	比赛场地	28	15	≥5.0	≥6.0	7.0	—
	休闲健身	24～28	13～15	≥1.5	≥1.5		场地临近坚固障碍物,缓冲≥2.0
排球	比赛场地	18	9	≥9.0	≥5.0	≥7.0	网高:男2.43,女2.24
	休闲健身			≥3.0	≥3.0		
手球		40	20	≥4.0	≥2.0	≥7.0	—
网球	单打	23.77	8.23	≥6.4	≥3.66	10.0	网高1.07,向阳避风、排水良好,不得离公路过近
	双打	23.77	10.97				
羽毛球	单打	13.40	5.18	≥1.5	≥0.9	≥9.0	网高1.55
	双打	13.40	6.10				
曲棍球		91.40	55.00	≥5.0	≥4.0	—	—
门球		25	20	—	—	—	场地避风朝向好、略带沙性土壤,中心向四周坡度0.5%～1%
		20	15				
高尔夫球		18洞,占地约60hm²;练习场长度250～300hm²,宽度根据用地条件确定					

2. 常用室外运动及活动场地尺寸

常用室外运动及活动场地尺寸　　　表3.6.2-2

类　别		长度(m)	宽度(m)	备　注
田径	200m跑道	93.14	50.64	6条跑道,两端圆弧半径18m
		88.10	50.40	4条跑道
	300m跑道	137.14	66.02	8条跑道,半径23.25m
		136.04	63.04	6条跑道,半径24.20m
	400m跑道	176.91	92.52	国际田联400m标准跑道,8条跑道,半径36.50m

类	别	长度(m)	宽度(m)	备　　注
其他	溜冰场	60	30	花样溜冰场,如需作冰球场,最小尺寸 56m×26m,四周圆弧半径 7~8m
	花样轮滑场	50	25	—
	游泳池	50	25	水深大于 1.3~1.5m,泳道宽 2.5m
儿童游戏场	攀登架	3.00	7.50	—
	小秋千	4.80	9.70	四个秋千架
	游戏雕塑	3.00	3.00	—
	沙场区	4.50	4.50	—
	滑梯	3.00	7.60	—
	戏水池	—	—	尺寸随意,水深≤0.4m
	四驱车场地	4.00	3.00	场地单独设置、四周设有参观场地

3.7　管线综合

3.7.1　一般规定

1. 基地内各种管线需与城市相关管线协调衔接。

2. 应满足安全及使用要求,宜与建筑、道路及相邻管线平行,应从建筑物向道路方向由浅至深敷设。

3. 管线布置力求线路短、转弯少、交叉少。困难条件下其交叉的交角不应小于45°。

4. 管线布置力求不横穿公共绿化、庭院绿地,并留有道路行道树的位置。

5. 各种管线的埋设顺序一般按管线的埋深深度,其从上往下顺序一般为:通信电缆、热力、电力电缆、燃气管、给水管、雨水管和污水管。

6. 在车行道下管线的最小覆土厚度,燃气管为 0.8m,其他管线为 0.7m。

7. 室外各种管线管沟盖、检查井,应尽量避免布置在重点景观绿化部位。

3.7.2 地下管线最小水平及垂直距离

1. 地下管线之间最小水平净距与垂直净距

地下管线之间最小水平净距 (m)　　　　　　　　　　　　　　　表 3.7.2-1

管线名称		给水管		排水管		燃气管		电力电缆 <35kV		电信电缆		热力管	
		d≤200mm	d>200mm	雨水	污水	低压	中压	直埋	缆沟	直埋	管沟	直埋	管沟
给水管	d≤200mm	—	—	1.0	1.0	0.5	0.5	0.5	0.5	1.0	1.0	1.5	1.5
	d>200mm	—	—	1.5	1.5	0.5	0.5	0.5	0.5	1.0	1.0	1.5	1.5
排水管	雨水	1.0	1.5	—	—	1.0	1.2	0.5	0.5	1.0	1.0	1.5	1.5
	污水	1.0	1.5	—	—	1.0	1.2	0.5	0.5	1.0	1.0	1.5	1.5
燃气管	低压	0.5	0.5	1.0	1.0	—	—	0.5	1.0	0.5	1.0	1.0	1.0
	中压	0.5	0.5	1.2	1.2	—	—	1.0	1.0	0.5	1.0	1.5	1.5
电力电缆	直埋	0.5	0.5	0.5	0.5	0.5	1.0	—	—	0.5	0.5	2.0	2.0
	缆沟	0.5	0.5	0.5	0.5	1.0	1.0	—	—	0.5	0.5	2.0	2.0
电信电缆	直埋	1.0	1.0	1.0	1.0	0.5	0.5	0.5	0.5	—	—	1.0	1.0
	管沟	1.0	1.0	1.0	1.0	1.0	1.0	0.5	0.5	—	—	1.0	1.0
热力管	直埋	1.5	1.5	1.5	1.5	1.0	1.5	2.0	2.0	1.0	1.0	—	—
	管沟	1.5	1.5	1.5	1.5	1.0	1.5	2.0	2.0	1.0	1.0	—	—

注：1. 本表来源于《全国民用建筑工程设计技术措施——规划·建筑·景观》(2009 年)。
　　2. 燃气管低压为 P≤0.05MPa，中压为 0.05MPa<P≤0.2MPa，高压为 0.2MPa<P≤0.4MPa。

管线名称		给水管	排水管	燃气管	热力管	电力电缆	通信电缆	电信管道
给水管		0.15	—	—	—	—	—	—
排水管		0.40	0.15	—	—	—	—	—
燃气管		0.15	0.15	0.15	—	—	—	—
热力管		0.15	0.15	0.15	0.15	—	—	—
电力电缆	直埋	0.15	0.50	0.50	0.50	0.50	—	—
	在导管内	0.15	0.50	0.15	0.50	0.50	—	—
电信电缆	直埋	0.50	0.50	0.50	0.15	0.50	0.25	0.25
	导管	0.15	0.15	0.15	0.15	0.50	0.25	0.25
电信管道		0.10	0.15	0.15	0.15	0.50	0.25	0.25
明沟沟底		0.50	0.50	0.50	0.50	0.50	0.50	0.50
涵洞基地		0.15	0.15	0.15	0.15	0.50	0.20	0.25
铁路轨底		1.00	1.20	1.00	1.20	1.00	1.00	1.00

注：本表来源于《全国民用建筑工程设计技术措施——规划·建筑·景观》（2009年）。

2. 各种管线与建、构筑物之间的最小水平距离见表3.7.2-3

管线名称		建筑物基础	地上杆柱（中心）			铁路钢轨（或坡脚）	城市道路侧边缘	备注
			通信、照明 <10kV	高压铁塔基础边				
				≤35kV	>35kV			
给水管	d≤200mm	1.0	0.5	3.0	3.0	5.0	1.5	—
	d>200mm	3.0	0.5	3.0	3.0			
排水管		2.5～3.0	0.5	1.5	1.5	5.0	1.5	埋深：浅于建筑物基础时≥2.5；深于建筑物基础时≥3.0

管线名称		建筑物基础	地上杆柱(中心)			铁路钢轨(或坡脚)	城市道路侧边缘	备注
			通信、照明<10kV	高压铁塔基础边				
				≤35kV	>35kV			
燃气管	低压	0.7	1.0	1.0	5.0	5.0	1.5	—
	中压	1.5						
热力管	直埋2.5	2.5	1.0	2.0	3.0	1.0	1.5	—
	地沟2.5	0.5						
电力电缆		0.5	1.0	0.6	0.6	3.0	1.5	—
电信电缆		0.5	0.5	0.6	0.6	2.0	1.5	—

注：本表来源于《全国民用建筑工程设计技术措施——规划·建筑·景观》(2009年)。

3. 各种管线与绿化树木的最小水平距离

管线与绿化树木的最小水平距离（m） 表 3.7.2-4

管线名称	新植乔木	现状乔木	灌木或绿篱外缘
电力电缆	1.5	3.5	0.5
通信电缆	1.5	3.5	0.5
给水管	1.5	2.0	—
排水管	1.5	3.0	—
排水暗沟	1.5	3.0	—
消防龙头	1.2	2.0	1.2
燃气管道(低、中压)	1.2	3.0	1.0
热力管	2.0	5.0	2.0

注：1. 本表摘自《公园设计规范》CJJ 48—1992。

    2. 乔木与地下管线的距离是指乔木树干基部的外缘与管线外缘的净距离。灌木或绿篱与地下管线的距离是指地表处分蘖枝干中最外的枝干基部的外缘与管线外缘的净距。

4 建筑防火设计

4.1 常用术语及一般规定

4.1.1 常用术语

常用术语一览表　　　　　　表 4.1.1

名　词	释　义
高层建筑	高度>27m 的住宅建筑和高度>24m 的非单层厂房、仓库和其他民用建筑
裙房	在高层建筑主体投影范围外，与建筑主体相连且建筑高度<24m 的附属建筑
重要公共建筑	发生火灾可能造成重大人员伤亡、财产损失和严重社会影响的公共建筑
商业服务网点	设在住宅的 1F 或(1+2)F，每分隔单元建筑面积≤300m² 的商店、邮政所、储蓄所、理发店等小型营业性用房
半地下室	房间地面低于室外设计地面的平均高度>该房间平均净高 1/3，且≤1/2 者
地下室	房间地面低于室外设计地面的平均高度>该房间平均净高 1/2 者
明火地点	室内外有外露火焰或赤热表面的固定地点(民用建筑内的灶具、电熔炉等除外)
防火隔墙	建筑内防止火灾蔓延至相邻区域且耐火极限满足规定要求的不燃性墙体
防火墙	防止火灾蔓延至相邻建筑或相邻水平防火分区且耐火极限≥3.00h 的不燃性墙体
安全出口	供人员安全疏散用的楼梯间和室外楼梯的出入口或直通室内外安全区域的出口

名　　词	释　　义
封闭楼梯间	在楼梯间入口处设置门,以防止火灾的烟和热气进入的楼梯间
防烟楼梯间	在楼梯间入口处设置防烟的前室、开敞式阳台或凹廊(统称前室)等设施,但通向前室和楼梯间的门均为防火门,以**防止火灾的烟和热气进入**的楼梯间
避难走道	采取防烟措施且两侧设耐火极限**≥3.00h**的防火隔墙,使人安全**通至室外**的走道
防火分区	在建筑内用防火墙、楼板及其他防火**分隔**设施分隔而成,能在一定时间内防止火灾向同一建筑的其余部分蔓延的**局部空间**
公共娱乐场所	具有**文化娱乐、健身休闲功能**并向公众开放的室内场所。包括:影剧院、录像厅、礼堂等演出、放映场所,舞厅、卡拉OK厅等歌舞娱乐场所,具有娱乐功能的夜总会、音乐茶座、酒吧和餐饮场所,游艺、游乐场所,保龄球馆、溜(旱)冰场、桑拿等娱乐、健身、休闲和互联网上网服务营业场所
人员密集场所	包括:宾馆、饭店、商场、集贸市场、客运车站候车室、客运码头候船厅、民用机场航站楼、体育场馆、会堂、金融证券交易所以及公共娱乐场所,医院的门诊楼、病房楼,学校的教学楼、图书馆、食堂和集体宿舍,养老院、福利院、托儿所、幼儿园,公共图书馆的阅览室,公共展览馆、博物馆的展示厅,劳动密集型企业的生产加工车间和员工集体宿舍,旅游、宗教活动场所等
易燃易爆化学物品场所	生产、储存、经营易燃易爆化学物品的场所,包括工厂、仓库、储罐(区)、专业商店、专用车站和码头,可燃气体贮备站、充装站、调压站、供应站,加油加气站等
重要场所	发生火灾可能造成**重大社会影响和经济损失**的场所 如:国家机关,城市供水、供电、供气、供暖调度中心,广播、电视、邮政、电信楼,发电(站),省级及以上博物馆、档案馆及文物保护单位,重要科研单位中的关键建筑设施,城市地铁
超大型综合体	总建筑面积**≥10万㎡**(不含住宅、办公楼)的集购物、旅店、展览、餐饮、娱乐、交通枢纽等**两种及以上**功能于一体的城市综合体

注:加粗字体为关键词。

4.1.2 一般规定

建筑防火设计一般规定　　　　　表4.1.2

项　目	一 般 规 定
多种使用功能场所组合建筑	同一建筑内设置**多种使用功能**场所时,不同使用功能场所间应设防火分隔,该建筑及其各功能场所的防火设计应根据《建筑设计防火规范》(GB 50016—2014)的相关规定执行。如:住宅、商业
	设在住宅楼内为住宅区所属的物业管理用房、居委会、商业网点等,不计入"不同使用功能场所"
	商场内的儿童乐园属于"**儿童活动场所**",在高层(单、多层)建筑内时,应(宜)设置独立的安全出口和疏散楼梯
	餐饮不属于商业,营业厅内设餐饮场所时,防火分区面积需按民用建筑的"其他功能"的防火分区要求划分,并要与其他商业营业厅进行防火分隔
	不同性质建筑不可组合建造在一起,如:工业建筑不可与民用建筑组合建造
建筑分类	宿舍、公寓等**非住宅类**居住建筑的防火要求,应执行《建筑设计防火规范》(GB 50016—2014)有关公建的规定
屋面构造层防火	一、二级耐火等级建筑的屋面板应采用**不燃材料** 屋面防水层宜采用不燃、难燃材料,当采用可燃防水材料且铺设在可燃、难燃保温材料上时,防水材料或可燃、难燃保温材料应采用不燃材料作防护层
金属夹芯板	建筑中的非承重外墙、房间隔墙和屋面板,当确需采用金属夹芯板时,**芯材**应采用不燃材料,且耐火极限应按部位满足规范要求
建筑高度确定	1. 坡屋面建筑:应为建筑室外设计地面至其檐口与屋脊的平均高度。 2. 平屋面建筑(含女儿墙):应为建筑室外设计地面至其屋面面层的高度。 3. 同一建筑有多种形式的屋面:应按上述方法分别计算后,取其中**最大值**。 4. 台阶式地坪,当位于不同高程地坪上的同一建筑之间有防火墙分隔,各自有符合规范规定的安全出口,且可沿建筑的两个长边设置贯通式或尽头式消防车道,可分别计算各自的建筑高度。否则,应按其中建筑高度最大者确定。 5. **局部**突出屋顶的瞭望塔、冷却塔、水箱间、微波天线间或设施、电梯机房、排风和排烟机房以及楼梯出口小间等辅助用房占屋面面积≤1/4者,可不计入。

项　目	一 般 规 定
建筑高度确定	6. 对于住宅,设置在底部且室内高度≤2.2m的自行车库、储藏室、敞开空间,室内外高差或建筑的地下、半地下室顶板面高出室外设计地面的高度≤1.5m的部分,可不计入建筑高度
建筑层数确定	应按建筑的**自然层数**计算,但以下部位可不计入层数: 1. 室内顶板面高出室外设计地面的高度≤1.5m的地下、半地下室。 2. 设在建筑底部且室内高度≤2.2m的自行车库、储藏室、敞开空间。 3. 建筑屋顶上突出的**局部**设备用房、出屋面的楼梯间等
防火间距算法	按相邻建筑外墙的**最近水平距离**计算。当外墙有凸出的可燃或难燃构件时,应从其凸出构件外缘算起。 建筑物、储罐、堆场、变压器、道路、铁路等之间的防火间距,均应是**建筑外墙**、储罐**外壁**、堆场中相邻堆垛外缘、变压器外壁、路边、铁路中心线等相互之间的最近水平距离
疏散距离计算	疏散距离同时满足敞开式外廊可增加5m和设自动灭火系统可增加25%时,应先乘(1+25%),再加5m
防火分区面积	防火分区面积计算时不能扣除前室、楼梯间等面积
百人疏散净宽	《建筑设计防火规范》GB 50016—2014 第 5.5.18 条,是按**所属的建筑总层数**取值,而**非所在的建筑楼层**取值
连廊	相邻建筑通过连廊连接时,不允许连廊宽度大于连廊长度,宽度应≤6m,与建筑之间应设防火分隔
防火墙、隔墙	防火隔墙可设于楼板上,防火墙应设在**基础或梁、柱上**
消防电梯	火灾发生时,消防电梯由**消防队员控制和使用**,不能作为疏散出口或通道设计,不得计入疏散宽度
共用消防电梯	当受首层建筑平面等因素限制,消防电梯分别设在地下室设备用房、车库等防火分区有困难时,可与相邻防火分区共用一台消防电梯,但应**分别设前室**
电梯层门	电梯层门的耐火极限不应低于1.00h并符合相关耐火**完整性和隔热性**要求
电梯候梯厅	**公共建筑**内的客、货电梯**宜设电梯候梯厅**,不宜直接设在营业厅、展览厅、多功能厅等场所内

项　目	一　般　规　定
室内、室外安全区域	室内安全区域通常指：避难走道、避难区、避难间、避难层、疏散楼梯间等
	建筑屋面不可简单作为室外安全区域，设计应满足以下要求： 1. 足够承受人员荷载； 2. 下一层火灾时不得侵害屋面层； 3. 若设有锅炉房等危险设备房，应有≥6m 的安全距离且不得面对泄压、泄爆口； 4. 裙房屋面应设防火挑檐防止上部楼层火灾时坠落物； 5. 应设其他室外楼梯或至少两部室内疏散楼梯直通室外安全地面
通过相邻防火分区疏散	建筑内某防火分区利用相邻防火分区进行疏散时，相邻两个防火分区之间要采用防火墙分隔，不能采用防火卷帘、防火分隔水幕等措施替代
	借用相邻防火分区解决疏散宽度只能单向，且不得传递。例如：被相邻防火分区借用疏散宽度后导致自身疏散宽度不满足要求的防火分区，不得顺递再向另一侧相邻防火分区借疏散宽度。 设计除需保证自身防火分区的疏散宽度符合规范外，还需增加疏散宽度以满足来借用的增加人员所需的疏散宽度，使整个楼层的总疏散宽度不减少。 **借用的安全出口不计入疏散宽度内。借用的宽度不应＞该区疏散总净宽的 30%**
安全出口间距	安全出口的水平距离≥5m，应是疏散门最近边缘的距离
户门开向前室	$H＞33m$ 的住宅，每层开向同一前室的户门应≤3 樘且应采用乙级防火门
步行街与中庭	有顶棚的商业步行街与商业建筑内中庭的主要区别在于： 一旦除去连接商业街两边建筑的顶棚后，这些建筑是各自独立的；而中庭则不能
使用易燃易爆化学物品	人员密集场所需要使用易燃易爆化学物品时，应根据需要限量使用，存储量不应超过一天的使用量，且应由专人管理、登记

注：加粗字体为关键词。

4.2 建筑防火分类

4.2.1 厂房、仓库的火灾危险性分类

厂房、仓库的火灾危险性分类　　表 4.2.1

分类项目		分类要求	
厂房	按生产的火灾危险性分类	甲、乙、丙、丁、戊(共5类)	
	同一厂房或厂房的任一防火分区有不同火灾危险性生产时,其火灾危险性类别的确定方法	(1)应按火灾危险性较大的部分确定分类。	
		(2)符合下列条件时,可按危险性较小的部分确定分类: a. 火灾危险性较大部分占本层或本分区的面积比例<5%; b. 丁、戊类厂房内的油漆工段面积比例<10%且与其他部位间设置有效防火措施; c. 丁、戊类厂房内的油漆工段,应采用封闭喷漆工艺,封闭喷漆空间内保持负压,设置了可燃气体探测报警系统或自动抑爆系统,且油漆工段面积所占比例≤20%	
仓库	按储存物品的火灾危险性分类	甲、乙、丙、丁、戊(共5类)	
	同一仓库或仓库任一防火分区内储存不同火灾危险性物品时,其火灾危险性类别的确定方法	(1)应按火灾危险性最大的物品确定	
		(2)丁、戊类储存物品仓库,当	可燃包装重量>物品本身重量的1/4时
			可燃包装体积>物品本身体积的1/2时
			应按丙类确定

4.2.2 民用建筑的分类

民用建筑的分类　　表 4.2.2

名称	高层民用建筑		单、多层民用建筑
	一类	二类	
住宅建筑	建筑高度>54m 的住宅建筑	54m>建筑高度>27m 的住宅建筑	建筑 $H \leqslant 27m$ 的住宅建筑
	(包括设置商业服务网点的住宅建筑)		

名称	高层民用建筑		单、多层民用建筑
	一类	二类	
公共建筑	1. 建筑高度＞50m 的公共建筑； 2. 建筑高度 24m 以上部分任一楼层建筑面积＞1000m² 的商店、展览、电信、邮政、财贸金融建筑和其他多种功能组合的建筑； 3. 医疗建筑、重要公共建筑； 4. 省级及以上的广播电视和防灾指挥调度建筑、网局级和省级电力调度建筑； 5. 藏书超过 100 万册的图书馆、书库	除一类高层公共建筑外的其他高层公共建筑	1. 建筑高＞24m 的单层公共建筑； 2. 建筑高≤24m 的其他公共建筑

4.3 建筑的耐火等级、耐火极限

4.3.1 各类建筑的耐火等级规定

各类建筑的耐火等级规定　　　　表 4.3.1

耐火等级	分类	适 用 建 筑
一级	民用建筑	地下或半地下建筑(室)、一类高层建筑、医院建筑、特级体育建筑、藏书＞100 万册的高层图书馆及书库、其他图书馆的特藏书库、特级和甲级档案馆、高层博物馆、总建筑面积＞1 万 m² 的单多层博物馆、主管部门确定的重要博物馆
不低于二级	民用建筑	单、多层重要公共建筑、二类高层建筑、步行街两侧建筑、甲乙丙等剧场、展览建筑、乙级档案馆、一般中小型博物馆建筑、甲乙丙级体育建筑、急救中心建筑、除藏书＞100 万册的高层图书馆及书库外的图书馆和书库
	仓库	高架仓库、高层仓库、甲类仓库、多层乙类仓库、储存可燃液体的多层丙类仓库、粮食筒仓

耐火等级	分类	适 用 建 筑
不低于二级	厂房	高层厂房、甲乙类厂房、使用或产生丙类液体的厂房,有火花、赤热地面、明火的丁类厂房(如:冶炼、铸、锻、热处理工房等)
	设备房	使用或储存特殊贵重的机器、仪表、仪器等设备或物品的建筑,锅炉房、油浸变压器室、高压配电装置室
不低于三级	仓库	单层乙类仓库、单层丙类仓库、储存可燃固体的多层丙类仓库、多层丁戊类仓库、粮食平房仓库
	厂房	建筑面积≤300m² 的独立甲乙类单层厂房、单层和多层的丙类厂房、多层丁戊类厂房、建筑面积≤500m² 的单层丙类厂房、建筑面积≤1000m² 的单层丁类厂房
	设备房	燃煤锅炉房,且锅炉的总蒸发量≤4t/h
四级		以木柱承重且墙体采用不燃材料的建筑、除上述规定以外的建筑,但必须满足其他相应的防火规定要求

4.3.2 不同耐火等级建筑各构件燃烧性能和耐火极限

不同耐火等级建筑各构件燃烧性能和耐火极限 表 4.3.2

构件名称		耐火等级(h)							木结构建筑
		一级		二级		三级		四级	
		厂房仓库	民用建筑	厂房仓库	民用建筑	厂房仓库	民用建筑	厂房仓库	民用建筑	
墙	防火墙	不燃性 3.00								
	承重墙	不燃性 3.00		不燃性 2.50		不燃性 2.00		难燃性 0.50		难燃性1.00
	非承重外墙	不燃性0.75	不燃性1.00	不燃性0.50	不燃性1.00	难燃性0.50	不燃性0.50	难燃性0.25	可燃性	难燃性0.75
	楼梯间、前室墙	不燃性 2.00				不燃性 1.50		难燃性 0.50		难燃性1.00
	电梯井的墙									不燃性1.00
	住宅建筑单元之间的墙和分户墙	—	不燃性2.00	—	不燃性2.00	—	不燃性1.50	—	难燃性0.50	难燃性1.00

56

| 构件名称 | | 耐火等级(h) | | | | | | | | 木结构建筑 |
| | | 一级 | | 二级 | | 三级 | | 四级 | | |
		厂房仓库	民用建筑	厂房仓库	民用建筑	厂房仓库	民用建筑	厂房仓库	民用建筑	
墙	疏散走道两侧的隔墙	不燃性1.00		不燃性0.50		难燃性0.25		难燃性0.75		难燃性0.75
	房间隔墙	不燃性0.75		不燃性0.50		难燃性0.50		难燃性0.25		难燃性0.50
柱		不燃性3.00		不燃性2.50		不燃性2.00		难燃性0.50		可燃性1.00
梁		不燃性2.00		不燃性1.50		不燃性1.00		难燃性0.50		可燃性1.00
楼板		不燃性1.50		不燃性1.00		不燃性0.75	不燃性0.50	难燃性0.50	可燃性	难燃性0.75
屋顶承重构件		不燃性1.50		不燃性1.00		难燃性0.50	可燃性0.50			可燃性0.50
疏散楼梯		不燃性1.50		不燃性1.00		不燃性0.75	不燃性0.50	可燃性		难燃性0.50
吊顶(包括吊顶格栅)		不燃性0.25		难燃性0.25,不燃性不限		难燃性0.15				难燃性0.15

4.3.3 建筑构件特别的燃烧性能及耐火极限要求

建筑构件特别的燃烧性能及耐火极限要求 表4.3.3

建筑或场所		构件名称	燃烧性能及耐火极限(h)	
厂房和仓库	甲、乙类厂房和甲、乙、丙类仓库内	防火墙	≥4.00	
	一、二级耐火等级单层厂房(仓库)	柱	≥2.50(仓库≥2.00)	
	除甲、乙类仓库和高层仓库外,一、二级耐火等级建筑	非承重外墙	不燃性≥0.25	难燃性≥0.50
	4层及以下的一、二级耐火等级丁、戊类地上厂房(仓库)	非承重外墙	不燃性,不限	
	二级耐火等级厂房(仓库)内	房间隔墙	用难燃性材料,应提高0.25	

建筑或场所		构件名称	燃烧性能及耐火极限(h)	
厂房和仓库	二级耐火等级多层厂房和多层仓库内	预应力钢筋混凝土楼板	≥0.75	
	设自动喷水灭火系统的一级耐火等级单、多层厂房(仓库)	屋顶承重构件	≥1.00	
民用建筑	二级耐火等级建筑内	房间隔墙	难燃性≥0.75	
	二级耐火等级建筑内的房间,建筑面积≤100m² 时	房间隔墙	难燃性≥0.50	不燃性≥0.30
	防火隔间、避难走道的墙应为	防火墙	≥3.00	
	避难走道	楼板	≥1.50	
	建筑高度>100m 的民用建筑	楼板	≥2.00	
	上人平屋面 一级耐火等级建筑	屋面板	≥1.50	
	上人平屋面 二级耐火等级建筑		≥1.00	
	一、二级耐火等级厂房(仓库)		≥1.50(仓库≥1.00)	
	高层(多层)建筑外墙上、下层开口之间可设置	防火玻璃墙	耐火完整性≥1.00(多层≥0.50)	
	高层建筑疏散用的剪刀楼梯,梯段之间应设	防火隔墙	≥1.00	
	电缆井、管道井、排烟井、排气道、垃圾道等竖向井道	井壁		
	电梯每层	层门		
	室外疏散楼梯梯段和平台均应采用不燃材料	平台		
		梯段	≥0.25	
	步行街的顶棚材料应采用不燃或难燃材料	顶棚承重结构	≥1.00	
	高度大于54m 的住宅建筑,每户应有一间房	内、外墙体	≥1.00	
	急救中心的调度指挥中心等重要用房的隔墙和门窗	房间隔墙	≥2.00 和乙级防火门窗	
	档案馆档案库	楼板	≥1.50	

博物馆藏品库区、展厅、藏品技术区等藏品保存场所建筑构件耐火极限(h)：

	建筑构件名称	耐火极限
博物馆藏品保存场所	防火墙、承重墙、房间隔墙、柱	≥3.00
	疏散走道两侧的墙、非承重外墙、楼梯间及前室的墙、电梯井的墙、楼板	≥2.00
	珍贵藏品库、丙类藏品库的防火墙	≥4.00
	梁	≥2.50
	屋顶承重构件、上人屋面的屋面板、疏散楼梯	≥1.50
	吊顶(包括吊顶格栅)	≥0.30
	藏品库房和展厅的疏散门、库房区总门	甲级防火门

4.3.4 常用建筑构件或材料的燃烧性能和耐火极限举例

常用建筑构件或材料的燃烧性能和耐火极限举例

表 4.3.4

构件名称		构件厚度或截面最小尺寸(mm)	耐火极限(h)	燃烧性能
承重墙	硅酸盐砖、混凝土、钢筋混凝土实体墙	120/180 240	2.50/3.50 5.50	不燃性
	加气混凝土砌块墙	100	2.00	
非承重墙	加气混凝土砌块墙	75/100	2.50/6.00	
	粉煤灰硅酸盐砌块墙/粉煤灰加气混凝土砌块墙	200/100	4.00/3.40	
	钢筋加气混凝土垂直墙板墙	150	3.00	
	钢筋混凝土大板墙(C20)	60/120	1.00/2.60	
	普通混凝土承重空心砌块墙	330×140 330×190 330×290	1.65 1.93 4.00	

构件名称		构件厚度或截面最小尺寸(mm)	耐火极限(h)	燃烧性能
非承重墙	增强纤维石膏空心大板墙,空心/逐孔交替填岩棉及混凝土逐孔交替填水泥焦砟及混凝土	120	1.38/3.55 ≥4.00	不燃性
	水泥板轻质复合条板墙,面密度≤80kg/m²,限高4500mm	90	4.00	
隔墙	钢龙骨两面钉纸面石膏板隔墙: 2×12mm+70mm(空)+2×12mm 2×12mm+75mm(填岩棉,容重100kg/m³)+2×12mm	118 123	1.20 1.50	
	钢龙骨两面钉双面石膏板隔墙: 2×12mm+75mm(空)+2×12mm 2×12mm+75mm(填岩棉,容重100kg/m³)+2×12mm	123 123	1.35 2.10	
	纤维增强硅酸盐板隔墙: 9(12)mm+75(100)mm 岩棉层+9(12)mm	93(124)	3(4)	
	金属岩棉夹芯板隔墙: 双面单层彩钢板填岩棉,容重100kg/m³	120/150/200	1.0/1.5/2.0	
楼板	现浇整体式梁板,保护层厚20mm	100/120	2.10/2.65	
吊顶	12mm/2×12mm/3×15mm 厚耐火石膏板	面板层数 1/2/3	0.25/0.5/1.3	
	9mm/12mm厚纤维增强硅酸盐板	面板1层	0.5/1.5	
保温材料	岩(矿)棉、泡沫玻璃、无机保温砂浆、水泥发泡保温板、发泡陶瓷、陶砂、闭孔珍珠岩、改性酚醛泡沫板、憎水性半硬质岩棉板			A级,不燃
	酚醛泡沫板、胶粉聚苯颗粒浆料、阻燃处理后的EPS、XPS聚苯板			B1级,难燃
	模塑聚苯板EPS、挤塑聚苯板XPS、硬泡聚氨酯			B2级,可燃
	未尽的其他各类新型复合保温材料,燃烧性能等级须经权威部门检测并认定合格			

4.4 建筑防火间距

4.4.1 厂房的防火间距

厂房之间及与乙、丙、丁、戊类仓库、民用建筑等的防火间距

（耐火等级均为一、二级，单位：m）　　　表 4.4.1

建筑类别		甲类厂房 单、多层	乙类厂房（仓库） 单、多层	乙类厂房（仓库） 高层	丙、丁、戊类厂房（仓库） 单、多层	丙、丁、戊类厂房（仓库） 高层	民用建筑 裙房 单、多层	民用建筑 高层 一类	民用建筑 高层 二类
甲类厂房	单、多层	12	12	13	12	13			
乙类厂房	单、多层	12	10	13	10	13	25	50	50
乙类厂房	高层	13	13	13	13	13			
丙类厂房	单、多层	12	10	13	10	13	10	20	15
丙类厂房	高层	13	13	13	13	13	13		
丁、戊类厂房	单、多层	12	10	13	10	13	10	15	13
丁、戊类厂房	高层	13	13	13	13	13	13		
室外变配电站（变压器总油量（t））	5～10(t)	25	25	25	12	12	15	20	
室外变配电站（变压器总油量（t））	10～50(t)	25	25	25	15	15	20	25	
室外变配电站（变压器总油量（t））	＞50(t)				20	20	25	30	
高层厂房		与甲、乙、丙类液体储罐，可燃助燃气体储罐，液化石油气储罐，可燃材料堆场防火间距≥13m							

注：

	建筑之间	防火间距	条件与规定
1	甲（乙）类厂房与重要公共建筑	应(宜)≥50m	（ ）内是对乙类厂房的要求
	甲（乙）类厂房与明火或散发火花地点	应(宜)≥30m	
	单、多层戊类厂房之间，及与戊类仓库	8m	比表 4.4.1 的规定少 2m
	单、多层戊类厂房与民用建筑	按表选用	可将戊类厂房等同民用建筑，按《建筑设计防火规范》（GB 50016—2014）第 5.2.2 条执行

	建筑之间		防火间距	条件与规定
1	生活用房与所属的丙、丁、戊类厂房		≥6m	生活用房应为厂房服务而独建的,确需相邻时,应符合下列第2、3条规定
2	两座厂房之间(或甲类厂房之间)		不限(或≥4m)	相邻较高一面外墙为防火墙。( )内是对甲类厂房的要求
	两座丙、丁、戊类厂房		可按《建筑设计防火规范》GB 50016—2014表3.4.1减少25%	相邻两面外墙均为不燃性墙体,无外露的可燃性屋檐,每面外墙上的门、窗、洞口面积之和各不大于外墙面积的5%,且门、窗、洞口不正对开设
	甲、乙类厂房(仓库)		贴邻	不应与《建筑设计防火规范》GB 50016—2014第3.3.5条规定外的其他建筑
3	两座一、二级耐火等级的厂房之间	甲、乙类	≥6m	相邻较低一面外墙为防火墙且较低一座厂房的屋顶无天窗,屋顶的耐火极限≥1.00h;或相邻较高一面外墙的门、窗等开口部位设甲级防火门、窗或防火分隔水幕或设合规范的防火卷帘
		丙、丁、戊类	≥4m	
4	丙、丁、戊类厂房丁、戊类仓库	与民用建筑之间	不限	较高一面外墙或比相邻较低一座建筑屋面高15m及以下范围内的外墙为无门、窗、洞口的防火墙
			≥4m	相邻较低一面外墙为防火墙且屋顶无天窗或洞口、屋顶的耐火极限≥1.00h;或相邻较高一面外墙为防火墙,且墙上开口部位采取了防火措施
5	同一座"U"形或"山"形厂房中相邻两翼之间按表4.4.1执行		≥6m	厂房的占地面积小于规定的每个防火分区最大允许建筑面积
6	总容量≤15m³的丙类液体储罐与厂房		不限	直埋于厂房外墙外,且面向储罐一面4.0m范围内的外墙为防火墙
7	当丙、丁、戊类厂房与丙、丁、戊类仓库相邻时,应符合以上第2、3条的规定			

4.4.2 甲类仓库的防火间距

甲类仓库之间及与其他建筑、构筑物、铁路、道路的最小防火间距（m）

表 4.4.2

类　　别	甲类仓库（储量）			
	甲类储存物品第3、4项		甲类储存物品第1、2、5、6项	
	≤5t	>5t	≤10t	>10t
高层民用建筑、重要公共建筑	50			
裙房、其他民用建筑、明火或散发火花地点	30	40	25	30
甲类仓库	20	20	20	20
高层仓库	≥13			
一、二级的厂房、乙、丙、丁、戊类仓库	15	20	12	15
电力系统电压为35～500kV，且每台变压器容量≥10MVA的室外变配电站，工业企业的变压器总油量>5t的室外降压变电站	30	40	25	30
厂外铁路线中心线	40			
厂内铁路线中心线	30			
厂外道路边线	20			
厂内道路边线　主要道路	10			
厂内道路边线　次要道路	5			

注：1. 当第3、4项物品储量≤2t、第1、2、5、6项物品储量≤5t时，甲类仓库之间防火间距应≥12m。

　　2. 甲、乙类厂房（仓库）与架空电力线的最小水平距离应≥电杆（塔）高度的1.5倍。

4.4.3 乙、丙、丁、戊类仓库的防火间距

乙、丙、丁、戊类仓库之间及与民用建筑的防火间距（m）

表 4.4.3

建 筑 类 别		乙类仓库（一、二级）		丙类仓库（一、二级）		丁、戊类仓库（一、二级）	
		单、多层	高层	单、多层	高层	单、多层	高层
乙、丙、丁、戊类仓库（一、二级）	单、多层	10	13	10	13	10	13
	高层	13					

建筑类别		乙类仓库（一、二级）		丙类仓库（一、二级）		丁、戊类仓库（一、二级）	
		单、多层	高层	单、多层	高层	单、多层	高层
民用建筑（一、二级）	裙房，单、多层	25		10	13	10	13
	高层 一类	50		20	20	15	15
	高层 二类			15	15	13	13

注：

	建筑之间		防火间距	条件与要求
1	单、多层戊类仓库之间		≥8m	
2	两座仓库之间	丙类	≥6m	两座仓库相邻的外墙均为防火墙
		丁、戊类	≥4m	
	两座仓库之间		不限	两仓库相邻较高一面外墙为防火墙，或相邻高度相同时任一侧外墙为防火墙且屋顶耐火极限≥1.00h，且总占地面积≤一座仓库的最大允许占地面积的规定
3	除乙类第6项物品外的乙类仓库			与民用建筑及重要民用建筑之间防火间距分别宜≥25m及应≥50m
				与铁路、道路等的防火间距宜按《建筑设计防火规范》GB 50016—2014 表 3.5.1 中甲类仓库执行

4.4.4 氧气储罐的防火间距

氧气储罐与建筑物、储罐、堆场等的防火间距（m）

表 4.4.4

名　称	湿式氧气储罐（总容积 V, m^3）		
	$V \leqslant 1000$	$1000 < V \leqslant 50000$	$V > 50000$
明火或散发火花地点	25	30	35
甲乙丙类液体储罐、可燃材料堆场、甲类仓库、室外变配电站	20	25	30

64

名　　称	湿式氧气储罐(总容积 V,m^3)		
	$V \leqslant 1000$	$1000 < V \leqslant 50000$	$V > 50000$
民用建筑	18	20	25
其他建筑(一、二级)	10	12	14
氧气储罐	氧气储罐之间的防火间距应≥相邻较大罐直径的1/2		
泵房	液氧储罐与其泵房的间距≥3		
$V \leqslant 3$m^3 的液氧储罐与其使用建筑之间	设在独立的一、二级耐火等级的专用建筑物内时,其防火间距应≥10		
	设在独立的一、二级耐火等级的专用建筑物内,且面向使用建筑物一侧采用无门窗洞口的防火墙隔开时,其防火间距不限		
医疗卫生机构中的医用液氧储罐气源站的液氧储罐(单罐容积应≤5m^3,总容积宜≤20m^3)	1. 相邻储罐之间的距离应≥最大储罐直径的0.75倍		
	2. 与医疗卫生机构外建筑的防火间距应符合本表上几条规定		
	3. 与医疗卫生机构内建筑(一、二级)应≥10(≥5)	( )内尺寸是:面向储罐的建筑外墙为防火墙时的要求	
	4. 与医疗卫生机构内建筑(三、四级)≥15(≥7.5)		
	5. 与医院内道路应≥3	液氧储罐周围5m范围内不应有可燃物和沥青路面	
	6. 与医院变电站的防火间距应≥12		
	7. 与独立车库、地下车库出入口、排水沟的防火间距应≥15		
	8. 与公共集会场所、生命支持区域的防火间距应≥15		
	9. 与燃煤锅炉房的防火间距应≥30		
	10. 与一般电力架空线的防火间距应≥1.5倍电杆高度		
	11. 储罐处实体围墙高度应≥2.5 围墙外是道路或空地时,实体围墙与储罐间距应≥1 围墙外是建、构筑物时,实体围墙与储罐间距应≥5		

4.4.5 民用建筑的防火间距

民用建筑的防火间距（m）　表 4.4.5

建筑类别		高层民用建筑	裙房和其他民用建筑		
		一、二级	一、二级	三级	四级
高层民用建筑	一、二级	13	9	11	14
裙房和其他民用建筑	一、二级	9	6	7	9
	三级	11	7	8	10
	四级	14	9	10	12

注：

	建筑之间		防火间距	条件与要求
1	相邻两座单、多层建筑之间		按表4.4.5规定减少25%	相邻外墙为不燃性墙体且无外露的可燃性屋檐，每面外墙上无防火保护的门、窗、洞口不正对开设且门、窗、洞口的面积之和不大于外墙面积的5%
2	相邻两座建筑之间		不限	较高一面外墙为防火墙，或高出相邻较低一座一、二级耐火等级建筑的屋面15m及以下范围内的外墙为防火墙
	相邻两座高度相同的一、二级耐火等级建筑之间			相邻任一侧外墙为防火墙，屋顶的耐火极限≥1.00h
3	相邻两座建筑之间		≥3.5m	较低一座耐火等级不小于二级，较低一面外墙为防火墙，且屋顶无天窗，屋顶耐火极限不小于1.00h
			（高层）≥4m	较低一座耐火等级不小于二级且屋顶无天窗，相邻较高一面外墙高出较低一座建筑的屋面15m及以下范围内的开口部位设甲级防火门、窗，或设置符合规范的防火分隔水幕、防火卷帘
4	相连的建筑之间		≥表4.4.5规定	通过连廊、天桥或底部的建筑物等连接
5	民用建筑与变电站之间		≥3m	≤10kV的预装式变电站
6	除高层外数座建筑可成组布置	组内建筑之间	宜≥4m	数座一、二级耐火等级的多层住宅或办公建筑，占地面积总和≤2500m²时，可成组布置
		组与组或组与相邻建筑之间	应符合表4.4.5规定	
7	耐火等级小于四级的既有建筑，其耐火等级可按四级确定			
8	建筑高度大于100m的民用建筑与相邻建筑的防火间距，即使符合以上允许减小间距的条件，仍不可减小			

66

4.4.6 厂房、仓库的防爆

厂房、仓库的防爆　　　　　　　　　　表 4.4.6-1

类别	技 术 要 求		
适用范围	有爆炸危险的厂房(仓库)或厂房(仓库)内有爆炸危险的部位应(宜)采取防爆措施、设置泄压设施		
设计要点	有爆炸危险的甲、乙类厂房宜独建,并宜开敞、半开敞式。其承重结构宜用钢筋混凝土或钢框架、排架结构		
	有爆炸危险的甲、乙类生产部位,宜设在单层厂房靠外墙的或多层厂房顶层靠外墙的泄压设施附近		
	有爆炸危险的设备,宜避开厂房的梁、柱等主要承重构件布置		
	有爆炸危险的甲、乙类厂房的总控制室,应独立设置		
	有爆炸危险的甲、乙类厂房的分控制室,宜独设,当贴邻外墙时,应设防火隔墙(≥3h)与其他部位分隔		
	有爆炸危险区域内的楼梯间、室外楼梯	应设置门斗防护,门斗隔墙应是耐火极限≥2h的防火隔墙,门应采用甲级防火门并与楼梯间的门错位	
	有爆炸危险的区域与相邻区域连通处		
防爆措施	泄压设施	位置	应避开人员密集场所和主要交通道路,并宜靠近有爆炸危险的部位
		构件应轻质(≤60kg/m²)	轻质屋面板,应防冰雪积聚、平整、无死角,上部空间通风良好
			轻质墙体及易于泄压的门、窗(玻璃应采用安全玻璃)
	散发(比空气重的)可燃气体、可燃蒸汽的甲类厂房,有粉尘、纤维爆炸危险性的乙类厂房		采用不发火花地面,采用绝缘材料,整体面层应防静电
			内表面应平整、光滑并易于清扫
			厂房内不宜设地沟;确需设时其盖板应严密,且有防可燃气体、可燃蒸汽和粉尘、纤维在地沟积聚的有效措施,与相邻厂房连通处应采用防火材料密封
	使用和生产甲、乙、丙类液体的厂房		其管、沟不应与相邻厂房管、沟相通,下水道应设置隔油设施
	甲、乙、丙类液体仓库		应设防止液体流散的设施
	遇湿会发生燃烧爆炸的物品仓库		应采取防止水浸渍的措施
	有粉尘爆炸危险性的筒仓		顶部盖板应设置必要的泄压设施
泄压面积计算公式	$A=10CV^{\frac{2}{3}}$	式中　A——泄压面积(m²);V——厂房的溶剂(m³);　C——泄压比,可按表4.4.6-2选取(m²/m³)	

注:当厂房的长径比>3时,宜将建筑划分为长径比≤3的多个计算段,各计算段的公共截面不得作为泄压面积。

厂房内爆炸性危险物质的类别与泄压比规定值（m²/m³）

表 4.4.6-2

厂房内爆炸性危险物质的类别	C 值
氨、粮食、纸、皮革、铅、铬、铜等 $K_尘<10MPa·m·s^{-1}$ 的粉尘	≥0.030
木屑、炭屑、煤粉、锑、锡等 $10MPa·m·s^{-1}≤K_尘≤30MPa·m·s^{-1}$ 的粉尘	≥0.055
丙酮、汽油、甲醇、液化石油气、甲烷、喷漆间或干燥室、苯酚树脂、铝、镁、锆等 $K_尘>30MPa·m·s^{-1}$ 的粉尘	≥0.110
乙烯	≥0.160
乙炔	≥0.200
氢	≥0.250

注：1. 长径比为建筑平面几何外形尺寸中的最长尺寸与其横截面周长的积和 4.0 倍的建筑横截面积之比。

2. $K_尘$ 是指粉尘爆炸指数。

4.5 防火分区

4.5.1 厂房的层数和每个防火分区的建筑面积

厂房的层数和每个防火分区的最大允许建筑面积   表 4.5.1

火灾危险性类别	耐火等级	最多允许层数	每个防火分区的建筑面积(m²)			地下、半地下厂房	备注
			地上厂房				
			单层	多层	高层		
甲	一级	宜单层	4000	3000	—	—	1. 设置自动灭火系统的厂房,甲、乙、丙类的防火分区面积可增加 1 倍;丁、戊类地上厂房不限。 2. 除麻纺厂外,一级耐火等级的多层纺织厂和二级耐火等级的单、多层纺织厂,每个防火分区建筑面积可按本表的规定增加 0.5 倍。 3. 一、二级耐火等级的单、多层造纸生产联合厂,每个防火分区面积可按本表规定增加 1.5 倍。 4. 湿式造纸联合厂,当规定部位按要求设置自动灭火系统时,防火分区面积可按工艺要求定。 5. 一、二级耐火等级的谷物筒仓工作塔,当每层工作人数≤2 人时,其层数不限。 6. 厂房内的操作、抢修平台,当使用人数≤10 人时,平台的面积可不计入所在防火分区的建筑面积内
	二级		3000	2000	—	—	
乙	一级	不限	5000	4000	2000	—	
	二级	6	4000	3000	1500	—	
丙	一级	不限	不限	6000	3000	500	
	二级		8000	4000	2000		
丁	一、二级	不限	不限	不限	4000	1000	
戊	一、二级	不限	不限	不限	6000	1000	

4.5.2 仓库的层数、最大允许占地面积和每个防火分区的最大允许建筑面积

仓库的层数、最大允许占地面积和每个防火分区的
最大允许建筑面积　　　表 4.5.2-1

火灾危险性类别		耐火等级	允许层数	每座仓库的最大允许占地面积和每个防火分区的最大允许建筑面积(m²)						地下、半地下仓库
				地上仓库						
				单层仓库		多层仓库		高层仓库		
				占地	防火分区	占地	防火分区	占地	防火分区	防火分区
甲	3、4 项	一级	1	180	60	—	—	—	—	—
	1、2、5、6 项	一、二级	1	750	250	—	—	—	—	—
乙	1、3、4 项	一、二级	3	2000	500	900	300	—	—	—
	2、5、6 项	一、二级	5	2800	700	1500	500	—	—	—
丙	1 项	一、二级	5	4000	1000	2800	700	—	—	150
	2 项	一、二级	不限	6000	1500	4800	1200	4000	1000	300
丁		一、二级	不限	不限	3000	不限	1500	4800	1200	500
戊		一、二级	不限	不限	不限	不限	2000	6000	1500	1000
冷库		一、二级	不限	7000	3500	7000	3500	5000	2500	1500(只许 1 层)
桶装油品库	甲	一、二级	1	750	250	甲类宜独建，与乙、丙类同时时，应采用防火墙分隔				
	乙	一、二级	1	1000	—					
	丙	一、二级	2	2100	—	2100	—	—	—	
粮食平房仓库		一、二级	1	12000	3000					
单层棉花库房		一、二级	1	2000	2000					
煤均化库		一、二级	每个防火分区≤12000m²							
白酒仓库		一级	60°及以上白酒仓库按甲类仓库执行,60°以下白酒按丙类仓库执行							

注：1. 地下、半地下仓库的占地面积，不应大于地上仓库的占地面积。
　　2. 一、二级耐火等级、独立建造的硝酸铵、电石、尿素、配煤仓库，聚乙烯等高分子制品仓库，造纸厂的独立成品仓库，其占地面积和防火分区面积可按本表的规定增加 1.0 倍。
　　3. 设置自动灭火系统的仓库（冷库除外），其占地面积和防火分区面积可增加 1.0 倍。局部设置自动灭火系统的仓库，其防火分区增加的面积按该局部区域建筑面积的 1.0 倍计算。

物流建筑	当建筑功能以分拣、加工等作业为主时,应按厂房规定设计,其中仓储部分按中间仓库设计		
	当建筑功能以仓储为主或难以区分主要功能时,应按仓库规定设计		
	当分拣、加工等作业区采用防火墙与储存区完全分隔时,作业区和存储区应分别按厂房和仓库的规定进行设计。当符合下列条件时(自动化控制的丙类高架仓库除外),储存区的防火分区最大允许建筑面积和储存区建筑的最大允许占地面积可按本表的规定(不含注)增加3.0倍		
	1	储存丙类物品(可燃液体、棉、麻、丝、毛及其他纺织品、泡沫塑料等除外)且耐火等级一级	
	2	储存丁、戊类物品且耐火等级为一、二级	
	3	建筑内全部设置自动水灭火系统和火灾自动报警系统	

4.5.3 民用建筑的防火分区和层数

民用建筑的防火分区和层数 表 4.5.3

建筑类别	耐火等级	每个防火分区的最大允许建筑面积(设置自动灭火系统时最大允许建筑面积)(m^2)	
单层、多层建筑	一、二级	≤2500(5000)	
高层建筑	一、二级	≤1500(3000)	
地下、半地下建筑(室)/设备用房	一级	500(1000)/1000(2000)	
高层建筑的裙房	一、二级	与高层建筑主体分离并用防火墙隔断	2500(5000)
		与高层建筑主体上下叠加	1500(3000)
营业厅、展览厅(设自动灭火系统、自动报警系统,采用不燃、难燃材料)	一级	设在地下、半地下	(2000)
	一、二级	设在单层建筑内或仅设在多层建筑的首层	(10000)
		设在高层建筑内	(4000)
		营业厅内设置餐饮时,餐饮部分按其他功能进行防火分区且与营业厅间设防火分隔	

建筑类别	耐火等级	每个防火分区的最大允许建筑面积(设置自动灭火系统时最大允许建筑面积)(m²)		
总建筑面积>20000m² 的地下、半地下商店(含营业、储存等配套服务面积)	一级	应采用防火墙(无门、窗洞口)及耐火极限≥2h 的楼板,分隔为多个建筑面积≤20000 的区域		
		相邻区域局部水平或竖向连通时,应采取下沉式广场、防火隔间、避难走道、防烟楼梯间等措施进行连通		
体育馆、剧场的观众厅	一、二级	无规定值,可适当放宽增加,但需论证其消防可行性		
剧场、电影院、礼堂、建筑内会议厅、多功能厅等	一、二级	设在单层、多层建筑内	≤2500(5000)	观众厅布置在四层及以上楼层时,每个观众厅面积≤400(400)
		设在高层建筑内	≤1500(3000)	
	一级	设在地下或半地下室内	≤500(1000)	
		不应设在地下三层及以下楼层		
歌舞厅、录像厅、夜总会、卡拉 OK 厅、游艺厅、桑拿浴室、网吧、歌舞、娱乐放映游艺场所	一、二级	设在单层、多层建筑内	≤2500(5000)	设在四层及以上楼层时,一个厅、室的面积≤200(200)
		设在高层建筑内	≤1500(3000)	
	一级	设在半地下、地下一层内	≤500(1000)	一个厅、室的面积≤200(200)
		不可设在地下二层及以下,设在地下室时室内地面与室外出入口地坪差 $\Delta H \leqslant 10m$		
住宅建筑	一、二级	每个住宅单元每层的建筑面积相应按单、多或高层建筑的要求划分防火分区		

建筑类别		耐火等级	每个防火分区的最大允许建筑面积(设置自动灭火系统时最大允许建筑面积)(m²)				
地下、半地下设备房		一级	≤1000(2000)				
地下、半地下室		一级	≤500(1000)				
图书馆	基本、特藏、密集书库	一级	地下、半地下≤300(600)				
		一、二级	单层建筑≤1500(3000),多层建筑≤1200(2400),高层建筑≤1000(2000)				
	阅览室及藏、阅合一开架	一、二级	按阅览室功能执行《建筑设计防火规范》(GB 50016—2014)防火分区要求				
	采用积层书架的书库		按书架层的面积合并计算分区面积				
博物馆	科技馆、展品火灾危险为丁、戊类的技术博物馆	一、二级(地下、半地下为一级)	设于高层建筑内	≤4000	均应设置自动灭火系统		
			设于单层或多层仅首层	≤10000			
			设于地下、半地下	≤2000			
	展厅		同一防火分区内一个厅、室面积应≤1000,当设于单层或多层的首层且展品火灾危险为丁、戊类时,可≤2000				
	丁、戊类藏品库		当可燃包装材料重量(体积)>物品重量(体积)1/4(1/2)且库房内采用木质护墙时		按丙类固体库房要求确定		
	藏品库区		藏品火灾危险性类别	每个防火分区允许最多建筑面积(m²)			
				单层或多层首层	多层	高层	地下、半地下
			丙 液体	1000(2000)	700	不可设	不可设
			丙 固体	1500(3000)	1200(2400)	1000(2000)	500(1000)
			丁	3000(6000)	1500(3000)	1200(2400)	1000(2000)
			戊	4000(8000)	2000(4000)	1500(3000)	1000(2000)
			注:1.( )内为设自动灭火和报警时的要求;2.设阁楼时面积应计入防火分区				

建筑类别		耐火等级	每个防火分区的最大允许建筑面积(设置自动灭火系统时最大允许建筑面积)(m²)		
展览馆	展厅	一、二级(地下为一级)	设于多层建筑内	≤2500(5000)	
			设于单层或多层的首层	≤(10000)应设自动灭火、排烟、报警	
			设于高层建筑内	地上:≤4000	地下:(≤2000)应设自动灭火排烟报警
火车站	进站大厅	一、二级	≤5000(5000)		
档案馆	特藏库	一级	宜单独设置防火分区		
殡仪馆	骨灰寄存室	一、二级	单层800,多层每层500		

注:1. 表中( )内数字为设置自动灭火系统时的防火分区面积。

2. 局部设置自动灭火系统时,增加面积可按该局部面积的1.0倍计算。

3. 设有中庭或自动扶梯的建筑,其防火分区面积应按上、下层连通的面积叠加计算。

对规范允许采用开敞楼梯间的建筑(如≤5层的教学楼),该开敞楼梯间可不按上下层相通的开口考虑。

4. 本表所列各类建筑中的未尽事项均应执行《建筑设计防火规范》GB 50016—2014的要求。

4.6 各类建筑防火的平面布置及设计要求

4.6.1 厂房、仓库的平面布置及设计要求

厂房、仓库的平面布置及设计要求　　　表4.6.1

类　　别		平面布置及设计要求
员工宿舍		严禁设在厂房和仓库内
办公室、休息室		严禁设在甲、乙类仓库内,也不应贴邻;可设在丙类及以下仓库内
		不应设在甲、乙类厂房内,可设在丙类及以下厂房内
		可贴邻甲、乙类厂房,设置独立的安全出口
		可设在丙类及以下厂房或仓库内,应至少设1个独立的安全出口
厂房内设的中间仓库	甲、乙类	应靠外墙布置,其储量不宜超过一昼夜的需要量
	甲、乙、丙类	应采用防火墙和≥1.5h的不燃楼板与其他部位分隔
	丁、戊类	应采用≥2.0h的防火隔墙和≥1.5h的不燃楼板与其他部位分隔

类　别	平面布置及设计要求	
厂房内设丙类液体中间储罐	应设置在单独的房间内，其容量应≤5m³	
	该房间应采用≥3.0h防火隔墙和≥1.5h不燃楼板与其他部位分隔，房门应采用甲级防火门	
变配电站	不应设在甲、乙类厂房内，也不应贴邻而设	
	供甲、乙类厂房专用的≤10kV的变配电站，设无门、窗洞口的防火墙分隔时，可一面贴邻	
	乙类厂房的变配电站必须在防火墙上开窗时，应为甲级防火窗	
铁路线	不应设在甲、乙类厂房、仓库内	
	需出入蒸汽机车和内燃机车的丙、丁、戊类厂房和仓库，屋顶应采用不燃材料或其他防火措施	
甲、乙类生产场所及仓库	不应设在地下、半地下室内	
物流建筑	1	当建筑功能以分拣、加工为主时，应执行厂房的规定，其中仓储部分应执行中间仓库的规定
	2	当建筑功能以仓储为主或难以区分主要功能时，应执行仓库的规定
	3	当分拣、加工等作业区采用防火墙与储存区完全分隔时，作业区与储存区的防火要求可分别执行有关厂房和仓库的规定

4.6.2　民用建筑的平面布置及设计要求

民用建筑的平面布置及设计要求　　　　表4.6.2

类　别	平面布置及设计要求	
教学建筑、食堂、菜市场、商店	耐火等级三级的建筑	层数≤2层
	耐火等级四级的建筑	单层
	设置在耐火等级三级建筑内的商店	应布置在一、二层
	设置在耐火等级四级建筑内的商店	应布置在一层

74

类　别	平面布置及设计要求		
营业厅、展览厅	不应设置在地下三层及以下楼层		
	地下、半地下营业厅、展览厅不应经营、储存和展示甲、乙类火灾危险性用品		
托幼、儿童用房、老年人活动场所	位置	宜设在独立的建筑内，且不应设在地下、半地下；也可附设在其他民用建筑内	
	独立建筑层数	耐火等级为一、二级的建筑	≤3层
		耐火等级为三级的建筑	≤2层
		耐火等级为四级的建筑	单层
	附设在其他建筑中可设的楼层	在一、二级耐火等级建筑内	1~3层（当儿童活动场所建筑面积≤200m²，或具有独立疏散楼梯时，可设在4~5层）
		在三级耐火等级的建筑内	可设在1~2层
		在四级耐火等级的建筑内	可设在1层
	安全疏散	设置在单、多层建筑内时	宜设置单独的安全出口和疏散楼梯
		设置在高层建筑内时	应设置独立的安全出口和疏散楼梯
医院、疗养院病房楼	层数及位置	不应设在地下、半地下	
		耐火等级为三级的建筑	≤2层
		耐火等级为四级的建筑	单层
		设置在耐火等级为三级的建筑内	1~2层
		设置在耐火等级为四级的建筑内	1层
		相邻护理单元之间应采用防火隔墙分隔	
	防火分隔	隔墙上的门应为乙级防火门，走道上的防火门应为常开防火门	

类　别			平面布置及设计要求	
剧场、电影院、礼堂		位置及层数	宜设置在独立的建筑内	
			采用三级耐火等级的独立建筑时,不应超过2层	
	附设在其他民用建筑内时	安全出口	应至少设置1个独立的安全出口和供其独立使用的疏散楼梯,其他楼层不得共用	
		防火分隔	应设独立防火分区,采用防火墙和甲级防火门与其他区域分隔	
		位置、面积、安全出口	设在一、二级耐火等级的多层建筑内	观众厅布置在1~3层
				必须布置在≥4层以上楼层时:一个厅、室的建筑面积宜≤400m²;一个厅、室的疏散门应≥2个
			设在三级耐火等级的建筑内	观众厅应布置在1~3层
				防火分区应≤1000m²(设自动报警和灭火系统也不得增加)
			设置在地下、半地下时	可执行《人民防空工程设计防火规范》GB 50098—2009的规定
				电影院放映机房应采用隔墙、楼板与其他部位隔开,观察窗和放映孔应设置阻火闸门
			设在高层建筑内	宜布置在1~3层
				必须布置在≥4层楼层时:一个厅、室的建筑面积宜≤400m²;一个厅、室的疏散门应≥2个;应设置火灾自动报警系统和自动喷水灭火系统;幕布的燃烧性能应≥B1级
		安全疏散	疏散门的数量应经计算确定且应≥2个	
			每个疏散门的平均疏散人数应≤250人	
			当总人数>2000时,超过2000人部分,每个疏散门的平均疏散人数应<400人	

类　　别		平面布置及设计要求	
歌舞、娱乐、放映、游艺场所	位置要求	宜布置在一、二级耐火等级建筑内的 1～3 层且靠外墙部位	
		不应布置在地下二层及以下楼层	
		不宜布置在袋形走道的两侧和尽端	
	受条件限制必须布置在地下一层或地上四层及以上时	地下一层地面与室外出入口地坪的高差应≤10m	
		一个厅、室的建筑面积应≤200m²（有自动喷水灭火系统也不能增加）	
住宅与其他功能建筑合建（不含商业服务网点）	住宅与非住宅之间的防火分隔	多层建筑	应采用不燃楼板和无门、窗洞口的防火隔墙完全分隔
		高层建筑	应采用不燃楼板和无门、窗洞口的防火墙完全分隔
		上、下开口之间的窗槛墙高度应≥1.2m（设自动喷水灭火系统时为 0.8m）	
		或设≥1.0m 宽挑檐，长度不小于开口宽度	
	住宅与非住宅之间的安全出口及疏散楼梯	各自的安全出口和疏散楼梯应分别独立设置，互不连通	
		应在首层采用防火隔墙与其他部分分隔，并应直通室外	
		开在防火隔墙上的门应为乙级防火门	
		地下车库的疏散楼梯	可以借用住宅部分的疏散楼梯
设置商业服务网点的住宅	防火分隔	居住部分与商业服务网点之间应采用不燃楼板，无门、窗洞口的防火隔墙完全分隔	
	安全出口、疏散楼梯	住宅部分和商业服务网点部分的，应分别独立设置	
	商业服务网点的安全疏散距离	不应大于袋形走道两侧或尽端的疏散门至安全出口的最大距离。≤22m(27.5m)，( )指设自动喷水灭火时室内楼梯的距离可按其水平投影长度的 1.50 倍计算	
	安全出口数量	对于 2 层的网点，当每个分隔单元任一层的建筑面积超过 200m²时，要设置 2 个出口	

类　　别	平面布置及设计要求		
有顶棚的步行商业街	步行街长度	宜≤300m，步行街端部在各层均不宜封闭，步行街内不应布置可燃物	
	步行街两侧建筑	耐火等级≥二级	
		两侧建筑相对面的最近距离应≥相应高度建筑的防火间距，且应≥9m	
		两侧建筑为多层时，每层面向步行街一侧的商铺均应设置防止火灾竖向蔓延的措施，可采用：高、宽≥1.2m的窗槛墙、挑檐或回廊	
	商铺的防火分隔	面向步行街一侧	围护构件耐火极限应≥1.0h，可采用：实体墙、防火玻璃墙及乙级防火门、窗等
		相邻商铺之间	应设置耐火极限≥2h的防火隔墙
	每间商铺的建筑面积	宜≤300m²	
	步行街顶棚材料	不燃或难燃材料，承重结构耐火极限≥1.0h	
	安全疏散	疏散楼梯应靠外墙设置并直通室外（确有困难时，可在首层直接通至步行街）	
		首层商铺的疏散门可直接通至步行街	
		步行街内任一点到达最近室外安全地点的步行距离应≤60m	
		一层以上各层商铺疏散门至该层最近疏散楼梯或安全出口的直线距离应≤37.5m	
		步行街内应设置消防应急照明、疏散指示标志、消防应急广播系统	
	防排烟	设回廊和连接天桥时，应保证步行街上部各层楼面的开口面积≥地面面积的37%，且开口宜均匀布置	
		端部确需封闭时，每层应在外墙设置开口或门窗与外界直接相通，开口面积应≥该部位外墙面积的1/2	
		步行街顶棚下檐距地面的高度应≥6m	
		顶棚应设置自然排烟设施，自然排烟口面积应≥步行街地面面积的25%	
	灭火与报警	步行街内沿两侧的商铺外每隔30m应设置DN65的消火栓，并配备消防软管卷盘	
		商铺内应设置自动灭火系统和火灾自动报警系统	
		每层回廊应设置自动喷水灭火系统	

类　别		平面布置及设计要求
超大型综合体	建筑面积	总建筑面积≥10 万 m²(不含住宅、办公楼)
	大型综合体内的有顶步行街	1. 步行街两端出口长度应≤300m,连通步行街的开口部位宽度应≤9m,主力店应独立疏散,不得借用连通步行街的开口疏散。 2. 步行街首层与地下层之间不应设中庭、自动扶梯上下连通的开口
	防火卷帘	严禁使用侧向或水平封闭式、折叠提升式防火卷帘,防火卷帘应能火灾时靠自重下降自动封闭开口
	外装饰面或幕墙	建筑外墙设外装饰面或幕墙时,其空腔部位应在每层楼板处采用防火封堵材料封堵
	电影院	与其他区域应有完整的防火分隔并设有独立的安全出口和疏散楼梯
	餐饮场所	食品加工区的明火部位应靠外墙,并应与其他部位进行防火分隔
	商业营业厅	营业厅每层的附属库房应设耐火极限≥3h 的防火隔墙及甲级防火门与其他分隔
	灭火救援窗	结合实际需要设灭火救援窗,且应能直通室内公共区域或走道
汽车 4S 店(前店后厂)	适用建筑分类	前店属民用建筑,执行《建筑设计防火规范》GB 50016—2014,可按商店类进行防火设计
	防火设计	后厂属汽车库,执行《汽车库、修车库、停车场设计防火规范》GB 50067—2014
		当修车库＞15 辆(Ⅰ类)时,后厂不得与前店贴邻建造,应分为 2 栋建筑。同时,应在前店与后厂之间设置防火墙或保持≥10m 的防火间距
		当修车位≤15 辆(Ⅱ、Ⅲ、Ⅳ类)时,后厂可与前店贴邻建造,但应分别设置独立的安全出口
		不得在后厂设置喷漆间、充电间、乙炔间和甲、乙类物品贮存室
中庭防火	中庭与周围连通空间的防火分隔	可采用防火隔墙、防火玻璃墙、设自动喷水保护的非隔热性防火玻璃墙、防火卷帘
		与中庭相连通的过厅、通道的门窗,应采用火灾时能自行关闭的甲级防火门窗
	高层建筑内的中庭回廊应设置自动喷水灭火系统和火灾自动报警系统	
	中庭内不应布置可燃物,应设置排烟设施	

4.6.3 民用建筑设备用房的平面布置及设计要求

民用建筑设备用房的平面布置及设计要求　　表 4.6.3

类　　别		平面布置及设计要求
燃油、燃气锅炉房、油浸变压器室	位置	不应贴邻人员密集场所,不应布置在人员密集场所的上一层、下一层
		应布置在首层或地下一层并靠外墙的部位
		常(负)压燃油、燃气锅炉可设置在地下二层或屋顶,设在屋顶时,距离通向屋面的安全出口应≥6m
		采用相对密度(与空气密度的比值)≥0.75 的可燃气体为燃料的锅炉,不得设置在地下、半地下室
	耐火等级	应不小于一、二级
	防火分隔	应采用防火墙与贴邻的建筑分隔
		与其他部位之间应采用防火隔墙、甲级防火门窗和不燃楼板进行分隔
	储油间	总储油量应≤1m³,应采用防火墙及甲级防火门与锅炉房分隔
	疏散门	甲级防火门,应直通室外或安全出口
	泄压设施	燃气锅炉房应设置爆炸泄压设施
柴油发电机房	位置	宜布置在首层或地下一、二层,不应布置在人员密集场所的上一层、下一层或贴邻
	防火分隔	应采用防火隔墙、甲级防火门和不燃楼板与其他部位分隔
	储油间	总储油量应≤1m³,并应采用防火隔墙、甲级防火门与发电机房分隔
消防水泵房	位置	不应设在地下三层及以下,或地下室内地面与室外出入口地坪高差>10m 的楼层
	耐火等级	单独建造的消防水泵房,其耐火等级应不小于二级
	疏散门	甲级防火门,并应直通室外或安全出口
消防控制室	设置范围	设置火灾自动报警系统和自动灭火系统,或设置火灾自动报警系统和机械防(排)烟设施的建筑
	位置	首层靠外墙的部位,也可设在地下一层
		不应设在电磁场干扰较强及其他可能影响消防控制设备工作的设备用房附近
	耐火等级	不应低于二级
	疏散门	应直通室外或安全出口,与室内的连通门应为乙级防火门

类　别	平面布置及设计要求	
供建筑内使用的丙类液体燃料储罐	位置	应布置在建筑外
	防火间距	容量≤15m³,且直埋于建筑附近,面向油罐一面 4m 范围内的建筑外墙为防火墙时,储罐与建筑的防火间距不限
		容量≥15m³,储罐与建筑的防火间距 — 高层建筑:40m
		裙房及多层建筑:12m
		泵房:10m
	设置中间罐的规定	中间罐的容量应≤1.0m³
		设置在一、二级耐火等级的单独房间内,房间门应为甲级防火门
其他规定	各设备房应采取挡水措施,设在地下室时还应采取防水淹措施	

4.6.4　建筑内部功能房间的特别分隔要求

厂房与仓库内部功能房间的特别分隔要求　表 4.6.4-1

类别		建筑内部房间	分隔构件	耐火极限（h）	分隔要求
厂房和仓库	办公休息	办公室、休息室等不应设置在甲、乙类厂房内。确需贴邻时,耐火等级应不小于二级	防爆墙	≥3.00	与厂房分隔
		办公室、休息室设在丙类厂房或丙、丁类仓库内	防火隔墙	≥2.50	
			楼板	≥1.00	
			防火门	乙级	
	中间仓库	甲、乙、丙类中间仓库设在厂房内	防火墙	≥3.00	与其他部位分隔
			不燃性楼板	≥1.50	
		丁、戊类中间仓库设在厂房内	防火隔墙	≥2.00	
			楼板	≥1.00	
		丙类液体中间储罐应设在厂房的单独房间内,储罐容量应≤5m³	防火隔墙	≥3.00	
			楼板	≥1.50	
			防火门	甲级	

类 别	建筑内部房间	分隔构件	耐火极限 (h)	分隔要求
厂房和仓库	设置在丁、戊类厂房内的通风机房	防火隔墙	≥1.00	与其他部位分隔
		楼板	≥0.50	
	有爆炸危险的甲、乙类厂房的分控制室贴邻外墙设置	防火隔墙	≥3.00	
	一、二级耐火等级的多层戊类仓库除外,其他仓库内供垂直运输货物的提升设施,应设在井筒内	井筒井壁	≥2.00	
	甲、乙类生产部位和建筑内使用丙类液体的部位	防火隔墙 防火门、窗	≥2.00 乙级	
	厂房内有明火和高温的部位			
	甲、乙、丙类厂房(仓库)内布置有不同火灾危险性类别的房间			
库房、设备房	民用建筑内的附属库房			
	锅炉房、变压器室、民用建筑内的柴油发电机房等	防火隔墙	≥2.00	
		不燃性楼板	≥1.50	
		防火门、窗	甲级	
	设在建筑或汽车库内的消防控制室、灭火设备室、消防水泵房和通风空气调节机房、变配电室等	防火隔墙	≥2.00	
		楼板	≥1.50	
	变压器室之间、变压器室与配电室之间	防火隔墙	≥2.00	相互分隔
	锅炉房内的储油间	防火隔墙 防火门	≥3.00 甲级	与锅炉间分隔
	民用建筑内柴油发电机房的储油间			与发电机间分隔

民用建筑内部功能房间的特别分隔要求　　　表 4.6.4-2

类别	建筑内部房间	分隔构件	耐火极限 (h)	分隔要求
人员密集	设置在多种用途建筑内的人员密集场所应采用	防火隔墙	≥2.00	
		楼板	≥1.00	
剧场、电影院、礼堂	礼堂设在其他民用建筑内时应采用	防火隔墙 防火门	≥2.00 甲级	与其他部位分隔
	剧场、电影院确需设在其他民用建筑内时应采用	防火墙 防火门	≥3.00 甲级	
	剧场后台的辅助用房应采用	防火隔墙 防火门、窗	≥2.00 乙级	
	舞台下部的灯光操作室和可燃物储藏室应采用	防火隔墙	≥2.00	
	剧场后台使用燃气加热装置时应采用	防火隔墙 防火门	≥2.50 甲级	
	剧场舞台主台通向各处洞口时应采用	防火门	甲级	
	电影放映室、卷片室应采用	防火隔墙	≥2.00	
		楼板	≥1.50	
	剧场等建筑的舞台隔墙应采用	防火隔墙		与观众厅分隔
	甲乙等大型、特大型剧场舞台台口应采用 (>800 座的特、甲等及设在高层建筑里的宜采用)	防火幕	≥3.00	
	舞台上部应采用	防火隔墙	≥1.50	与观众厅闷顶之间分隔
	剧场舞台及舞台下部台仓周围应采用	防火隔墙	≥2.50	与后台分隔
	剧场变电间的高低压配电室应采用面积≥6m² 的	前室 防火门	甲级	舞台、侧台、后台

类别	建筑内部房间	分隔构件	耐火极限 (h)	分隔要求
医疗、幼儿、老人建筑	医院和疗养院的病房楼内相邻护理单元应采用	防火隔墙 防火门	≥2.00 乙级	相互分隔
	医疗建筑内的病房、产房、重症监护室、手术室(部)、贵重精密医疗装备用房、储藏间、实验室、胶片室应设	防火隔墙	≥2.00	与其他场所或部位分隔
		楼板	≥1.00	
	附设在建筑内的托儿所、幼儿园的儿童用房和儿童游乐厅等儿童活动场所、老年人活动场所应采用	防火隔墙 防火门、窗	≥2.00 乙级	
		楼板	≥1.00	
展览馆	室内库房、维修及加工用房应采用	隔墙 防火门	≥2.00 乙级	与展厅之间分隔
		楼板	≥1.00	
档案馆	档案库区 供垂直运输档案、资料的电梯应设	不燃井壁	≥2.00	与其他部位分隔
	防火分区间及库区与其他部分之间应设	防火墙	≥4.00	相互分隔
	同一防火分区内的库房之间应采用	防火墙	≥3.00	
	其他内部房间应采用	防火隔墙	≥2.00	
步行街	步行街两侧建筑的商铺，面向步行街一侧应设	防火隔墙	≥1.00	与步行街分隔
		防火玻璃墙(含门、窗)	耐火隔热性和耐火完整性≥1.00	
		非隔热性防火玻璃墙(含门、窗)	耐火完整性≥1.00且应设闭式自喷灭火系统保护	
	相邻商铺之间面向步行街一侧应设宽度≥1.0m的	实体墙	≥1.00	相互分隔

84

类 别	建筑内部房间	分隔构件	耐火极限（h）	分隔要求
娱乐、商业	歌舞厅、录像厅、夜总会、卡拉OK厅(含具有卡拉OK功能的餐厅)、游艺厅(含电子游艺厅)、桑拿浴室(不含洗浴部分)、网吧等歌舞、娱乐、放映、游艺场所(不含剧场、电影院)应采用	防火隔墙	≥2.00	厅、室之间及与建筑的其他部位之间分隔
		楼板	≥1.00	
		防火门	乙级	
	总建筑面积大于2万m²的地下、半地下商店，应采用无门、窗、洞口的	防火墙	≥3.00	隔为多个≤2万m²的区域
		楼板	≥2.00	
	存放少量易燃易爆商品的库房应靠外墙设置，应采用	防火墙	≥3.00	与其他仓储库房隔开
		楼板	≥1.50	
	综合性建筑的商店部分，应采用	防火隔墙	≥2.00	与其他部位隔开
		楼板	≥1.50	
网点、住宅	除商业服务网点外，住宅建筑与其他使用功能的建筑合建时，住宅部分应采用无门、窗、洞口的	防火隔墙	≥2.00(高层应设防火墙)	与非住宅之间完全分隔
		不燃性楼板	≥1.50(高层≥2.00)	
	设置商业服务网点的住宅建筑，其居住部分应采用无门、窗、洞口的	防火隔墙	≥2.00	与商业网点间完全分隔
		不燃性楼板	≥1.50	
	商业服务网点每个单元之间应采用无门、窗、洞口的	防火墙	≥2.00	相互分隔
室内中庭	建筑内设置的中庭，其上、下层建筑面积叠加后，大于防火分区规定面积时，可分别采用	防火隔墙防火门、窗	≥1.00 乙级	与周围连通空间分隔
		防火玻璃墙	耐火隔热性和耐火完整性≥1.00	
		非隔热性防火玻璃墙	耐火完整性≥1.00且应设自喷灭火系统保护	
		防火卷帘	≥3.00	

85

续表

类别	建筑内部房间	分隔构件	耐火极限(h)	分隔要求
厨房	除居住建筑套内的厨房外,宿舍、公寓建筑的公共厨房和其他建筑内的厨房应采用	防火隔墙防火门、窗	≥2.00乙级	与其他部位分隔
车库	设在建筑内的汽车库、修车库应采用			
楼梯	地下或半地下建筑(室)的疏散楼梯间应在首层采用	防火隔墙	≥2.00	将上、下连通部位完全分隔
楼梯	建筑的地下或半地下部分与地上部分需共用楼梯间时,应在首层采用	防火隔墙防火门	≥2.00乙级	
电梯	直通建筑内附设汽车库的电梯,应在汽车库部分设置电梯候梯厅,并应采用	防火隔墙防火门	≥2.00乙级	与汽车库分隔
电梯	消防电梯井、机房应采用	防火隔墙防火门	≥2.00甲级	与相邻电梯井、机房分隔
避难层	避难层兼设备层时,设备管道区(管井和设备间)应设	防火隔墙	≥3.00(≥2.00)	与避难区分隔
避难层	避难间应采用	防火隔墙防火门	≥2.00甲级	与其他部位分隔
冷库	冷库的库房应采用	防火墙	≥3.00	与加工车间贴邻分隔
冷库	当确需开设相互连通的开口时,应采用	防火隔间防火门	≥3.00甲级	
冷库	冷库的氨压缩机房,应采用无门、窗、洞口的	防火墙	≥3.00	

4.7 安全疏散与避难

4.7.1 安全疏散与避难的一般要求

安全疏散与避难的一般要求　　　表4.7.1

类　　别		技术要求
1	公共建筑:每个防火分区或一个防火分区的每个楼层	安全出口的数量不应少于2个,符合条件时可设置1个(见第4.7.3.1条)
	住宅建筑:每个单元每层	

86

	类 别	技术要求
2	建筑内每个防火分区或一个防火分区的每个楼层及每个住宅单元每层:相邻两个安全出口	最近边缘之间的水平距离应≥5m
	室内每个房间:相邻两个疏散门	
3	建筑的楼梯间	宜通至屋面,通向屋面的门或窗应向外开启
4	自动扶梯和电梯	不应计作安全疏散设施
5	直通建筑内附设汽车库的电梯	应在汽车库部分设置电梯候梯厅,并应采用防火隔墙和乙级防火门与汽车库分隔
6	公建内的客、货电梯	宜设电梯候梯厅,不宜直接设在营业、展览、多功能厅内
7	高层建筑直通室外的安全出口上方	应设挑出宽度≥1.0m的防护挑檐

4.7.2 厂房、仓库的安全疏散

厂房、仓库的安全疏散　　　表 4.7.2

项 目		要　　求			
1. 安全出口	数量	厂房	每个防火分区或一个防火分区的每个楼层应≥2个		
		仓库	每座仓库≥2个,通向疏散走道或楼梯间的门应为乙级防火门		
	允许设1个安全出口的条件	厂房	厂房类别	每层建筑面积(m²)	人数
			甲	≤100	≤5
			乙	≤150	≤10
			丙	≤250	≤20
			丁、戊	≤400	≤30
			地下、半地下厂房	≤50	≤15
		仓库	一般仓库	1座仓库的占地面积≤300m²	
				1个防火分区的建筑面积≤100m²	
			地下室半地下仓库的建筑面积≤100m²		
			粮食筒仓上层面积<1000m²、作业人数≤2人		
	可利用相邻防火分区的甲级防火门作为第二安全出口的条件	厂房、仓库	设于地下、半地下		
			有多个防火分区相邻布置,并采用防火墙分隔		
			每个防火分区至少有1个直通室外的独立安全出口		

项目	要 求					
1. 安全出口	疏散楼梯形式	厂房	高层厂房（H≤32m）		封闭楼梯间（或室外楼梯）	
			甲、乙、丙多层厂房			
			H＞32m且任一层人数＞10人的厂房		防烟楼梯间（或室外楼梯）	
		仓库	高层仓库		封闭楼梯间	
			仓库、筒仓		室外楼梯	
	相邻两个安全出口水平距离	≥5m				
2. 疏散距离	厂房内任一点至最近安全出口的直线距离(m)	类别	耐火等级	单层厂房	多层厂房	高层厂房	地下、半地下厂房
		甲	一、二级	30	25	—	—
		乙		75	50	30	—
		丙		80	60	40	30
		丁		不限	不限	50	45
		戊		不限	不限	75	60
	仓库	参照他类建筑规定合理设计				
3. 疏散宽度	厂房内疏散楼梯、走道和门的每100人疏散净宽度	厂房层数		1～2	3	≥4	
		最小疏散净宽度(m/百人)		0.60	0.80	1.00	
		注：(1)疏散楼梯的最小净宽度宜≥1.10m； (2)疏散走道的最小净宽度宜≥1.40m； (3)门的最小净宽度宜≥0.90m； (4)疏散楼梯的总宽度应分层计算，下层楼梯总净宽度应按该层及以上疏散人数最多一层的人数计算； (5)首层外门的总净宽度应按首层及以上人数最多的一层的人数计算，且首层外门的最小净宽应≥1.2m					
	仓库	参照他类建筑规定合理设计					
4. 垂直运输提升设施	位置	高层、多层甲、乙、丙、丁类仓库	宜设置在仓库外				
			设在库内时，井筒的耐火极限≥2h				
		戊类仓库	可设在仓库内				
	通向仓库的入口	应设置乙级防火门或防火卷帘					

4.7.3 民用建筑的安全疏散与避难

4.7.3.1 安全出口

1. 允许只设一个疏散楼梯或一个安全出口的一、二级耐火等级建筑

允许只设一个疏散楼梯或一个安全出口的一、二级耐火等级建筑

表 4.7.3.1-1

建筑类别		允许只设一个疏散楼梯或一个安全出口的条件
地下、半地下室 (人员密集、歌舞、娱乐、放映、游艺场所除外)		(1)防火分区面积≤50m²,且人数≤15 人 (2)防火分区面积≤200m² 的设备间 (3) 面积≤500m²,人数≤30 人,且埋深≤10m (当需要 2 个安全出口时,可利用直通室外的金属竖向梯作为第二个安全出口)
住宅	建筑高度 H≤27m	各单元任一层建筑面积≤650m²,任一户门至安全出口的距离≤15m
	27m<H≤54m	各单元任一层建筑面积≤650m²,任一户门至安全出口的距离≤10m,疏散楼梯通至屋顶且单元间疏散楼梯能通过屋顶连通,户门为乙级防火门
公共建筑	单层或多层的首层	建筑面积≤200m²,且人数≤50 人(托、幼除外)
	≤3 层	每层建筑面积≤200m²,二、三层人数和≤50 人(托、幼、老人、医疗、歌舞建筑除外)
	顶层局部升高部位	局部升高层数≤2 层,人数≤50 人且每层建筑面积≤200m²。但应另设一个直通主体建筑屋面的安全出口
	相邻的两个防火分区	除地下车库外,一、二级耐火等级的公建可利用防火墙上的甲级防火门作为第二个安全出口。但疏散距离、安全出口数量及其总净宽度应符合下列要求: (1)两个相邻防火分区之间应采用防火墙分隔,不可采用防火卷帘; (2)建筑面积>1000m² 的防火分区,直通室外的安全出口应≥2 个; (3)建筑面积≤1000m² 的防火分区,直通室外的安全出口应≥1 个; (4)通向相邻防火分区的疏散净宽应不大于《建规》第 5.5.21条规定计算值的 30%;被疏散的相邻防火分区疏散净宽增加,以保证各层直通室外安全出口总净宽满足要求

建筑类别		允许只设一个疏散楼梯或一个安全出口的条件
厂房	甲类厂房	每层建筑面积≤100m²，且人数≤5人
	乙类厂房	每层建筑面积≤150m²，且人数≤10人
	丙类厂房	每层建筑面积≤250m²，且人数≤20人
	丁、戊类厂房	每层建筑面积≤400m²，且人数≤30人
	地下、半地下厂房，厂房的地下、半地下室	建筑面积≤50m²，且人数≤15人
		相邻两个防火分区，可利用防火墙上的甲级防火门作为第二安全出口，但每区至少应有一个直通室外的独立安全出口
仓库	一般仓库	一座仓库的占地面积≤300m²
		仓库的一个防火分区面积≤100m²
	地下、半地下仓库，仓库的地下、半地下室	建筑面积≤100m²
		相邻两个防火分区，可利用防火墙上的甲级防火门作为第二安全出口，但每区至少应有一个直通室外的独立安全出口
	粮食筒仓	上层面积<1000m²，作业人数≤2人

2. 公共建筑内允许只设一个门的房间

公共建筑内允许只设一个门的房间　　　表 4.7.3.1-2

房间位置	限制条件	
位于两个安全出口之间或袋形走道两侧的房间	托儿所、幼儿园、老年人建筑	房间面积≤50m²
	医疗、教学建筑	房间面积≤75m²
	其他建筑或场所	房间面积≤120m²
位于走道尽端的房间（托、幼、老年人、医疗、教学等建筑除外）	建筑面积≤50m²且门净宽≥0.9m	
	房内最远点至疏散门的直线距离≤15m，建筑面积≤200m²且疏散门净宽≥1.4m	
歌舞、娱乐、放映、游艺场所	建筑面积≤50m²且人数≤15人	
地下、半地下室	设备间	建筑面积≤200m²
	房间	建筑面积≤50m²，人数≤15人

3. 每层应设两个安全出口的住宅建筑

每层应设两个安全出口的住宅建筑　表 4.7.3.1-3

建筑高度 H(m)	任一层的建筑面积(m²)	任一户门至最近的安全出口的距离(m)
≤27	>650	>15
27<H≤54	>650	>10
	每个单元的疏散楼梯不能通至屋面或不能通过屋面互相连通或户门防火等级低于乙级时	
>54	每层均应设两个安全出口	

4.7.3.2 疏散距离

1. 一、二级耐火等级民用建筑安全疏散距离

一、二级耐火等级民用建筑安全疏散距离（m）

表 4.7.3.2-1

建筑类别			位于两个安全出口之间的房间				位于袋形走道两侧或尽端的房间			
			一般情况	有自动灭火系统	房门开向开敞式外廊	安全出口为开敞楼梯间	一般情况	有自动灭火系统	房门开向开敞式外廊	安全出口为开敞楼梯间
托儿所、幼儿园、老人建筑			25	31	30	20	20	25	25	18
歌舞、娱乐、放映、游艺场所			25	31	30	20	9	11	14	7
医疗建筑	单层、多层		35	44	40	30	20	25	25	18
	高层	病房部分	24	30	29	19	12	15	17	10
		其他部分	30	37.5	35	25	15	19	20	13
教育建筑	单、多层		35	44	40	30	22	27.5	27	20
	高层		30	37.5	35	25	15	19	20	13
高层旅馆、展览建筑			30	37.5	35	25	15	19	20	13
其他公建及住宅	单、多层		40	50	45	35	22	27.5	27	20
	高层		40	50	45	35	20	25	25	18

注：1. 本表所列建筑的耐火等级为一、二级。

2. 跃廊式住宅户门至最近安全出口的距离，应从户门算起，室内楼梯的距离可按其水平投影长度的 1.5 倍计算。

2. 首层疏散楼梯至室外的距离

首层疏散楼梯至室外的距离　　　表 4.7.3.2-2

基本规定	疏散楼梯间在首层应直通室外
确有困难时	在首层可采用扩大的封闭楼梯间或 防烟楼梯间扩大的前室通至室外
≤4 层的建筑且前室 或封闭楼梯间未扩大	可将直通室外的门设在离疏散楼梯门≤15m 处
确有困难时	可采用避难走道通至室外

3. 室内最远一点至房门或安全出口的最大距离

室内最远一点至房门或安全出口的最大距离

表 4.7.3.2-3

建筑类别		室内任一点至房门	房门至最近安全出口
一般公共建筑		不大于《建筑设计防火规范》(GB 50016—2014)规定的袋形走道两侧或尽端房间至最近安全出口的距离	按《建筑设计防火规范》(GB 50016—2014) 的第 5.5.17 条执行
各种大空间(观众厅、餐厅、展览厅、营业厅、开敞办公区、会议报告厅、观演建筑序厅等，但不含用作舞厅、娱乐场所的多功能厅等)		直线距离应≤30m 或(37.5m)，满足此条后，厅里小房间内任一点至疏散门或安全出口行走距离可≤45m	当厅房门不能直达室外或疏散楼梯间时，可采用长度≤10m 或(12.5m)的走道通至安全出口
住　宅	单、多层	≤22m(27.5m)	≤22m(27.5m)
	高层	≤20m(25m)	≤20m (25m)
设置开敞楼梯的两层商业服务网点		多层≤22m 或(27.5m)，高层≤20m 或(25m)	

注：括号内数据为设置了自动喷水灭火系统时的距离。

4. 同时经过袋形走道和双向走道的房间的疏散距离计算

同时经过袋形走道和双向走道的房间的疏散距离计算

表 4.7.3.2-4

除了托、幼、老年人建筑和歌舞、娱乐、放映场所以及单、多层医疗、教学建筑以外，应同时满足下列两点要求：

1		$a<b$ 或 $a<c$	
2	一、二级单、多层其他建筑	$2a+b\leqslant44m$（55m）且应 $b<40m(50m)$ 或 $2a+c\leqslant44m$（55m）且应 $c<40m(50m)$	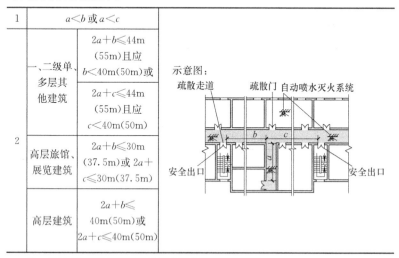
	高层旅馆、展览建筑	$2a+b\leqslant30m$（37.5m）或 $2a+c\leqslant30m(37.5m)$	
	高层建筑	$2a+b\leqslant40m(50m)$ 或 $2a+c\leqslant40m(50m)$	

注：括号内数据为设置了自动喷水灭火系统时的距离。

4.7.3.3 疏散宽度

1. 疏散楼梯、疏散走道、疏散门的最小净宽

疏散楼梯、疏散走道、疏散门的最小净宽　　表 4.7.3.3-1

建筑类别		疏散楼梯	疏散门		疏散走道		室外通道
			首层外门	其他门	单面布房	双面布房	
高层公共建筑	医疗	1.30m	1.30m	≥0.90m	1.40m	1.50m	—
	其他	1.20m	1.20m	≥0.90m	1.30m	1.40m	
多层公共建筑		1.10m	0.90m		1.10m		—
观众厅等人员密集场所[1]		按计算	1.40m（不能设门槛，门内外 1.40m 范围不能设踏步）		0.60m/100 人且 ≥1.0m，边走道 ≥0.80m（观众厅内）		3.00m，直通室外宽敞地带
住宅		按计算且≥1.10m	1.10m	按住宅规范	多层≥1.10m，高层≥1.20m		—
			户门、安全出口 ≥0.90m				

建筑类别	疏散楼梯	疏散门		疏散走道		室外通道
		首层外门	其他门	单面布房	双面布房	
剧场、电影院、体育馆观众厅	疏散楼梯：踏步深度≥0.28m,高度≤0.16m;梯段最小净宽1.20m; 直跑楼梯中间平台深度≥1.20m					
电影院观众厅	疏散走道宽度除计算外,应满足:中间纵向走道净宽≥1.0m 边走道净宽≥0.8m 横向走道除排距尺寸外的通行净宽≥1.0m					
剧场、电影院、礼堂、体育馆等观众厅室内疏散走道的布置规定	横走道之间的座位排数			≤20排		
	纵走道之间的座位数	座位两侧有纵走道	体育馆	≤26座(座椅排距>0.9m时可50座)		
			其他	≤22座(座椅排距>0.9m时可44座)		
		座位仅一侧有纵走道	体育馆	≤13座(座椅排距>0.9m时可25座)		
			其他	≤11座(座椅排距>0.9m时可22座)		
展览建筑展厅	各疏散宽度按公建要求设计,应同时满足《展览建筑设计规范》JGJ 218—2010的建筑设计要求					
员工集体宿舍	楼梯门、楼梯及走道总宽度应≥1.00/百人,梯段净宽应≥1.20,安全出口门净宽应≥1.40,楼梯踏步深度应≥0.27,高度应≤0.165					

注：1. 此处的人员密集场所主要指：营业厅、会议厅、观众厅、礼堂、电影院、剧院和体育场馆的观众厅,公共娱乐场所中的出入大厅、舞厅,候机(车、船)厅及医院的门诊大厅等面积较大、同一时间聚集人数较多的场所。

2. 公共建筑（除电影院、剧院、礼堂、体育场馆外）每层疏散楼梯、走道、安全出口、房间疏散门的百人疏散宽度指标

类　别		百人疏散宽度指标(m/百人)	注： (1)首层外门总宽度应按该层及上部人数最多一层的疏散人数计算确定，不供上部楼层疏散的外门，可按本层疏散人数计算。 (2)当每层人数不等时，疏散楼梯总宽度可分层计算。地上建筑下层楼梯总宽度应按该层及上层人数最多的一层疏散人数计算；地下建筑上层楼梯总宽度应按该层及下层人数最多的一层疏散人数计算。
地上楼层	1～2层	0.65	
	3层	0.75	
	≥4层	1.00	
地下楼层	与地面出入口地面的高差≤10m	0.75	
	与地面出入口地面的高差>10m	1.00	
地下、半地下人员密集的厅室、歌舞、娱乐、放映、游艺场所		1.00	

注：本表电影院、剧院、礼堂、体育馆除外。

3. 电影院、剧场、礼堂、体育场馆的疏散宽度计算

影剧院、礼堂100人疏散宽度(m/百人)					体育馆100人疏散宽度(m/百人)				
观众厅座位数(座)			≤2500	≤1200	观众厅座位数(座)	3000～5000	5001～10000	10001～20000	
耐火等级			一、二级	三级					
疏散部位	门和走道	平坡地面	0.65	0.85	疏散部位	门和走道	平坡地面	0.43	0.37	0.32
		阶梯地面	0.75	1.00			阶梯地面	0.50	0.43	0.37
	楼梯		0.75	1.00		楼梯		0.50	0.43	0.37
电影院观众厅疏散走道最小宽度			中间纵向走道净宽≥1.00、边走道净宽≥0.80、横向走道除排距尺寸外的通行净宽≥1.00						

4.7.3.4　公共建筑各类厅、室疏散人数相关计算指标

建筑、场所	疏散人数指标	备　注
歌舞、娱乐、放映、游艺场所中录像厅	按厅、室的建筑面积，≥1.0人/m²	1. 厅、室建筑面积可不含该场所内疏散走道、厕所等辅助用房建筑面积，只算场内有娱乐功能的各厅、室建筑面积。 2. 内部服务和管理人员的数量可按核定人数计算。 3. 本栏数据来源于《建筑设计防火规范》GB 50016—2014。
其他歌舞、娱乐、放映、游艺场所	按厅、室的建筑面积，≥0.5人/m²	
展览厅	按展览厅的建筑面积，≥0.75人/m²	
有固定座位的场所	按实际座位数的1.1倍计算	

建 筑、场 所	疏散人数指标	备　注
博物馆展厅	按展厅净面积，0.34 人/m²	1. 最小使用面积 = 基本面积 + 辅助面积 基本面积：办公(会议)桌椅及相距间隔所占面积； 辅助面积：办公桌行距之间走道面积，辅助家具及必要的活动空间所需面积分摊数。 2. 本栏数据来源于《办公建筑设计规范》JGJ 67—2006、《博物馆建筑设计规范》JGJ 66—2015，数据仅供参考使用
普通办公室	最小使用面积，4.0m²/人	
设计绘图室	最小使用面积，6.0m²/人	
研究工作室	最小使用面积，5.0m²/人	
有会议桌中、小会议室	最小使用面积，1.8m²/人	
无会议桌中、小会议室	最小使用面积，0.8m²/人	
普通阅览室	使用面积，1.8m²/座	1. 使用面积不含阅览室的藏书区及独立设置的工作间； 2. 当集体试听室含控制室时，可按2.0m²/座计算。 3. 本栏数据来源于《图书馆建筑设计规范》JGJ 38—2015，数据仅供参考使用
专业参考、非书资料、视障阅览室	使用面积，3.5m²/座	
缩微、珍善本阅览室、个人试听室	使用面积，4.0m²/座	
舆图阅览室	使用面积，5.0m²/座	
宽敞舒适的	餐馆、饮食店餐厅	最小使用面积，1.3m²/座	
	食堂餐厅	最小使用面积，1.1m²/座	
较舒适的	餐馆、饮食店餐厅	最小使用面积，1.1m²/座	本栏数据来源于《饮食建筑设计规范》JGJ 64—1989，数据仅供参考使用
	食堂餐厅	最小使用面积，0.85m²/座	
一般餐馆餐厅		最小使用面积，1.0m²/座	

4.7.3.5　商店疏散宽度的计算

1. 商店营业厅疏散总宽度计算及其他要求

商店营业厅疏散总宽度计算及其他要求　　表 4.7.3.5-1

1	计算公式	总宽度＝每层营业厅建筑面积×商店营业厅内人员密度×每百人最小疏散净宽
2	营业厅建筑面积(m²)	含货架、柜台、走道等顾客参与购物的场所、营业厅内卫生间、楼梯间、自动扶梯、电梯等的建筑面积； 不含已设防火分隔且疏散时不进入营业厅的仓储、设备、工具、办公室等面积
3	商店营业厅内人员密度(人/m²)	查表 4.7.3.5-2
4	每百人最小疏散净宽(m/百人)	查表 4.7.3.3-2
5	各类通道的最小净宽(m)、楼梯梯段的最小净宽(m)、踏步最小宽度及最大高度(m)	按公建要求执行,应同时满足《商店建筑设计规范》JGJ 48—2014 的相关建筑设计要求
6	营业厅内的主要疏散走道应直通安全出口;商店营业厅的疏散门应是平开门,且向疏散方向开启,净宽≥1.4m
7	大型商店营业厅设在五层及以上时,应设≥2 个直通屋面的疏散楼梯间,屋面无障碍物的避难面积宜不小于营业层建筑面积的50%

2. 商店营业厅的人员密度

商店营业厅的人员密度　　表 4.7.3.5-2

楼层位置	地下第二层	地下第一层	地上第一、二层	地上第三层	地上第四层及以上
人员密度(人/m²)	0.56	0.60	0.43～0.60	0.39～0.54	0.30～0.42

注：1. 建材、家具、灯饰商店的人员密度可按本表中规定值的30%确定。
　　2. 建筑规模较小(营业厅面积<3000m²)时宜取上限值,当建筑规模较大时,可取下限值。
　　3. 当商店设置有多种商业用途时,需按主要商业用途来确定。

4.7.3.6 疏散楼梯形式、适用范围及设计要求

疏散楼梯的一般技术要求　　表 4.7.3.6-1

形式	一般规定
各类楼梯间	(1)楼梯间的首层应直通室外,困难时,可在首层采用扩大的封闭楼梯间或防烟楼梯间前室。 (2)当层数≤4 层且未采用扩大封闭楼梯间或防烟前室时,可将直通室外的门设在离楼梯间≤15m 处。

形式	一般规定
各类楼梯间	（3）地下、半地下室的楼梯间，应在首层采用防火隔墙与其他部位分隔，并直通室外。必须在隔墙上开门时，应为乙级防火门。（地上与地下共用的楼梯间也应执行此条规定）。 （4）不宜采用螺旋楼梯和扇形踏步。须采用时，踏步上下两级形成的平面角应≤10°，且每级离扶手250mm处的踏步深度应≥220mm。 （5）公共疏散楼梯的梯井净宽宜≥150mm。 （6）除通向避难层错位的疏散楼梯外，建筑内疏散楼梯间在各层的平面位置不应改变。 （7）楼梯间不应有影响疏散的凸出物或其他障碍物，不应设置甲、乙、丙类液体管道。 （8）封闭楼梯间、防烟楼梯间及其前室内不应设卷帘，禁止穿过或设置可燃气体管道。 （9）各类楼梯间靠外墙设置时，楼梯间、前室、合用前室外墙上的窗口与两侧门、窗、洞口水平距离应≥1.0m

疏散楼梯形式、适用范围及设计要求　表 4.7.3.6-2

形式	适用范围	设计要点
封闭楼梯间	（1）室内地面与室外出入口地坪高差≤10m的地下、半地下室； （2）高层建筑的裙房； （3）建筑高度≤32m的二类高层公建； （4）多层公建（医疗、旅馆、老年人建筑、歌舞娱乐放映游艺场所、商店、图书馆、展览馆、会议中心等）； （5）≥6层的其他多层建筑； （6）H≤21m的住宅，与电梯井相邻布置的疏散楼梯（户门为乙级防火门除外）； （7）21m＜H≤33m的住宅（户门为乙级防火门的除外）； （8）高层厂房、甲乙丙类多层厂房、高层仓库	（1）不能自然通风或自然通风不合要求时，应设机械加压送风系统或按防烟楼梯设计。 （2）除出入口和外窗外，楼梯间墙上不应开设其他门、窗、洞口。 （3）高层建筑、人员密集的公建和多层丙类厂房及甲、乙类厂房等：楼梯间门应采用乙级防火门，并向疏散方向开启；其他建筑：楼梯间可采用双向弹簧门。 （4）楼梯间的首层可将走道和门厅含在楼梯间内，形成扩大的封闭楼梯间，但应采用乙级防火门与其他走道和房间分隔

形式	适用范围	设计要点
防烟楼梯间	(1)超过二层的地下、半地下室； (2)室内地面与室外出入口地坪高差>10m的地下、半地下室； (3)一类高层公共建筑； (4)H>32m的二类高层公建； (5)H>33m的住宅建筑； (6)H>32m且任一层的人数>10人的厂房； (7)不能自然通风且未设机械加压送风系统的封闭楼梯间	(1)应设置防烟设施——正压送风井。 (2)应设置前室，前室可与消防电梯前室合用。 (3)前室的使用面积：公建≥6m²，住宅≥4.5m²； 　合用前室使用面积：公建、高层厂房仓库≥10m²，住宅≥6m²。 (4)前室和楼梯间的门应为乙级防火门。 (5)除住宅建筑楼梯间前室外，防烟楼梯间和前室内的墙上不应开设除疏散门、送风口外的其他门、窗、洞口。 (6)楼梯间的首层可将走道和门厅等包括在楼梯间的前室内，形成扩大前室，但应采用乙级防火门与其他部位分隔
剪刀楼梯间	(1)高层公建：任一疏散门至最近疏散楼梯间入口的距离≤10m； (2)住宅：任一户门至最近疏散楼梯间入口的距离≤10m； (3)裙房：除非分设在不同防火分区，否则只能作为一个安全出口增加疏散宽度	(1)楼梯间应为防烟楼梯间。 (2)楼段之间应设置防火隔墙。 (3)高层公建应分别设置前室和加压送风系统。 (4)住宅建筑可以共用前室，但前室面积应≥6m²；也可与消防电梯合用前室，但合用前室的面积应≥12m²，且短边应≥2.4m
敞开楼梯间	(1)剧场、电影院、礼堂、体育馆(当这些场所与其他功能空间组合在同一座建筑时，其疏散楼梯形式应按其中要求最高、最严者确定，或按该建筑的主要功能确定)； (2)多层公建与敞开式外廊直接相连的楼梯间； (3)≤5层的其他公建(但不包括应设封闭楼梯间的多层公建，如医疗、旅馆……)； (4)H≤21m的住宅，其不与电梯井相邻布置的疏散楼梯； (5)H≤33m，户门为乙级防火门的住宅； (6)丁、戊类高层厂房，每层工作平台人数≤2人且各层工作平台总人数≤10人； (7)多层仓库、筒仓、多层丁、戊类厂房	(1)应能天然采光和自然通风，且宜靠外墙布置。 (2)楼梯间内不应设置其他功能房间，垃圾道和可燃气体及甲、乙、丙类液体管道，当住宅楼的敞开楼梯内确需设置可燃气体管道和计量表时，应采用金属管和设置切断气源的阀门。 (3)应是一面敞开，另三面为实体围护结构的楼梯间

形式	适用范围	设计要点
室外疏散楼梯	(1)凡应设封闭楼梯间和防烟楼梯间的均可替之以室外楼梯; (2)高层厂房、乙、丙类多层厂房; (3)$H>32m$且任一层人数>10人的厂房; (4)多层仓库、筒仓; (5)用作丁、戊类厂房内第二安全出口的楼梯	(1)楼梯净宽应≥0.9m,倾斜角度应≤45°。 (2)栏杆扶手的高度应≥1.10m。 (3)梯段和平台均应为不燃材料(耐火极限≥1h和0.25h)。 (4)除作为敞开楼梯间使用外,通向室外楼梯的门应为乙级防火门,并向外开启,且不应正对梯段。 (5)除疏散楼梯外,楼梯周围2m范围内墙面上不应开设门、窗、洞口

4.7.3.7 安全疏散设施

安全疏散设施　　　　　　　　　　表 4.7.3.7

设施类型		技 术 要 求
疏散门	门的类型	平开门(但丙、丁、戊类仓库首层靠墙外侧可采用推拉门或卷帘门)
	开启方向	应向疏散方向开启
		人数≤60人且每樘门的平均疏散人数≤30人的房间,其疏散门的开启方向可不限(甲、乙类生产车间除外)
	其他	疏散楼梯间的门完全开启时,不应减少楼梯平台的有效宽度
		人员密集场所的疏散门、设置门禁系统的住宅、宿舍、公寓的外门,应保证火灾时不用钥匙亦能从内部容易打开,并应在显著位置设置标识和使用提示
疏散走道		在防火分区处应设置常开的甲级防火门
		中小学校的图书馆、教学楼、实验楼和集体宿舍的公共疏散走道、疏散楼梯间不应设置卷帘门
避难走道	功能用途	用于解决大型建筑中疏散距离过长或难以设置直通室外的安全出口等问题。作用与防烟楼梯间类似,只要进入避难走道即视为安全
	直通地面的安全出口	服务于多个防火分区:应≥2个
		服务于1个防火分区:可只设1个(防火分区另有1个)

100

设施类型	技术要求		
避难走道	走道净宽	应不小于任一防火分区通向走道的设计疏散总净宽度	
	防烟前室	位置	防火分区至避难走道的出入口
		面积	使用面积应≥6m²
		前室门	开向前室的门应为甲级防火门
			前室开向避难走道的门应为乙级防火门
	燃烧性能	室内装修材料的燃烧性能等级应为A级	
		走道楼板的耐火极限应≥1.5h,隔墙的耐火极限应≥3.0h	
	消防设施	消火栓、消防应急照明、应急广播、消防专线电话	
防火隔间	功能用途	防火隔间只能用于相邻两个独立使用场所的人员相互通行,不应用于除人员通行外的其他用途。内部不应布置任何经营性商业设施	
	建筑面积	应≥6m²	
	门的设置	应设甲级防火门,主要是连通用途,不应计入安全出口的数量和疏散宽度	
	门的间距	不同防火分区通向防火隔间的门的最小间距应≥4m	
	燃烧性能	室内装修材料燃烧性能等级应为A级	
下沉式广场	功能用途	主要用于防火分隔。将大型地下商店分隔为多个相对独立的区域,一旦某个区域着火且不能有效控制时,该空间要能防止火灾蔓延至被其分隔的其他区域	
	开口距离	被分隔的不同区域	通向该下沉式广场的开口之间的最小水平间距应≥13m
		同一区域	不同防火分区外墙上开口之间的水平距离,位于同一面墙时:应≤2m,位于转角处时:应≤4m
	室外开敞空间用于人员疏散的净面积	应≥169m²(不包括水池、景观等面积)	
	直通地面的疏散楼梯	数量	≥1部
		总宽	≥任一防火分区通向室外开敞空间的设计疏散总净宽度
	其他布置	禁止布置任何经营性商业设施或其他可能引起火灾的设施、物体	
	防风雨篷（类似顶部篷盖）	四周不应完全封闭,应能保证火灾烟气快速自然排放	
		四周开口部位应均匀布置,开口面积不应小于该空间地面面积的1/4,开口高度≥1.0m	
		四周开口设置百叶时,其有效排烟面积应等于百叶通风口面积的60%	

设施类型		技 术 要 求
避难层(间)	适用范围	1. $H>100m$ 的公共建筑和住宅应设避难层。 2. 高层病房楼应设避难间。 3. $H>54m$ 的住宅,应设置相对安全的房间(类似的"避难间")。 4. 大型商店营业厅设在五层及以上时,应设"避难区"
	设置位置	1. $H>100m$ 的公共建筑和住宅: (1)第一个避难层(间)的楼面至灭火救援现场地面的高度应$\leqslant50m$; (2)两个避难层(间)之间的高度宜$\leqslant50m$。 2. 高层病房楼应在二层及以上的病房楼层和洁净手术部设置避难间,避难间应靠近楼梯间。 3. $H>54m$ 的住宅,每户应有一间相对安全的房间。 4. 大型商店营业厅设在五层及以上时,屋顶平台宜设无障碍物的避难区
	净面积	1. $H>100m$ 的公共建筑和住宅避难层:5.0 人/m^2。 2. 高层病房楼:25m^2/个护理单元,避难间服务的护理单元应$\leqslant2$ 个。 3. $H>54m$ 的住宅:利用套内房间兼作"相对安全的房间",面积不限。 4. 大型商店屋顶平台上无障碍物的避难面积宜不小于营业层建筑面积的50%
	设计要求	1. 设置避难层还是避难间,主要根据该建筑的不同高度段内需要避难的人数及所需避难的面积确定,避难间的分隔及疏散等设计要求同避难层
		2. 通向避难层的疏散楼梯应在避难层分隔,同层错位或上、下层断开。(人员疏散必须经过避难层方能进入楼梯间上下)
		3. 避难层可兼作设备层。 (1)设备管道宜集中布置,但易、可燃液体或气体管道和排烟管道应集中布置,设备管道区应采用 3h 防火隔墙与避难区分隔; (2)管道井和设备间应采用 2h 防火隔墙与避难区分隔;管道井和设备间的门不应直接开向避难区,确需开设时,门应是甲级防火门,且应与避难层区出入口的距离$\geqslant5m$
		4. 避难间内不应设置易、可燃液体或气体管道,不应开设除外窗、疏散门之外的其他开口
		5. 避难层应设置消防电梯出口、消火栓、消防软管卷盘、消防专线电话和应急广播、指示标志
		6. 高层病房楼避难间应采用防火隔墙和甲级防火门与其他部位分隔
		7. 避难层和病房避难间:应设直接对外可开启的乙级防火窗或独立机械防烟设施
		8. $H>54m$ 的住宅内相对安全的房间应靠外墙,并设可开启外窗,外窗的耐火完整性宜$\geqslant1.0h$,房门宜采用乙级防火门

4.8 建筑防火构造

4.8.1 防火墙

防火墙与防火隔墙   表 4.8.1

类别	分项	技术规定
防火墙	定义及耐火极限	设在两个相邻水平防火分区之间或两栋建筑之间、耐火极限≥3.0h 的不燃烧实心墙体
	设置位置	应直接设在建筑物基础或梁板等承重结构上
		应隔断至梁、楼板或屋面板的底面基层
		当高层厂房(仓库)屋面的耐火极限<1.0h,其他建筑屋面的耐火极限<0.5h 时,防火墙应高出屋面 0.5m 以上
	防火墙两侧的门、窗、洞口之间的最近边缘的水平距离	紧靠防火墙两侧的窗间墙宽度应≥2m
		位于防火墙内转角两侧的窗间墙宽度应≥4m
		采用乙级防火窗时,上述距离不可限
	管道穿防火墙	可燃气体、甲乙丙类液体的管道严禁穿防火墙,其他管道穿过防火墙时,应采用防火封堵材料嵌缝
		防火墙内不应设置排气道
		穿过防火墙处的管道的保温材料应采用不燃材料,当管道为难燃或可燃材料时,应在防火墙两侧的管道上采取防火阻隔措施
	其他要求	防火墙上不应开设门窗洞口,须开设时,应设不开启或火灾时能自动关闭的甲级防火门、窗
		建筑外墙为难燃墙体时,防火墙应凸出墙外表面 0.4m 以上;建筑外墙为不燃墙体时,防火墙可不凸出墙的外表面
		防火墙中心线水平距离天窗端面<4.0m,且天窗端面为可燃材料时,应采取防火措施
防火隔墙	定义	防止火灾蔓延至相邻区域且耐火极限不低于规定要求(1.0～3.0h)的不燃烧实心墙体
	防火隔墙上的门窗	乙级防火门、窗

4.8.2 窗槛墙、防火挑檐、窗间墙、外墙防火隔板、幕墙防火

窗槛墙、防火挑檐、窗间墙、外墙防火隔板、幕墙防火

表 4.8.2

类　　别	技术规定
窗槛墙	外墙上、下层开口之间的窗槛墙高度应≥1.2m 或≥0.8m（设自动喷水灭火时）
	可设置防火玻璃墙，但在高层建筑上时，耐火完整性不应低于 1.00h，在多层建筑上时，耐火完整性不应低于 0.50h。外窗的耐火完整性不应低于防火玻璃墙的耐火完整性要求
防火挑檐	外墙上、下层开口之间的窗槛墙高度不能满足规定要求时，可设置防火挑檐来代替
	挑出宽度应≥1.0m，长度应不小于开口宽度
窗间墙、外墙防火隔板	两个相邻拼接的住宅单元的窗间墙宽度应≥2m
	住宅建筑外墙户与户的水平开口之间的窗间墙宽度应≥1.0m，当<1.0m 时，应在窗间墙处设置突出外墙≥0.6m 的防火隔板
幕墙防火	每层楼板外沿应设高度≥1.2m 或≥0.8m（设自动喷水灭火时）的不燃实体墙或防火玻璃墙
	幕墙与每层楼板、隔墙处的缝隙应采用防火材料封堵

4.8.3 管道井、排烟（气）道、垃圾道、变形缝防火

管道井、排烟（气）道、垃圾道、变形缝防火　表 4.8.3

类别		技术规定
管道井	检查门	丙级防火门
	防火封堵	应在每层楼板处采用混凝土等不燃材料层层封堵
垃圾道	宜靠外墙布置	
	排气口应直接开向室外，垃圾斗宜设置在垃圾道前室内	
	前室门应采用丙级防火门，垃圾斗应为不燃材料且能自行关闭	
变形缝	变形缝的填充材料和构造基层应采用不燃材料	
	管道不宜穿过变形缝；必须穿过时，应在穿过处加设不燃管套，并应采用防火封堵材料封堵	

4.8.4 屋面、外墙保温材料燃烧性能规定及做法要求

屋面、外墙保温材料燃烧性能规定及做法要求　　表 4.8.4

位 置	项 目	保温材料燃烧性能等级规定及做法要求		
屋面	(1)屋面外保温系统	屋面板耐火极限≥1.0h时,应≥B₂级	应设不燃材料作保护层,厚度≥10mm	
		屋面板耐火极限＜1.0h时,应≥B₁级		
	(2)屋面与外墙的防火分隔	当屋面和外墙均采用 B₁、B₂ 级保温材料时,屋面和外墙之间应采用宽度≥500mm 的不燃材料作防火隔离带进行分隔		
外墙	(1)外墙内、外保温	1. 宜 A 级,可 B₁ 级,不宜 B₂ 级,严禁 B₃ 级。基层耐火极限应满足《建筑设计防火规范》(GB 50016—2014)要求		
		2. 设有人员密集场所的建筑,保温材料的燃烧性能均应是 A 级		
		3. 保温系统应采用不燃材料做保护层		
	(2)外墙复合保温	当保温材料用 B₁、B₂ 级时,保温材料两侧的墙体应采用不燃材料且厚度均应≥50mm		
	(3)外墙内保温	1. 用火、燃气、燃油等有火灾危险性场所、楼梯间、避难走道、避难层(间)、人员密集场所等	应 A 级	
		2. 其他建筑、场所或部位	应≥B₁ 级	
		3. 采用 B₁ 级保温材料时,不燃材料保护层厚度应≥10mm		
	(4)外墙外保温	无空腔	住宅	H≤27m	应≥B₂ 级
				27m＜H≤100m	应≥B₁ 级
				H＞100m	应 A 级
			其他建筑	H≤24m	应≥B₂ 级
				24m＜H≤50m	应≥B₁ 级
				H＞50m	应 A 级
		有空腔		H≤24m	应≥B₁ 级
				H＞24m	应 A 级
			保温系统与基层墙体、饰面层间空腔,应在每层楼板处采用防火材料封堵		

位 置	项 目	保温材料燃烧性能等级规定及做法要求
外墙	（4）外墙外保温	采用 B₁、B₂ 级保温材料的外墙上,门、窗的耐火完整性应≥0.50h(B₁ 级 H≤27m 的住宅和 H≤24m 的公建除外)
		采用 B₁ 级材料时,应在保温系统中,每层设高度≥300mm 的 A 级材料水平防火隔离带
		应采用不燃材料在 B₁、B₂ 级保温材料表面做保护层,厚度:首层≥10mm;其他≥5mm
	（5）外墙装饰层	应采用 A 级材料,当建筑高度≤50m 时,可采用 B₁ 级材料

4.8.5 防火门、窗及防火卷帘

防火门、窗及防火卷帘 表 4.8.5

级别	适用范围	设计要求
甲级防火门窗(1.5h)	（1）凡防火墙上的门、窗; （2）锅炉房、变压器室、柴油发电机房、变配电室、储油间、消防电梯机房、空调机房、避难层内的设备间的门、窗; （3）与中庭相连通的门、窗; （4）高层病房楼避难间的门; （5）防火隔间的门; （6）疏散走道在防火分区处的门; （7）通向防烟前室到避难走道的第一道门; （8）耐火等级为一级的多层纺织厂房和耐火等级为二级的单、多层纺织厂房内的防火隔墙上的门、窗; （9）储存丙类液体燃料储罐中间罐的房间门; （10）有爆炸危险区域内楼梯间、室外楼梯或相邻区域连通处的门斗的防火隔墙上的门; （11）总建筑面积>20000m² 的地下、半地下商店的防烟楼梯间的门; （12）档案库区缓冲间及档案库的门	

级别	适用范围	设计要求
乙级 防火门窗 (1.0h)	(1)凡防火隔墙上的门窗(个别甲级除外); (2)封闭楼梯间、防烟楼梯间及其前室、合用前室的门; (3)27m＜H≤54m,且每个单元只设置一部疏散楼梯的住宅户门; (4)H≤33m,且采用非封闭楼梯间的住宅的户门; (5)H＞33m的住宅的户门; (6)公建、住宅、病房楼避难层(间)的外门窗; (7)歌舞、娱乐场所(不含剧场、电影院)房门及与其他部位相通的门; (8)仓库内每个防火分区通向疏散走道或楼梯的门; (9)除一、二级耐火等级的多层戊类仓库外,其他仓库的室外提升设施通向仓库入口上的门(也可用防火卷帘); (10)封闭楼梯间及首层扩大封闭楼梯间的门; (11)通向室外疏散楼梯的门; (12)消防控制室、灭火设备室、消防水泵房的门; (13)窗槛墙高度不够,又未做防火挑板的外窗; (14)双层幕墙中可开启外窗(内层); (15)地下、半地下室楼梯间在首层与其他部位防火隔墙上的门; (16)地上、地下共用的楼梯间在首层的防火隔墙上的门; (17)避难走道入口处的防烟前室开向避难走道的门; (18)建筑附设汽车库电梯候梯厅与汽车库的防火隔墙上的门; (19)剧场建筑舞台上部与观众厅闷顶之间的防火隔墙上的门; (20)医院的产房、手术室、重症监护室、精密仪器室、储藏室、实验室、胶片室,附设在建筑内的托、幼、儿童用房、儿童活动场所、老年人活动场所与其他部位的防火隔墙上的门窗; (21)医院病房部分每层各护理单元通向公共走道的单元出入口	1. 防火门设计要求: (1)经常有人通行的防火门宜采用常开防火门,并应能在火灾时自行关闭,且应具有信号反馈的功能; (2)非经常有人通行的防火门应采用常闭防火门; (3)应具有自动关闭功能(管道井和住宅户门除外),双扇防火门应具有按顺序自动关闭的功能; (4)应能在内外两侧手动开启(人员密集场所需控制人员随意出入的疏散门和需设置门禁系统的住宅、宿舍、公寓建筑的外门除外); (5)设置在变形缝附近的防火门,应靠近楼层较多的一侧,并应保证防火门开启时不跨越变形缝; (6)应符合国标《防火门》GB 12955—2008的规定; 2. 防火窗设计要求 (1)设置在防火墙、防火隔墙的防火窗,应采用固定窗扇或具有火灾时能自行关闭的功能; (2)防火窗应符合国标《防火窗》GB 16809—2008的规定
丙级防火门 (0.5h)	(1)管道井检修门; (2)垃圾道前室的门	

级别	适用范围	设计要求
防火卷帘 (2.0～ 3.0h)	(1)中庭与周围相连通空间的防火分隔; (2)仓库的室内外提升设施通向仓库的入口(也可用乙级防火门); (3)防火分区之间采用防火墙确有困难时	(1)防火分隔部位宽度 $B \leqslant$ 30m 时,防火卷帘的宽度 b $\leqslant$10m; 防火分隔部位宽度 $B>$30m 时,防火卷帘的宽度 $b \leqslant B/3 \leqslant$20m。(中庭除外) (2)当防火卷帘的耐火极限符合有关耐火完整性和耐火隔热性判定条件时,可不设自动喷水灭火系统保护;当仅符合有关耐火完整性判定条件时,应设自动喷水灭火系统保护; (3)应具有防烟性能,与楼板、墙、梁、柱之间的空隙应采取防火封堵; (4)火灾时应能靠自重自动关闭; (5)其他应符合国标《防火卷帘》GB 14102—2005 的要求

4.9 灭火救援设施

4.9.1 消防车道

消防车道　　　　　　　　　　　　　表 4.9.1

设计要求类别	适用范围	
应设环形消防车道(或沿建筑物的两个长边设消防车道)	民用建筑	高层建筑
		>3000 座的体育馆
		>2000 座的会堂
		占地>3000m² 的商店建筑、展览建筑等单、多层公共建筑
	厂房仓库	高层厂房
		占地>3000m² 的甲、乙、丙类厂房
		占地>1500m² 的乙、丙类仓库

设计要求类别	适用范围						
沿建筑的一个长边设置消防车道(该长边应为消防登高面)	住宅建筑	消防车道的长度不小于建筑物的长边					
	山坡地或河道边临空建造的高层建筑						
应设穿过建筑物的消防车道(或设环形消防车道)	建筑物沿街长度>150m						
	建筑物总长度>220m						
宜设进入院天井的消防车道	有封闭内院或天井的建筑物,其短边长度>24m时						
应设连通街道和内院的人行通道	有封闭内院或天井的建筑物沿街时,其间距宜≤80m(可利用楼梯间)						
供消防车通行的街区内道路,其道路中心线的间距	宜≤160m						
宜设环形消防车道的堆场和储罐区	堆场或储罐区	棉、麻、毛、化纤	秸秆、芦苇	木材	甲、乙、丙、丁类液体储罐	液化石油气储罐	可燃气体储罐
	储量	>1000t	>5000t	>5000m³	>1500m³	>500m³	>30000m³
应设置与环形消防车道相通的中间消防车道	占地面积>30000m²的可燃材料堆场						
	消防车道的间距宜≤150m						
宜在环形消防车道之间设置连通的消防车道	液化石油气储罐区	甲、乙、丙、类液体储罐区			可燃气体储罐区		
消防车道边缘与相关点距离	与可燃材料堆垛应≥5m	与消防车的取水点宜≤2m					
尽头式消防车道	应设置回车道或回车场						
	回车场尺寸	多层≥12m×12m		高层≥15m×15m		重型消防车≥18m×18m	
消防车道的净宽度、净高、坡度、转弯半径	净宽、净高应≥4m		坡度≤8%			转弯半径≥12m	

设计要求类别	适用范围
消防车道的其他要求	(1)环形消防车道至少应有两处与其他车道连通
	(2)消防车道的路面、操作场地及其下面的管道和暗沟等,应能承受重型消防车压力
	(3)可利用市政道路和厂区道路,但该道路应符合消防车通行、转弯和停靠的要求
	(4)不宜与铁路正线平交。如必须平交,应设置备用车道,且两车道的间距应不小于一列火车的长度(约900m)
	(5)与建筑之间不应设置妨碍消防操作的树木、小品、架空管线、停车场等障碍物

4.9.2 消防登高操作场地

消防登高操作场地　　　　表4.9.2

	适用对象	高层建筑
消防登高操作场地	位置	直通室外的楼梯或直通楼梯间的室外出入口所在一侧,并结合消防车道布置
		该范围内裙房进深应≤4m,不应有妨碍登高的树木、架空管线、车库出入口等
		特殊情况下,建筑屋顶也可兼作消防登高操作场地
	长度	至少沿建筑物一个长边或周边长度的1/4且不小于一个长边的长度连续布置
		$H≤50m$ 的建筑,连续布置登高面有困难时,可间隔布置,但间隔距离宜≤30m,且总长度仍应符合上一款要求
	与外墙边的距离	5m≤S≤10m
	场地大小	$H≥50m$ 的建筑,长度≥20m,宽度≥10m
		$H≤50m$ 的建筑,长度≥15m,宽度≥10m
	场地坡度	一般 i<3%,坡地建筑 i≤5%
	救援窗(厂房、仓库、公共建筑设)	应每层设置可供消防人员进入的外窗,每个防火分区不少于2个
		救援窗净宽×净高≥1.0m×1.0m,窗台高度≤1.2m,间距≤20m
		救援窗位置应与登高救援场地相对应
		救援窗玻璃应易于破碎,并应设置可在室外识别的明显标志

4.9.3 消防电梯

消防电梯　　　　　　　　　　　　表 4.9.3

类　别	技术内容			
设置范围	$H>33m$ 的住宅			
	一类高层公共建筑，$H>32m$ 的二类高层公共建筑			
	设有消防电梯的建筑的地下、半地下室			
	埋深$>10m$，且总建筑面积$>3000m^2$ 的其他地下、半地下室			
	$H>32m$，且设置电梯的高层厂房仓库(但不包括任一层工作平台上的人数$\leqslant 2$ 人的高层塔架；也不包括局部建筑 $H>32m$，且局部高出部分的每层建筑面积$\leqslant 50m^2$ 的丁、戊类厂房)			
设置数量	应分别设在不同防火分区，每个防火分区至少设 1 台消防电梯			
消防电梯前室	位置	宜靠外墙布置，并应在首层直通室外，或经过长度$\leqslant 30m$ 的通道通向室外		
	使用面积	独立	$\geqslant 6m^2$	
		合用	与楼梯间合用时，住宅$\geqslant 6m^2$，公建及高层厂房、仓库$\geqslant 10m^2$	
			与剪刀楼梯间三合一时应$\geqslant 12m^2$，且短边应$\geqslant 2.4m$	
	前室门	应采用乙级防火门，不应设置卷帘		
	住宅户门	不应开向消防电梯前室，确有困难时，开向前室的户门应$\leqslant 3$ 樘		
	其他规定	设置在仓库连廊、冷库穿堂或谷物筒仓工作塔内的消防电梯，可不设前室		
其他要求	(1)应能每层停靠(包括地下室各层)			
	(2)载重量应$\geqslant 800kg$			
	(3)从首层至顶层的运行时间$\leqslant 60s$			
	(4)轿厢内部装修应采用不燃材料			
	(5)消防电梯井、机房与相邻电梯井、机房之间应设置防火隔墙，隔墙上的门应为甲级防火门			
	(6)电梯井底应设置排水设施，排水井容量$\geqslant 2m^3$，消防电梯前室的门口宜设置挡水设施			
	(7)首层消防电梯入口处应设置供消防队员专用的操作按钮			
	(8)轿厢内应设置专用消防对讲电话			

4.9.4 屋顶直升机停机坪

屋顶直升机停机坪　　　　　　　表 4.9.4

1. 适用范围		建筑高度 $H>100m$，且标准层建筑面积 $>2000m^2$ 的公共建筑宜设	
2. 设置方式		(1)直接利用屋顶作停机坪	(2)专设在凸出于屋顶的平台上
3. 形状尺寸	形状	圆形或矩形	
	尺寸	圆形	直径 $D\geqslant D_o+10m$(D_o 为直升机旋翼直径)
		矩形	短边边长≥直升机全长
4. 设计要求		1. 设在屋顶平台上的停机坪，距设备用房、电梯机房、水箱间、共用天线等突出物应≥5m； 2. 出入口数量≥2 个，每个出口宽度宜≥0.90m； 3. 停机坪四周应设置航空障碍灯，并有应急照明	

附:直升机有关数据	机　型	旋翼直径 (m)	全　长 (m)	全　高 (m)	总质量 (kg)
	小型 (6 人以下)	9.82～ 10.20	8.55～ 9.70	2.76～ 2.98	1070～1500
	中型 (6～12 人)	11～21	10～25	3.09～4.4	2100～7600
	大型 (12 人以上)	15～21	17.4～25	4.4～5.2	5084～7600

4.10　防排烟设施

4.10.1　防排烟设施的部位

防排烟设施的部位　　　　　　　表 4.10.1

建筑类别	设置防排烟设施的部位
各类建筑、 高度 $H>50m$ 的公建、厂房、仓库、 高度 $>100m$ 的居住建筑	1. 防烟楼梯间及其前室。 2. 消防电梯间前室及其合用前室。 3. 避难走道的前室、避难层(间)
厂房、仓库	1. 人员或可燃物较多的丙类生产场所； 丙类厂房内建筑面积 $>300m^2$ 且经常有人停留或可燃物较多的地上房间。 2. 建筑面积 $>5000m^2$ 的丁类生产车间。 3. 占地面积 $>1000m^2$ 的丙类仓库。 4. 高度 $>32m$ 的高层厂房(仓库)内长度大于20m 的疏散走道； 其他厂房(仓库)内长度 $>40m$ 的疏散走道

建筑类别	设置防排烟设施的部位
民用建筑	1. 设置在一、二、三层且房间建筑面积＞100m² 的歌舞、娱乐、放映、游艺场所，设置在四层及以上楼层、地下或半地下的歌舞、娱乐、放映、游艺场所。 2. 中庭。 3. 公共建筑内建筑面积＞100m² 且经常有人停留的地上房间。 4. 公共建筑内建筑面积＞300m² 且可燃物较多的地上房间。 5. 建筑内长度大于 20m 的疏散走道
地下或半地下建筑(室)、地上建筑内的无窗房间	总建筑面积＞200m² 或一个房间建筑面积＞50m²，且经常有人停留或可燃物较多时

4.10.2 防排烟设施的设置要求

防排烟设施的设置要求　　　　　表 4.10.2

类别	分项内容	技术措施	
自然排烟	$H \leqslant 50m$ 的公建、厂房、仓库	利用开敞阳台或凹廊作前室或合用前室，或前室、合用前室设有不同朝向的可开启外窗，且可开启面积满足下列面积要求	楼梯间可不设防烟系统
	$H \leqslant 100m$ 的居住建筑		
	防烟楼梯、消防电梯前室	外窗可开启面积应≥2m²	
	合用前室	外窗可开启面积应≥3m²	
	靠外墙的防烟楼梯间	每五层可开启外窗面积和≥2m²，且顶层可开启窗面积宜≥0.8m²	
	避难层(间)	设两个不同朝向的可开启外窗且每个朝向开启面积≥2m²	
	中庭、剧场舞台	可开启外窗总面积应不小于中庭、剧场舞台楼地面积的 5%	
	疏散走道、需排烟的房间	可开启外窗的面积应不小于走道或房间面积的 2%	
	其他场所可开启外窗	宜取该场所建筑面积的 2%～5%	
	面积＞500m²，净高度＞6m 大空间	可开启外窗面积应不小于该场所面积的 5%	

类别	分项内容	技术措施			
机械防排烟	防烟	设正压送风井(口)(送风井面积要求由暖通专业计算提供,亦可按下表估算)			
	防烟楼梯间及前室加压送风井面积(m²)	楼梯间及前室分别设加压送风井		仅楼梯间或仅前室设加压送风井	
		楼梯间:0.6~0.8	剪刀梯合用井:1.2~1.4	楼梯间:0.9~1.2	前室:0.85~1.0
		前室:0.6~0.8	合用前室:0.6~0.8		
	排烟	设排烟井、排烟口(排烟井面积要求由暖通专业计算提供)			

4.11 室内装修防火设计

4.11.1 装修材料燃烧性能分级

装修材料燃烧性能分级　　　　表4.11.1

燃烧性能	不燃	难燃	可燃	易燃
燃烧性能等级	A	B_1	B_2	B_3

4.11.2 民用建筑内部装修材料燃烧性能等级规定

民用建筑内部装修材料燃烧性能等级规定　　表4.11.2

部位	建筑类型		燃烧性能等级要求	注:
顶棚	单多层住宅、高层普通住宅		B_1	1. 单、多层民用建筑内设有自动灭火系统时,除顶棚外,内装材料可在左列要求上降低一级。 2. 单、多层民用建筑内,当同时装有火灾自动报警装置和自动灭火系统时,顶棚内装材料可在左列要求上降低一级,其他装修材料燃烧性能等级不限。 3. 高层民用建筑装有火灾自动报警和自动灭火系统时,除顶棚外,内装材料可在左列要求上降低一级。
	单、多层	建筑面积≤10000m²的车站码头的候车(船)室、餐厅、商场		
		商业建筑中总建筑面积<3000m²或每层建筑面积<1000m²的营业厅		
		无中央空调系统的饭店、旅馆、办公楼		
		营业面积≤100m²的歌舞厅、餐馆等娱乐餐饮建筑		
		省级以下纪念馆、展览馆、博物馆、图书馆、档案馆、资料馆		
	二类高层	高级旅馆除外的其他二类高层建筑		
	除以上外,其余均为		A	

部位	建筑类型		燃烧性能等级要求
墙面	单、多层	普通住宅	B₂
		建筑面积＞10000m² 候机楼、车站、码头的候机(车、船)大厅,售票厅,商店,餐厅,贵宾候机室	A
		＞800 座影剧院、会堂、礼堂、音乐厅	
		大于 3000 座体育馆	
	一类高层	电信楼、财贸金融楼、邮政楼、广电楼、电力调度楼、防灾指挥调度楼	
	除以上外,其余均为		B₁
地面	单、多层	每层建筑面积＞3000m² 或总建筑面积＞9000m² 的商业营业厅	A
		无中央空调系统的饭店、旅馆、办公楼	B₂
		省级以上纪念馆、展览馆、博物馆、图书馆、档案馆、资料馆	
	高层	住宅、普通旅馆、其他二类高层建筑	
	除以上外,其余均为		B₁
隔断	单、多层	每层建筑面积＞3000m² 或总建筑面积＞9000m² 的商业营业厅	A
		建筑面积≤10000m² 的车站码头的候车(船)室、餐厅、商场	B₂
		商业建筑中总建筑面积＜3000m² 或每层建筑面积＜1000m² 的营业厅	
		普通住宅、无中央空调系统的饭店、旅馆、办公楼、营业面积≤100m² 的歌舞厅、餐馆等娱乐餐饮建筑,省级以下纪念馆、展览馆、博物馆、图书馆、档案馆、资料馆	
	高层	普通住宅、高级旅馆除外的其他二类高层建筑	
	除以上外,其余均为		B₁

注:
1. 单、多层民用建筑内设有自动灭火系统时,除顶棚外,内装材料可在左列要求上降低一级。
2. 单、多层民用建筑内,当同时装有火灾自动报警装置和自动灭火系统时,顶棚内装材料可在左列要求上降低一级,其他装修材料燃烧性能等级不限。
3. 高层民用建筑装有火灾自动报警和自动灭火系统时,除顶棚外,内装材料可在左列要求上降低一级。

部位	建筑类型	燃烧性能等级要求
其它规定	建筑地面以上部分,无窗房间的内部装修材料	除A级外,应在上列规定基础上提高一级
	经常使用明火器具的餐厅、科研实验室的内部装修材料	
	消防水泵房、排烟机房、钢瓶间、变配电室、通风和空调机房等的内部装修材料	均应A级
	地下建筑的水平疏散走道和安全出口的门厅的内部装修材料	
	地下民用建筑内休息室、办公室、旅馆客房、公共活动用房除外的场所墙面装修材料	
	地下民用建筑内各场所顶棚装修材料	
	地下民用建筑内停车库、人行通道、图书资料库、档案库的内部装修材料	
	无自然采光的消防疏散楼梯间,顶棚、墙面、地面等内部装修材料	应采用A级装修材料
	大中型计算机房、中央控制室、电话总机房等重要贵设的用房的内部装修材料	顶棚和墙面应A级,其他部位应≥B_1级
	建筑内设有中庭、走马廊、开敞楼梯、自动扶梯时,连通部位的内部装修材料	
	地上建筑的水平疏散走道和安全出口的门厅的内部装修材料	顶棚应A级,其他部位应≥B_1级
	地下民用建筑内休息室、办公室、旅馆客房、公共活动用房等墙面装修材料	均应B_1级

4.11.3 常用建筑内部装修材料燃烧性能等级划分举例

常用建筑内部装修材料燃烧性能等级划分举例

表 4.11.3

材料类别	级别	材料举例	备注
各部位材料	A	花岗石、大理石、水磨石、水泥制品、混凝土制品、石膏板、石灰制品、黏土制品、玻璃、瓷砖、陶瓷锦砖、钢铁、铝、铜合金等	
顶棚材料	B₁	纸面石膏板、纤维石膏板、水泥刨花板、矿棉装饰吸声板、玻璃棉装饰吸声板、珍珠岩装饰吸声板、难燃胶合板、难燃中密度纤维板、岩棉装饰板、难燃木材、铝箔复合材料、难燃酚醛胶合板、铝箔玻璃钢复合材料等	(1)安装在钢龙骨上的纸面石膏板,可作为A级装修材料使用; (2)胶合板表面涂一级饰面型防火涂料时可作为B₁级装修材料;
墙面材料	B₁	纸面石膏板、纤维石膏板、水泥刨花板、矿棉板、玻璃棉板、珍珠岩板、难燃胶合板、难燃中密度纤维板、放火塑料装饰板、多彩涂料、难燃墙纸、难燃墙布、难燃仿花岗岩装饰板、氯氧镁水泥装配式墙板、难燃玻璃钢平板、PVC塑料护墙板、轻质高强复合墙板、阻燃模压木制复合板材、彩色阻燃人造板、难燃玻璃钢等	(3)单位质量<300g/m² 的纸质、布制墙纸,当直接贴在A级基材上时,作为B₁级装修材料; (4)施涂于A级基材上的无机装饰涂料,可作为A级装修材料; (5)复合型装修材料应由专业检测机构进行整体测试并确定其燃烧性能等级; (6)经阻燃处理的装饰材料,其燃烧性能等级可提高一级; (7)塑料燃烧性能判定标准
	B₂	各类天然木材、木质人造板、竹材、纸质装饰板、装饰微薄木贴面板、印刷木纹人造板、塑料贴面装饰板、聚酯装饰板、复塑装饰板、塑纤板、胶合板、塑料墙纸、无纺贴墙布、墙布、复合壁纸、天然材料壁纸、人造革等	
材料地面	B₁	硬PVC塑料地板、水泥刨花板、水泥木丝板、氯丁橡胶地板等	
	B₂	半硬质PVC塑料地板、PVC卷材地板、木地板氯纶地毯等	氧指数 燃烧性能等级

材料类别	级别	材料举例		备注
装饰织物	B₁	经阻燃处理的各类难染织物等	≥32	B₁(难燃)
	B₂	纯毛装饰布、纯麻装饰布、经阻燃处理的其他织物等	≥27	B₂(可燃、阻燃)
其他装饰材料	B₁	聚氯乙烯塑料,酚醛塑料,聚碳酸酯塑料,聚四氟乙烯塑料。三聚氰胺、脲醛塑料、硅树脂塑料装饰型材/经阻燃处理的各类织物等。另见顶棚材料和墙面材料中的有关材料。	<26	B₃(易燃)
	B₂	经阻燃处理的聚乙烯、聚丙烯、聚氨酯、聚苯乙烯、玻璃钢、化纤织物、木制品等		—

4.12 建筑高度大于 250m 超高层建筑防火设计的常用技术措施

建筑高度大于 250m 超高层建筑防火设计的常用技术措施

表 4.12

类别	分项内容	常用技术措施
选址	项目位置	应根据城市规划要求合理确定建筑的位置
	缓冲场地	必须设置与其使用人数规模相适应的室外公共避难与疏散缓冲场地、道路和公共设施
建筑构件耐火极限	耐火等级	建筑及裙房耐火等级均应为一级
	各层楼板	应采用不燃烧体,且耐火极限不应低于 2.00h
	防火门	防烟楼梯间、前室、合用前室的门均应采用甲级防火门
		管道井的检修门宜采用甲级防火门
消防车道与消防扑救场地	消防车道	建筑周围应设置环形消防车道
		车道的净宽度和净空高度均不宜小于 5.0m
		转弯半径应符合重型消防车转弯的要求,一般不宜小于 15m
		消防车道靠建筑外墙一侧的边缘距离建筑外墙不宜小于 5m,不宜大于 20m
		消防车道的坡度不宜大于 8%
	消防扑救场地	消防救援场地的坡度不应大于 3%
	承载力	消防车道的路面、救援操作场地、消防车道和救援操作场地下面的管道和暗沟等,应能承受重型消防车的压力

118

类别	分项内容	常用技术措施
电梯辅助疏散	建筑高度	建筑高度大于 300m 的超高层建筑宜利用电梯进行人员辅助疏散
	停靠楼层	正常运行时,仅停靠首层和空中大堂等少数楼层,火灾情况下,仅停靠指定避难层和建筑首层疏散门厅
		用于辅助疏散电梯停靠的避难层距室外地面的高度不应小于 150m
	载重量与速度	不应小于 1300kg,速度不应小于 5m/s
	电梯层门	耐火极限不小于 2.00h
	电梯轿厢	内部装修应采用不燃材料或难燃材料
		内部应设置专用消防对讲电话
	防火分隔	辅助疏散电梯井与相邻其他电梯井、机房之间应用防火隔墙隔开
		除停靠楼层外,其他楼层不应开设除安全门外的任何洞口
		辅助疏散电梯在火灾情况下停靠的避难层宜设置防火隔间,门应采用甲级防火门
避难层	避难层形式	距室外地面高度大于 100m 以上的避难层应为封闭式避难层
	防排烟	应设置独立的机械防烟设施
	建筑幕墙	应在楼板外沿以上设置高度不低于 1.2m、耐火极限不低于 1.50h 的实体墙
	可开启窗口	避难区应设置直接对外的可开启窗口,外窗应采用乙级防火窗
	防火分隔	避难层除设备房外不能设置其他使用功能的房间
		设备间、管道井的门不应直接开向避难区,宜通过隔间分隔,门应采用甲级防火门
	避难面积	净面积应能满足避难人员避难的要求,避难面积宜按 4.0 人/m² 计算

类别	分项内容	常用技术措施
消防控制室	位置	应设在首层靠外墙部位
	防火分隔	宜采用耐火极限不低于3.00h的防火隔墙与其他场所或部位分隔,隔墙上必须设置的门应采用甲级防火门
	疏散出口	应设置直通室外的出口
消防水池	高位消防水池	塔楼最高处设置高位消防水池,其有效容积应满足火灾延续时间内室内消火栓和自动喷水灭火系统的全部消防用水量

注:本表源自各地规定及工程案例,供参考使用。

5 无障碍设计

5.1 有障碍者的环境障碍与设计内容

有障碍者的环境障碍与设计内容　　　　表 5.1

人员类别		环境中的障碍	设计内容
视觉障碍者	盲	缺乏导向措施,存在意外突出物	简化路线,地面平整,突出物应设安全措施
		旋转门、弹簧门、手动推拉门	按规范与需要设置
		仅设单侧或不连续的楼梯扶手	强化听觉、嗅觉和触觉信息,连续双侧扶手
		拉线开关	避免拉线开关,开关需设安全措施,易识别
	低视力	视觉标志尺寸偏小	加大标志尺寸
		光照弱、色彩反差小	加强光照,有效利用色彩反差,强化视觉信息
肢体障碍者	上肢障碍	设施操作半径大	缩小操作半径
		球形门把手、抽销、锁、密排按键	采用肘式开关、长柄执手、大号按键
	偏瘫	仅设单侧或不易把握的楼梯扶手	楼梯安装双侧扶手并连贯
		安全抓杆位置与方向与行动不符	抓杆与行动便利一侧对应,或对称设置
		地面滑而不平	采用平整防滑的地面
	下肢障碍独立乘轮椅者	台阶、楼梯、大高差、长坡道	以方便轮椅通行为准
		强力弹簧门、门及走道净宽不足	选用合适门形式,净宽满足规范要求
		缺乏无障碍卫生间及其他设施	按轮椅使用需求设置卫生间、浴室等设施
		不平整地面、坡面及长绒地毯	平整防滑,满足轮椅方便通行

人员类别		环境中的障碍	设计内容
肢体障碍者	下脚障碍挂杖者	直角突缘踏步、高陡台阶、楼梯及坡道、楼梯、门、走道净宽不足	满足挂杖者及轮椅使用者需求，门净宽≥800mm，走道净宽≥1200mm
		旋转门、强力弹簧门	选用自动门、平开门及折叠门
		光滑、积水地面；缝隙孔洞尺寸大	地面平坦、防滑、缝隙及孔洞尺寸≤15mm
		扶手不完备、卫生设备缺安全抓杆	完善设施
听力障碍者		仅有常规音响系统的环境	改善系统，使配备助听器者改善收音效果
		安全警报设备及视觉信息不完善	配备音响系统，完善同步视觉和振动报警

5.2 建筑无障碍设计要求实施范围

建筑无障碍设计要求　　　　　　　表 5.2

建筑类型	无障碍设施	室外道路	建筑出入口	无障碍通道	无障碍楼梯	无障碍电梯	无障碍厕所	无障碍厕位	轮椅席位	低位服务设施	无障碍停车位	休息区	无障碍浴室	盲道	标识	信息系统
居住建筑	住宅及公寓	●	●	●		●		●	●							
	宿舍	●	●	●		●		●					●			
办公科研司法	办理公务信访接待	●	●	●	●	●	●			●	●		●			
	其他办公	●	●	●		●	●				●				●	●
教育建筑	普通生源	●	●	●		●	●				●					
	残疾生源	●	●	●	●	●	●				●					
医疗康复建筑		●	●	●		●	●		●		●		●	●	●	●
福利及特殊服务建筑		●	●	●	●	●	●	●	●	●	●		●	●	●	●
体育建筑		●	●	●		●	●		●		●			●	●	●

无障碍设施 ＼ 建筑类型	室外道路	建筑出入口	无障碍通道	无障碍楼梯	无障碍电梯	无障碍厕所	无障碍厕位	轮椅席位	低位服务设施	无障碍停车位	休息区	无障碍浴室	盲道	标识	信息系统
文化建筑	●	●	●	●	●	●	●	●	●	●	●		■	●	●
商业服务建筑	●	●	●	●	●	●	●		●	●				●	
交通运输建筑	●	●	●	●	●	●	●		●	●				●	
汽车加油站、车库	●	●					●			●				●	
历史文物保护建筑	●	●					●							●	
城市公共厕所	●	●				●	●							●	

注：1. 表中"●"为各类建筑中应设置无障碍设施的主要内容，设计中还应结合规范的具体要求进行设计；

　　2. 表中"■"表示仅在盲人专用图书室（角）时设置。

　　3. 本表参考国家建筑标准设计图集《无障碍设计》12J926。

5.3 无障碍设施的技术要点

5.3.1 缘石坡道与盲道

缘石坡道与盲道的技术要求 表 5.3.1

类别	宜采用材料	技术指标		技术要求
缘石坡道	透水砖、水泥砖、彩色沥青混凝土、预制混凝土砖、花岗岩板材等	坡道坡口与车行道高差	≤10mm	坡面应平整、防滑
		全宽式单面坡缘石坡道坡度	≤1：20	
		三面坡缘石 坡道坡度	≤1：12	
		三面坡缘石 正面坡口宽度	≥1.20m	
		其他形式 坡道坡度	≤1：12	
		其他形式 坡口宽度	≥1.50m	
盲道	预制混凝土、花岗石、大理石、陶瓷、橡胶类等盲道砖或板材	行进盲道宽度	250～500mm	表面应防滑，铺设应连续且避开障碍物
		距花台、绿化路、高于盲道缘石	250～500mm	
		与路缘石平齐时距离	≥500mm	
		当盲道宽≤300mm，起终点、转弯等处，提示盲道宽大于行进盲道		

类别	宜采用材料	技术指标		技术要求
实施范围和部位	缘石坡道	人行道在各种路口、各种出入口位置		
	盲道	城市道路	人行道、人行横道、人行天桥及地道、公交车站	
		城市广场	人行道、台阶与坡道的起点与终点	
		公园绿地	售票窗口前	
		居住绿地	组团绿地、开放式宅间绿地、儿童游乐场、健身运动场地出入口处,设提示盲道	
		文化建筑	设有盲人专用图书室的图书馆无障碍入口、服务台、楼梯间和电梯间、盲人图书室前设行进盲道和提示盲道	

5.3.2 无障碍出入口

无障碍出入口的技术要求　　　表5.3.2

类　　别			主要技术要点	
基本要点			地面应平整、防滑	
			室外地面滤水箅子的孔洞宽度≤15mm	
			应设置雨篷	
分类	平坡出入口	地面坡度	一般	1∶20
			场地条件较好	1∶30
	设台阶和轮椅坡道	轮椅坡道的坡度详表5.3.3		1. 门扇完全开启时,平台净深度≥1.50m; 2. 门厅、过厅如设置两道门,门扇同时开启时两道门的间距≥1.50m
		一般仅适用于场地有限制的改造工程		
	设台阶和升降平台	垂直升降平台	深度≥1.50m	
			宽度≥0.90m	
			设扶手、挡板及呼叫按钮	
			基坑应采用防止误入的安全防护措施	
			传送装置应有可靠的安全防护装置	
		斜向升降平台	深度≥1.20m	
			宽度≥0.90m	
			设扶手和挡板	

类　别		主要技术要点
实施范围和部位	公园绿地	主要出入口
	居住区	绿地主要出入口应设，当≥3个出入口时，无障碍出入口≥2个
		设置电梯的居住建筑至少一处
		未设电梯但含无障碍住宅及宿舍的低、多层居住建筑
		配套服务建筑
		车库的人行出入口
	公共建筑	各类公共建筑的主要出入口
		汽车加油站、加气站、车库的人行出入口
		历史文物保护建筑对外出入口
		城市公共厕所的出入口

5.3.3　轮椅坡道

轮椅坡道的技术要求　　　　　　表 5.3.3

类　别	主要技术要点				
形式	直线形、直角形、折返形				
净宽度	1. 无障碍出入口处 $W≥1.20$m；2. 其他部位 $W≥1.00$m				
坡度(m)	1：20	1：16	1：12	1：10	1：8
最大高度(m)	1.20	0.90	0.75	0.60	0.30
水平长度(m)	24.00	14.40	9.00	6.00	2.40
休息平台长度	起点、终点和中间休息平台的水平长度≥1.50m				
安全防护措施	高度≥300mm且坡度＞1：20时，应两侧设扶手，扶手应连贯				
	坡道临空侧应设置高度≥50mm的安全挡台或设置与地面空隙≥100mm的斜向栏杆				
坡面要求	平整、防滑、无反光，不宜设防滑条或礓磋				
坡面材料	细石混凝土、环氧防滑涂料、水泥防滑、地砖、花岗石等面层				
实施范围	存在高差并设有台阶的无障碍人行道、无障碍出入口及无障碍通道				

5.3.4 无障碍通道与门

类别	技术内容		主要技术要点	
无障碍通道	通道宽度	室内通道	一般	≥1.20m
			人多或较集中的大型公建通道	≥1.80m
		室外通道		≥1.50m
		检票口、结算口的轮椅通道		≥0.90m
	地面要求	连续、平整、防滑、反光小或无反光,不宜设厚地毯		
	地面材料	细石混凝土、环氧防滑涂料、水泥防滑、地砖、花岗石等面层		
	设计要求	无障碍通道有高差时,应设轮椅坡道		
		室外通道的雨水箅子的孔洞宽度≤15mm		
		固定在无障碍通道墙、立柱上的物体或标牌	一般要求:要求高度≥2.00m	
			高度<2.00m	探出部分宽度≤100mm
				探出部分宽度>100mm时,距地高度<0.60m
		斜向自动扶梯、楼梯等下部空间,净空高度<2.00m处,应设安全挡牌		
	实施范围和部位	满足无障碍设计要求的空间及其相联系的室内外通道		
无障碍门	选用类型	宜采用	自动门、平开门及折叠门	
		不宜采用	弹簧门、玻璃门(采用时应有醒目提示标志)	
		不应采用	力度大的弹簧门	
	门通行净宽	自动门	≥1.00m	
		平开、推拉、折叠门	≥0.80m(有条件时,≥0.90m)	
	无障碍门其他要求	门扇内外回转空间	直径≥1.50m	
		门把手一侧墙面宽度	≥400mm	
		门把手设置高度	900mm	
		宜安装护门板	距地350mm范围内	
		门扇颜色	宜与墙面有色彩反差	
		视线观察玻璃	宜设	
	门槛高度及室内外高差	≤15mm	斜面过渡	
	实施范围和部位	无障碍客房、无障碍住房及宿舍、无障碍厕所		

观察玻璃

横扶把手
护门板

900

350

5.3.5 无障碍楼梯与台阶

无障碍楼梯与台阶的技术要求　　表 5.3.5

类别	主要技术要点			
无障碍楼梯	形式	宜采用直线形楼梯		上行与下行的第一阶颜色或材质上与平台应有明显区别
	踏步	形式	不应采用无踢面和直角形突缘	
		尺寸	公共建筑	踏步宽度≥280mm
				踏步高度≤160mm
		踏面	平整、防滑、在踏面前缘设防滑条	
		颜色	踏面与踢面宜有区分和对比	
	扶手	宜在两侧均设置符合无障碍设计要求的扶手		
	提示盲道	距踏步起点和终点 250～300mm 宜设提示盲道		
台阶	踏步	公共建筑的室内外台阶	踏步宽度≥300mm	
			100mm≤踏步高度≤150mm	
		踏面应平整、防滑		
	三级及三级以上的台阶应在两侧设置扶手			
无障碍楼梯实施范围和部位	居住区	居住建筑	无障碍住房、宿舍设于二层及以上且未设置电梯的公共楼梯	应设
		配套建筑	未设电梯的多层建筑	
	福利及特殊服务建筑	供公共使用的楼梯		
	体育建筑	供观众使用的楼梯		
	商业服务建筑	供公众使用的主要楼梯		
	汽车客运站	供公众使用的主要楼梯		
	办公、科研、司法建筑	供公众使用的楼梯		宜设
	文化建筑	供公众使用的主要楼梯		
	教育建筑	主要教育用房		≥1 部
	医疗康复建筑	同一建筑内		

5.3.6 无障碍电梯

无障碍电梯的技术要求　　　　　　　　表 5.3.6

类别				主要技术要点			
技术要求	分类			无障碍电梯的候梯厅		无障碍电梯的轿厢	
	尺寸要求	候梯厅深度	一般	≥1.50m	轿厢尺寸	最小	深度 ≥1.40m
							宽度 ≥1.10m
			公共建筑及设置病床梯的候梯厅	≥1.80m		中型	深度 ≥1.60m
							宽度 ≥1.40m
					医疗与老年人建筑选用病床专用电梯		
		电梯门洞净宽		≥900mm	轿厢门开启净宽		≥800mm
		呼叫按钮高度		0.90～1.10m	侧壁带盲文选层按钮		0.90～1.10m
	其他要求	应设电梯运行显示装置和抵达音响			正面 0.90m 至顶部应安装镜子或具有镜面效果的材料		
		电梯出入口处宜设提示盲道			三面壁上应设 850～900mm 高的扶手		
		电梯位置应设无障碍标志			应设电梯运行显示装置和报层音响		
实施范围和部位	居住区	居住建筑		设有电梯的居住建筑	≥1 部/单元		
		配套建筑		设有电梯时	≥1 部		
	宿舍			无障碍宿舍设置二层及以上,且设置电梯	≥1 部		
	公共建筑			设有电梯的公共建筑	≥1 部		
				医疗康复建筑	每组电梯	≥1 部	
				福利及特殊服务建筑	全部电梯	均设	
		体育建筑	特级、甲级	观众看台主席台、贵宾区	如设电梯时,≥1 部		
			乙级、丙级	座席区			

注:升降平台设计要点详表 5.3.2。

128

5.3.7 无障碍扶手

无障碍扶手的技术要求　　表 5.3.7

类别			主要技术要点
扶手材质			宜选用防滑、热惰性指标好的材料
扶手构造			安装坚固、形状易于抓握
扶手高度	单层扶手		850～900mm
	双层扶手	上层扶手	850～900mm
		下层扶手	650～700mm
截面尺寸	圆形扶手		直径 35～50mm
	矩形扶手		截面尺寸 35～50mm
扶手内侧与墙面距离			≥40mm
扶手末端处理	起点和终点处的水平延伸长度		≥300mm
	应向内拐到墙面或向下延伸长度		≥100mm
	栏杆式扶手应向下成弧形或延伸到地面上固定		
实施范围	医疗康复建筑		无障碍通道、住院部病人活动室、理疗用房
	福利及特殊服务建筑		主出入口台阶两侧宜设
	无障碍电梯		轿厢三面壁
	轮椅坡道		高度>300mm且坡度>1：20时，两侧应设
	无障碍楼梯、台阶		楼梯宜两侧均设，三级及三级以上台阶两侧应设

5.3.8 公共厕所、无障碍厕所

公共厕所无障碍设计的技术要求　　表 5.3.8-1

类别		主要技术要点
基本设施	男厕所	无障碍厕位 1 个，无障碍小便器 1 个，无障碍洗手盆 1 个
	女厕所	无障碍厕位 1 个，无障碍洗手盆 1 个
回转直径	≥1.50m	入口与通道方便乘轮椅者进入和进行回转
门通行净宽	≥800mm	应方便开启
基本要求		地面防滑、不积水，无障碍厕位设无障碍标志

无障碍厕位、无障碍厕所的技术要求　表 5.3.8-2

要点类别		无障碍厕位	无障碍厕所
位置要求		位于公共厕所内,应方便乘轮椅者到达和进出	位置宜靠近公共厕所,应方便乘轮椅者进入和进行回转,回转直径≥1.50m
基本要求		地面防滑、不积水	地面防滑、不积水
标志要求		无障碍厕位设无障碍标志	入口处应设无障碍标志
空间要求		宜 2.00m × 1.50m,应≥ 1.80m×1.00m	≥4.00m²
门开启方式		宜向外开启;如向内开启,需在开启后厕位留有≥1.50m的轮椅回转直径	采用平开门时,门扇宜向外开启;向内开启,在开启后留有≥ 1.50m的轮椅回转直径
门通行净宽度		≥800mm	≥800mm
平开门装置		应设高 900mm 的横扶把手,门扇侧应采用门外可紧急开启的插销	应设高 900mm 的横扶把手,门扇侧应采用门外可紧急开启的门锁
其他设施	坐便器	厕位两侧距地面 700mm 处应设长度≥700mm 的水平安全抓杆,另一侧应设高 1.40m 的垂直安全抓杆	
	取纸器	应设于坐便器的侧前方,高度为 400～500mm	
	洗手盆	水嘴中心距侧墙≥550mm,底部空间≥750mm × 650mm × 450mm,上方装镜子	
	小便器	下口距地≤400mm,两侧距墙 250mm 处设高度≥1.20m 的垂直安全抓杆,距墙面 550mm 处设高 900mm 的水平安全抓杆,与垂直安全抓杆相连	
	安全抓杆	直径 30～50mm	
	多功能台		长 度 ≥ 700mm、宽 度 宜 ≥400mm
	挂衣钩		距地高度≤1.20m
	呼叫按钮		坐便器墙面高 400～500mm

建筑类别	使用部位		无障碍厕位	无障碍厕所
办公建筑	含业务及信访接待	公众部分	按公共厕所要求设置或附近设置1个无障碍厕所	≥1处
		内部办公		—
	一般办公		按公共厕所要求设置	
教育建筑	普通学校		至少1处按公共厕所要求设置	
	残疾生源	主要教学用房	每层至少1处按公共厕所要求设置	—
		报告厅	按公共厕所要求设置或附近设置1个无障碍厕所	
医疗康复建筑	病人、康复人员使用的建筑		每层至少≥1处按公共厕所设置或附近设置1个无障碍厕所	每层≥1处
	儿童医院		每层靠近公共厕所宜设置至少1处母婴室	
福利、特殊服务建筑	居室内		—	设施标准同
	居室外每层		≥1处按公共厕所要求设置或附近设置1个无障碍厕所	—
体育建筑	特级、甲级	观众、运动员	按公共厕所要求设置或附近设置1个无障碍厕所	≥1处
		主席台、贵宾	—	各≥1处
	乙级、丙级	观众、运动员	按公共厕所要求设置或附近设置1个无障碍厕所	
文化建筑	一般	公众部分	按公共厕所要求设置或附近设置1个无障碍厕所	
	观演建筑	演员区	≥1处按公共厕所要求设置	
		贵宾室		宜设1处

建筑类别	使用部位		无障碍厕位	无障碍厕所
商业服务建筑	一般	公众部分	≥1处按公共厕所要求设置或附近设置1个无障碍厕所	—
	大型	公众部分	按公共厕所要求设置	宜设1处
汽车客运站	每层		≥1处按公共厕所要求设置或附近设置1个无障碍厕所	≥1处
公共浴室	建筑内		应设置1个无障碍厕位	—

5.3.9 公共浴室

公共浴室的无障碍设计的技术要求　　　表5.3.9

类别		主要技术要点
基本要求	基本设施	1个无障碍淋浴或盆浴间,1个无障碍厕位,1个无障碍洗手盆
	入口、室内空间	应方便乘轮椅者进入和使用,回转直径≥1.50m
	地面	防滑、不积水
浴间入口	门的形式	宜采用活动门帘或平开门
	平开门规定	应向外开启,应设高900mm的横扶把手,在关闭的门扇里侧设高900mm的关门把手,并应采用门外可紧急开启的插销
淋浴间	短边宽度	≥1.50m
	坐台尺寸	高度宜为450mm,深度宜≥450mm
	安全抓杆	距地面700mm处应设水平抓杆和高1.40~1.60m的垂直抓杆
	淋浴喷头	控制开关的距地高度≤1.20m
	毛巾架	距地高度≤1.20m
盆浴间	坐台	在浴盆一侧方便进入和使用,深度≥400mm
	安全抓杆	浴盆两侧应设高600mm和900mm的两层长度≥800mm的水平抓杆
		洗浴坐台一侧墙上设高900mm、水平长度≥600mm的安全抓杆
	毛巾架	距地高度≤1.20m
实施范围	福利及特殊服务的公共浴室及其他公共浴室	
	体育建筑的运动员浴室	

5.3.10 无障碍客房

无障碍客房的技术要求 表 5.3.10

类别	主要技术要点	
位置要求	应设在便于到达、进出和疏散的地方	
设置数量	100 间客房以下,设 1~2 间	
	100~400 间客房,设 2~4 间	
	400 间客房以上,设 4 间	
空间要求	房间内应有空间(包括卫生间等)能保证轮椅使用,回转直径≥1.50m	
门	应符合无障碍门的技术要求(表 5.3.4)	
卫生间	应符合无障碍厕所(表 5.3.8-2)及无障碍浴室(表 5.3.9)的技术要求	
床	床间距离≥1.20m,床高度 450mm	
设施要求	家具和电器控制开关的位置和高度应方便乘轮椅者靠近和使用	
呼叫按钮	客房及卫生间应设置高度为 400~500mm 的救助呼叫按钮	
提示门铃	客房应设置为听力障碍者服务的闪光提示门铃	
实施范围	旅馆等商业服务建筑	

5.3.11 无障碍住房及宿舍

无障碍住房及宿舍的技术要求 表 5.3.11

类　别		主要技术要点
位置要求		宜建于底层,当设置于二层及以上且未设电梯时,公共楼梯应满足无障碍楼梯与台阶表 5.3.5 要求
设置数量	居住建筑	≥2 套/100 套住房
	宿舍	≥1 套/100 套住房(应男女分别设置,设于二层且设置电梯时,无障碍电梯与无障碍宿舍间以无障碍通道相连)
户门、内门净宽		门开启后的净宽应符合无障碍门的技术要求(表 5.3.4)
室内通道		室内(含阳台)的通道应为无障碍通道,一侧或两侧设置扶手,要求详表 5.3.7

133

类　别	主要技术要点		
浴厕设施	应符合无障碍厕所(表 5.3.8-2)及无障碍浴室(表 5.3.9)的技术要求		
房间面积	卧室	单人卧室	≥7.00m²
		双人卧室	≥10.50m²
		兼起居室的卧室	≥16.00m²
	卫生间	内设坐便器、淋浴或盆浴器、洗脸盆三件卫生洁具	≥4.00m²
		内设坐便器、淋浴或盆浴器两件卫生洁具	≥3.00m²
		内设坐便器、洗脸盆三件卫生洁具	≥2.50m²
		单设坐便器	≥2.00m
	起居室		≥14.00m²
	厨房		≥6.00m²
厨房操作台	下方净宽和高度≥650mm,深度≥250mm		
救助呼叫按钮	居室和卫生间应设置		
设施要求	家具和电器控制开关的位置和高度应方便乘轮椅者靠近和使用		
闪光提示门铃	供听力障碍者使用的住宅和公寓应安装		
呼叫按钮	客房及卫生间应设置高度为 400~500mm 的救助呼叫按钮		
提示门铃	客房应设置为听力障碍者服务的闪光提示门铃		

5.3.12　轮椅席位

轮椅席位的技术要求　　　　表 5.3.12

类　别	主要技术要点
位置要求	便于到达疏散口及通道的附近,不得设在公共通道范围内
通道宽度	≥1.20m
轮椅席位尺寸	110mm×800mm
安全要求	地面平整、防滑,在边缘处宜安装栏杆或栏板
陪护席位	在轮椅席位旁边或在邻近的观众席内,设置数量 1:1
无障碍标志	在轮椅席位处地面上设置

134

类　别	主要技术要点		
实施范围与数量	法庭、审判庭、为公众服务的报告厅、观演建筑观众席	≤300 座	≥1 个
		>300 座	总座位数×0.2% 且≥2 个
	教育建筑合班教室、报告厅、剧场		≥2 个
	体育建筑的各类观众看台座席区		观众席座位总数×0.2%
	文化建筑报告厅、视听室、展览厅		≥1 个

5.3.13　无障碍机动停车位

无障碍机动车停车位的技术要求　　表 5.3.13

类别	主要技术要点	
位置要求	应设在通行方便、到达出入口或人行道,行车距离路线最短的停车位	
侧通道宽度	≥1.20m,可相邻无障碍机动车位共用	
车位尺寸	如图所示	
无障碍标志	地面应涂有停车线、轮椅通道线和无障碍标志	
安全要求	地面平整、防滑、不积水,坡度1:30	

类别	主要技术要点		
实施范围与数量	居住区停车场和车库		≥0.5%总停车位
		设置多个停车场库	每处宜≥1 个
	公共建筑	总停车位<100 辆	≥1 个
		总停车位≥100 辆	≥1%总停车位
	体育建筑	特级、甲级	≥2%总停车位,且≥2 个
		乙级、丙级	≥2 个
	公共停车场(库)	Ⅰ类	≥2%总停车位
		Ⅱ类、Ⅲ类	≥2%总停车位,且≥2 个
		Ⅳ类	≥1 个
	历史文物保护建筑	内设停车场时	≥1 个

5.3.14 低位服务设施

低位服务设施的技术要求　　　　　　　　　表 5.3.14

类　别	主要技术要点	
服务设施	问询台、服务窗口、电话台、安检台、行李托运台、借阅台、各种业务台、饮水机	
规格尺寸	上表面距地面高度	700～850mm
	下部预留轮椅移动空间	宽 750mm，高 650mm，深 450mm
回转空间	低位服务设施前面应留有直径≥1.50m 的轮椅回转空间	
电话	挂墙式电话	≤900mm
	台式电话	高 720 mm，宽 450 mm，下部全部留空
实施范围和部位	公园绿地	售票窗口、售货窗口、服务台、业务台、咨询台
	公共建筑	各种服务窗口、售票窗口、公共电话台、饮水机等
	医疗康复建筑	护士站、公共电话台、查询处、服务台、饮水器、售货处
	图书馆、文化馆	目录检索台
	汽车客运站	行李托运台、小件行李寄存处的窗口
	历史文化保护建筑	售票处、服务台、公用电话、饮水器等

5.3.15 无障碍标识系统与信息无障碍

无障碍标识系统、信息无障碍的技术要求　　表 5.3.15

类　别		技术要求	实施范围和部位
无障碍标志	通用的无障碍标志	应醒目、避免遮挡、纳入引导标志系统	主要出入口、通道、停车位、厕所电梯等
	无障碍设施标志牌		
	带指示方向的无障碍设施标志牌		
盲文标志	盲文地图	采用国际通用的盲人表示方法	康复医院的主要出入口、公交车站、历史文物保护建筑的重要展览性陈设等
	盲文铭牌		
	盲文站牌		
信息无障碍	语音提示系统	设备和设施因地制宜、布局合理	康复医院的主要出入口、福利及特殊服务建筑的居室、公交车站等
	图示提示系统		
	文字提示系统		

136

6 建筑安全设计

6.1 总平面安全设计

总平面安全设计   表6.1

类　别	分项	原则与要求
平面布局	城市高压走廊	城市高压走廊安全隔离带、建筑物与高压走廊的安全距离详第3.1.10节
	防火间距与防爆	详第4.4节建筑防火间距
基地防灾	基地选址	应避开自然灾害易发地段,不能避开的必须采取特殊防护措施
	防灾标准	应根据其所在位置考虑防灾措施,应与所在城市的防震、防洪、防海潮、防风、防崩塌、防泥石流、防滑坡等标准相适应
	场地防洪、防潮	设计标高应不低于城市设计防洪、防涝标高。沿海或受洪水泛滥威胁地区,场地设计标高应高于设计洪水位标高0.5~1.0m,否则需设相应的防洪措施
建筑基地	地下水	保护和合理利用,增加渗水地面面积,促进地下水补、径、排达到平衡
	山地建筑	应视山坡态势、坡度、土质、稳定性等因素,采取护坡、挡土墙等防护措施,同时按当地洪水量确定截洪排洪措施
	挡土墙	结构挡土墙设计高度＞5m时,应进行专项设计

6.2 景观安全设计

景观安全设计　　　　　　　　　　表 6.2

类别	位置及特点			设计要求
场地安全	台阶式用地相邻台地之间高差大于 1.5m			应设护栏或其他防护设施
	土质护坡的坡比值＞0.5			
	场地地坪高差＞0.9m			
	公共场所高差＞0.4m 的台地边			
	人员密集场所台阶高度＞0.7m 并且侧面临空			
	桥面、栈道边缘悬空部位			
	高差不足设置 2 级台阶			应按坡道设置
	居住区内用地坡度大于 8％时			辅以梯步解决竖向交通，并宜辅以自行车坡道
	所有路面和硬铺地面设计			应采用粗糙防滑材料，或作防滑处理
	幼儿安全疏散与经常出入的通道有高差时			宜设防滑坡道，坡度≤1:12
水景安全	水池	距城市道路距离		≥5m
		设于坡道下方时		与坡道应有≥3m 的缓坡段
		池水深度＞0.4m		应设围护设施
	硬底人工水体	近岸 2m 范围内		水深≤0.7m，否则应设护栏
		无护栏的园桥、汀步附近		水深≤0.5m
		汀步		结构牢固稳定，步距≤0.5m，考虑防滑
	喷泉	喷泉喷嘴		离岸边的安全距离≥1m
		旱喷泉		禁止直接使用电压＞12V 的潜水泵
		儿童戏水池		水深应≤0.2～0.3m，池底宜粗糙防滑
	室外泳池	成人游泳池	水深 1.2～2.0m	池底和池岸应防滑，池壁应平整光滑，池岸应作圆角处理，并应符合游泳池的技术规定
		儿童游泳池	水深≤0.5～1.0m	

类别	位置及特点		设计要求
小品安全	景观小品的构件及安装		应保证结构牢固、安全
	景观小品的材质与细部处理		高度 2m 内应处理成圆角或钝角
	游戏设施	游戏场地	应铺设松土、软性塑胶地面或草坪
		游戏器械	应采用安全材料，器械应稳固，其边角无尖刺
		与机动车道距离＜10m 时	应加设围护设施，其高度应≥0.6m
绿化安全	斜坡游憩草地	当坡度＞30%，坡长＞5m 时	斜坡前方 5m 内，禁种有刺的植物
	儿童活动场地	应保持可通视性，便于监护	严禁种植有毒、有刺、对皮肤过敏、飞絮、落果、恶臭等对人和环境有不良影响的树种
	行道树		
	道路交叉口植物布置		留出非植树区，确保行车安全
	仓储绿地		场地周边绿化应满足防火和露天堆料的要求，并选择不易燃烧的树种

6.3 人员密集场所的安全设计

人员密集场所的布置及防火安全设计详 4.6 节各类建筑防火的平面布置及设计要求。

6.4 托幼、中小学校与老年人建筑安全设计

托幼、中小学校建筑安全设计　　　表 6.4.1

类别	位置及特点				设计要求	
托儿所幼儿园	位置	独立设置	条件		三个班及以上应独立设置	幼儿生活用房严禁设于地下室或半地下室；托儿所部分应设置在一层
			耐火等级	一、二级	儿童用房及游乐厅等场所≤3 层	
				三级	儿童用房及游乐厅等场所≤2 层	
				四级	儿童用房及游乐厅等场所应在首层	

类别	位置及特点		设计要求	
托儿所幼儿园	位置	与居住建筑合建	条件	不应多于两个班
				幼儿生活用房应设在居住建筑的底层
			其他要求	应设独立出入口,并应与其他建筑部分采取隔离措施
				出入口处应设置人员安全集散和车辆停靠的空间
				应设独立的室外活动场地,场地周围应采取隔离措施
				室外活动场地范围内应采取防止物体坠落措施
	构造要求	室外活动场地	地面	应平整、防滑、无障碍、无尖锐突出物,宜采用软质地坪
			戏水池	储水深度应≤0.3
			铺装	游戏器具下面及周围应设软质铺装
		幼儿用楼梯	室外楼梯	严寒地区不应设置
			幼儿扶手	应在梯段两侧设置,高度宜为0.6m
			踏步	不应采用扇形、螺旋形踏步
				踏步高度宜为0.13m,宽度宜为0.26m;踏面应采用防滑材料
			防攀滑措施	梯井净宽度>0.11m时,必须采取防止幼儿攀滑措施
			栏杆	栏杆应采取不易攀爬的构造,垂直杆件净距≤0.11m
		幼儿通行走道		不应设有台阶,有高差时应设置防滑坡道,其坡度应≤1/12
				疏散走道墙面距地2m以下不应设有壁柱、管道、消火栓箱、灭火器、广告牌等突出物
		出入口台阶		高度≥0.3m并侧面临空时,应设防护设施,其净高≥1.05m
		门窗	选型	不应设旋转门、弹簧门、推拉门,不宜设金属门
			开启	活动室、寝室、多功能活动室的门均应向人员疏散方向开启,开启的门扇不应妨碍走道疏散通行
			其他	距地0.6m处宜加设幼儿专用拉手;门的双面均应平滑、无棱角
				距地1.2m以下的玻璃部分,应采用安全玻璃
				门上应设观察窗,观察窗应安装安全玻璃

类别		位置及特点		设计要求	
托儿所幼儿园	构造要求	窗		窗距楼地面高度≤1.8m 的部分,不应设内悬窗和内平开窗扇	
		护栏	设置位置	外廊、室内回廊、内天井、阳台、上人屋面、平台、看台及室外楼梯等临空处应设置防护栏杆,净高≥1.1m	
			构造	必须采用防止幼儿攀登和穿过的构造,垂直杆件净距≤0.11m	
		厕所、盥洗室、淋浴室	地面	地面不应设台阶且应防滑	
			幼儿扶手	大便器或小便槽均应设隔板,隔板处应加设幼儿扶手	
		墙面及棱角部位		距地 1.3m 以下,幼儿经常接触的室内外墙面,宜采用光滑易清洁的材料;墙角、窗台、暖气罩、窗口竖边等阳角处应做成圆角	
中小学校	环境	建设地段		严禁建设于自然灾害及人为风险高、污染超标的地段	
		周边管线		高压电缆、燃气及输油管道严禁穿越或跨越校园	
		与城市干道关系		不应直接与之连接,毗邻时应设置适当的安全设施,保障学生安全跨越	
		视频监控与报警系统		应装设,有条件接入公安机关监控平台	
	卫生	材料、产品、部品		应环保、健康,符合国家、地方相关标准规定	
	构造要求	安全防护	临空窗台	≥0.9m	
			临空防护栏杆	高度≥1.1m,最薄弱处承受的最小水平推力≥1.5kN/m	
		楼、地面		疏散通道、教学用房走道、功能教室、卫生间、浴室应采用防滑构造做法,室内应装设密闭地漏	
		门窗	疏散通道上的门	不得使用弹簧门、旋转门、推拉门、大玻璃门	
			教学用房的门	均向疏散方向开启,不得挤占疏散通道	
			外廊及单内廊的窗	开启后不得挤占疏散通道,不得影响安全疏散	
			二层及以上临空外窗	开启扇不得外开	

类别	位置及特点		设计要求
中小学校	构造要求	楼梯 疏散通行宽度	每股人流应按 0.6m 计算,并应按 0.6m 整倍数增加,且≥2 股人流
		楼梯扶手	当梯井宽度≥200mm,必须采取防止儿童攀滑的措施
		人流集中的道路	不宜设台阶,设置时,不得少于 3 级

老年人建筑安全设计　　　　　　　　表 6.4.2

类别	位置及特点		设　计　要　求	
老年人居住建筑	场地	竖向设计	活动场地不宜有坡度,有坡度时坡度应≤2.5%	
			场地之间的坡度大于 2.5%时,应局部设台阶,同时应设轮椅坡道及扶手	
		标识系统	场地内应设置完整、连贯、清晰、简明的标识系统	
		照明设施	步行道路、活动场地、台阶等设施应设置照明设施	
	室外坡道和台阶	室外轮椅坡道	净宽应≥1.2m,坡道的起止点应有直径≥1.5m 的轮椅回转空间	
			坡度应≤1/12,每上升 0.75m 时应设平台,平台深度≥1.5m	
			临空侧应设栏杆和扶手,并应设安全阻挡措施	
		室外台阶	踏步宜≥2 步,踏宽宜≥0.32m,踏高宜≤0.13m;台阶净宽应≥0.9m	应同时设置轮椅坡道
			在台阶起止位置宜设置明显标识	
	公共空间	建筑出入口	类型	应按照无障碍出入口设计,宜采用平坡出入口
			门 门洞口宽度应≥1.2m	出入口内外应有直径≥1.5m 的轮椅回转空间
			门扇开启端的墙垛宽度应≥0.4	
			不应采用旋转门,宜设推拉门或平开门,设平开门时应设闭门器	
			出入口宜设置感应开门或电动开门辅助装置	
			门扇有较大面积玻璃时应设明显提示标识	
			雨篷 上方应设置雨篷,其出挑长度宜超过台阶首级踏步 0.5m 以上	
			构造 地面、台阶、踏步和轮椅坡道均应选用防滑、平整的铺装材料,妥善组织排水,防止表面积水	
			排水沟盖不应妨碍轮椅通行和拐杖等其他代步工具使用	

142

类别	位置及特点		设 计 要 求		
老年人居住建筑	公共空间	公用走廊	空间尺寸	净宽应≥1.2m;当净宽小于1.5m时,应在走廊中设置直径≥1.5m的轮椅回转空间,其间距宜≤20m,且宜设置在户门处		
				当户门外开时,户门前宜设置净宽大于1.4m,净深大于0.9m的凹空间		
			地面	公用走廊内部以及与相邻空间的地面应平整无高差,不应设置门槛。走廊地面应选择耐磨、防滑、防反射的材料		
				地面高差无法避免时应设无障碍坡道并设警示标识,坡道坡度宜≤1/12		
			墙面	应设置明确的标识,说明楼层、房间号及疏散方向等信息,不同楼层的墙面宜通过颜色或字体、字形变化进行区别以增强识别性		
				墙面1.8m以下不应有影响通行及疏散的突出物		
		楼梯	按无障碍楼梯设计,详表5.3.5			
			严禁采用螺旋楼梯或弧线楼梯			
		电梯	二层及以上老年人居住建筑应配置可容纳担架的电梯			
			候梯厅深度应≥多台电梯中最大轿厢深度,且应≥1.8m,候梯厅应设置扶手			
		过道	入户过渡空间内应留有设置座凳和助力扶手的空间			
		扶手	技术要求详表5.3.7			
			连续扶手设置位置	应设置	轮椅坡道及其平台、出入口台阶两侧
					老年人公寓楼梯段两侧
				宜设置	轮椅坡道至建筑物的主要出入口
					老年人住宅楼梯段两侧
					公用走廊应设置扶手,扶手宜连续,安装高度宜为0.85m
		卫生间	坐便器高度不应低于0.4m。浴盆外缘高度不宜高于0.45m,其一端宜设可坐平台			

类别	位置及特点			设 计 要 求
老年人居住建筑	公共空间	卫生间		浴盆、坐便器旁、淋浴位置至少在一侧墙面应安装扶手,并设置坐姿淋浴的装置
				宜设置适合坐姿使用的洗面台,台下空间净高宜≥0.65m,且净深宜≥0.3m
		阳台		栏板或栏杆净高应≥1.1m
				应满足轮椅通行的需求,阳台与室内地面的高差应≤15mm,并应以斜坡过渡
		门窗	户门	应采用平开门,门扇宜向外开启,并采用横执杆式把手
				不应设置门槛,户内外地面高差应≤15mm
			卧室门	应采用横执杆式把手,宜选用内外均可开启的锁具
			厨房和卫生间门	厨房和卫生间的门扇应设置透光窗
				卫生间门应能从外部开启,应采用可外开的门或推拉门
			类型	不宜设置凸窗和落地窗
			五金件	不应有尖角,应易于单手持握或操作,外开窗宜设关窗辅助装置
养老设施建筑	建筑出入口	出入口设置		供老年人使用的出入口应≥2个,门应采用向外开启平开门或电动感应平移门,不应选用旋转门。出入口至机动车道路之间应留有缓冲空间
		门厅、平台、台阶、坡道		主要出入口上部应设雨篷,其深度宜超过台阶外缘1m以上;雨篷应做有组织排水
				主要入口门厅处宜设休息座椅和无障碍休息区
				平台与室外地坪高差宜≤500mm,应采用缓步台阶和坡道过渡,缓步台阶踢面高度宜≤120mm,踏面宽度宜≥350mm;坡道坡度宜≤1/12,连续坡长宜≤6m,平台宽度应≥2m
				台阶和坡道的设置应与人流方向一致,避免迂绕
				台阶有效宽度应≥1.5m;当台阶宽度大于3m时,中间宜加设安全扶手;当坡道与台阶结合时,坡道有效宽度应≥1.2m,且坡道应作防滑处理
				出入口内外及平台应设安全照明

类别	位置及特点		设 计 要 求
养老设施建筑	竖向交通	楼梯	楼梯间应便于老年人通行,不应采用扇形踏步,不应在楼梯平台区内设置踏步
			主楼梯梯段净宽应≥1.5m,其他楼梯通行净宽应≥1.2m
			踏步前缘应相互平行等距,踏面下方不得透空
			楼梯宜采用缓坡楼梯;缓坡楼梯踏面宽度宜为320～330mm,踢面高度宜为120～130mm
			踏面前缘宜设置高度≤3mm 的异色防滑警示条;踏面前缘向前凸出应≤10mm
			楼梯踏步与走廊地面对接处应用不同颜色区分,并应设有提示照明
			楼梯应设双侧扶手
	普通电梯	门洞	净宽度宜≥900mm,选层按钮和呼叫按钮高度宜为 0.9～1.1m,电梯入口处宜设提示盲道
		轿厢门	开启净宽度应≥800mm,轿厢内壁周边应设安全扶手和监控及对讲系统
		运行速度	宜≤1.5m/s,电梯门应采用缓慢关闭程序设定或加装感应装置
	水平交通	楼地面	老年人经过的过厅、走廊、房间等不应设门槛,地面不应有高差,难以避免时,应采用不大于 1/12 的坡面连接过渡,并应有安全提示。在起止处应设异色警示条,临近处墙面设安全提示标志及灯光照明提示
		公共走廊	走廊净宽应≥1.8m
			固定在走廊墙、立柱上的物体或标牌距地面的高度应 ≥2m;当小于 2m 时,探出部分宽度应≤100mm;当探出部分宽度大于 100mm 时,其距地高度应小于 600mm
		门	老年人居住用房门 — 开启净宽≥1.2m,且应向外开启或推拉门
			厨房、卫生间门 — 开启净宽≥0.8m,且选择平开门时应向外开启

类别	位置及特点		设　计　要　求
养老设施建筑	水平交通	休憩设施	宜在过厅、电梯厅、走廊等处设置,并应留有轮椅停靠的空间
			电梯厅兼作消防前室(厅)时,应采用不燃材料制作靠墙固定的休息设施,且其水平投影面积不应计入消防前室(厅)的规定面积
		安全扶手	老年人经过及使用的公共空间应沿墙安装安全扶手,并宜保持连续
			扶手直径宜为 30~45mm,且在有水和蒸汽的潮湿环境时,截面尺寸应取下限值
			扶手的最小有效长度应≥200mm
		墙面	室内公共通道的墙(柱)面阳角应采用切角或圆弧处理,或安装成品护角
			沿墙脚宜设 350mm 高的防撞踢脚
		建筑导向标识	应在主要出入口附近和门厅内连续设置
			出入口标识应易于辨别;当有多个出入口时,应设置明显的号码或标识图案
			楼梯间附近的明显位置处应布置楼层平面示意图,楼梯间内应有楼层标识
		其他安全防护措施	设施布置	老年人所经过的路径内不应设置裸放的散热器、开水器等高温加热设备,不应摆设造型锋利和易碎饰品,以及种植带有尖刺和较硬枝条的盆栽;易与人体接触的热水明管应有安全防护措施
			门	公共疏散通道的防火门扇和公共通道的分区门扇,距地 0.65m 以上,应安装透明的防火玻璃
				防火门的闭门器应带有阻尼缓冲装置
				自用及公用卫生间门宜安装便于施救的插销,门上宜留有观察窗口
			安全监控	每个养护单元的出入口应安装安全监控装置
			安全标识	老年人居住用房应设安全疏散指示标识,墙面凸出处、临空框架柱等应采用醒目的色彩或采取图案区分和警示标识
			安全防护	老年人使用的开敞阳台或屋顶上人平台在临空处应设不可攀登的扶手;供老年人活动的屋顶平台女儿墙的护栏高度应应≥1.2m

6.5 民用建筑设备用房的平面布置

民用建筑设备用房的平面布置　　　表 6.5

类　别	平面位置	
燃油、燃气锅炉房	应设置在首层或地下一层的靠外墙部位	宜设置在建筑物外的专用房间内,布置在民用建筑内时,不应布置在人员密集场所的上、下一层或贴邻
常(负)压燃油、燃气锅炉房	应设置在地下二层或屋顶上	
变压器室	应设置在首层或地下一层的靠外墙部位	
柴油发电机房	宜布置在首层或地下一、二层,不应布置在人员密集场所的上、下一层或贴邻	
消防水泵房	不应设置在地下三层及以下或室内地面与室外出入口地坪高差大于 10m 的地下楼层	
消防控制室	宜设置在建筑内首层或地下一层,并宜布置在靠外墙部位	

注:其他安全设计要求详 4.6.2 节民用建筑的平面布置及设计要求。

6.6 建筑构造的安全措施

6.6.1 台阶及楼梯的安全措施

台阶及楼梯的安全措施详 12 章台阶、坡道和楼梯设计。

6.6.2 栏杆、栏板安全设计

栏杆、栏板安全设计　　　表 6.6.2

类别	技术要求及内容		
安全要求	应以坚固、耐久的材料制作,并能承受荷载规范规定的水平荷载		
	栏杆离底面 0.10mm 高度范围内不宜留空		
	少年儿童场所垂直杆件做栏杆时,其杆件净间距≤0.11m		
	住宅、托儿所、幼儿园、中小学及其他少年儿童专用活动场所的栏杆必须采取防止攀爬的构造		
防护高度（H）	阳台、外廊、室内回廊、上人屋面及室外楼梯等临空处护栏	临空高度<24m 时	$H{\geqslant}1.05$m
		临空高度≥24m 时	$H{\geqslant}1.10$m
		学校、商业、医院、旅馆、交通建筑的公共场所临中庭	$H{\geqslant}1.20$m
		按从所在楼地面或屋面至扶手顶面垂直高度计算	
		底面有宽度≥0.22m 且高度≤0.45m 的可踏部位,从可踏部位顶面起计算	
	作业平台钢护栏	作业场所距基准面高度 h	$h{<}2$m	$H{\geqslant}0.90$m
			$2{\leqslant}h{<}20$m	$H{\geqslant}1.05$m
			$h{\geqslant}20$m	$H{\geqslant}1.20$m

注:楼梯、无障碍坡道扶手要求详第 12.3.2 节楼梯设计细则。

6.7 建筑玻璃的安全使用

6.7.1 建筑安全玻璃与使用范围

建筑安全玻璃与使用范围　　　　　表 6.7.1

分类	技 术 内 容
安全玻璃定义	安全玻璃是指符合现行国家标准的钢化玻璃、夹层玻璃及由钢化玻璃或夹层玻璃组合加工而成的其他玻璃制品,如安全中空玻璃等。单片半钢化玻璃、单片夹丝玻璃不属于安全玻璃
安全玻璃使用部位	1. 7 层及 7 层以上建筑物外开窗
	2. 面积大于 1.5㎡ 的窗玻璃或玻璃底边离最终装修面小于 500mm 的落地窗
	3. 幕墙(全玻幕墙除外)
	4. 倾斜装配窗、各类顶棚(含天窗、采光顶)、吊顶、各类玻璃雨篷
	5. 观光电梯及其外围护
	6. 室内隔断、浴室围护和屏风
	7. 楼梯、阳台、平台走廊的栏板和中庭内栏板
	8. 用于承受行人行走的地面板
	9. 水族馆和游泳池的观察窗、观察孔
	10. 公共建筑物的出入口、门厅等部位
	11. 易遭受撞击、冲击而造成人体伤害的其他部位
安全玻璃注意要点	安全玻璃暴露边不得存在锋利的边缘和尖锐的角部
	室外栏板玻璃应进行玻璃抗风压设计,抗震区应考虑地震作用的组合效应

6.7.2 建筑玻璃防人体冲击的最大许用面积

建筑玻璃防人体冲击的最大许用面积　　　　表 6.7.2

安全玻璃			有框平板玻璃、超白浮法玻璃和真空玻璃		
玻璃种类	公称厚度(mm)	最大许用面积(㎡)	玻璃种类	公称厚度(mm)	最大许用面积(㎡)
钢化玻璃	4	2.0	平板玻璃、超白浮法玻璃、真空玻璃	3	0.1
	5	2.0		4	0.3
	6	3.0		5	0.5
	8	4.0		6	0.9
	10	5.0		8	1.8
	12	6.0		10	2.7
夹层玻璃	6.38、6.76、7.52	3.0		12	4.5
	8.38、8.76、9.52	5.0			
	10.38、10.76、11.52	7.0			
	12.38、12.76、13.52	8.0			

注：本表摘自《建筑玻璃应用技术规程》(JGJ 113—2015)。

6.7.3 玻璃门窗、室内隔断、栏杆、屋顶等安全玻璃的使用要求

玻璃门窗、室内隔断、栏杆、屋顶等安全玻璃的选用

表 6.7.3

应用部位	应用条件	玻璃种类、规格要求	
活动门 固定门 落地窗	有框	应符合表 6.7.2 的规定	
	无框	应使用公称厚度不小于 12mm 的钢化玻璃	
室内隔断 （人群集中 的公共场 所和运动 场所）	有框	应符合表 6.7.2 的规定，且公称厚度不小于 5mm 的钢化玻璃或公称厚度≥6.38mm 的夹层玻璃	
	无框	应符合表 6.7.2 的规定，且公称厚度不小于 10mm 的钢化玻璃；浴室内无框玻璃隔断应选用公称厚度≥5mm 的钢化玻璃	
浴室 用玻璃	有框	应符合表 6.7.2 的规定，且公称厚度不小于 8mm 的钢化玻璃	
	无框	应符合表 6.7.2 的规定，且公称厚度不小于 12mm 的钢化玻璃	
室内栏板	设有立柱和扶手，栏板玻璃仅作为镶嵌面板	应符合表 6.7.2 的规定的夹层玻璃	
	固定在结构上直接承受人体荷载的护栏系统	最低点离一侧地面高度 H≤5m	钢化夹层玻璃，公称厚度≥16.76mm
		最低点离一侧地面高度 H>5m	不得使用承受水平荷载的栏板玻璃
室外栏板	应进行玻璃抗风压设计	抗震区应考虑地震作用的组合效应	
屋面	玻璃最高点离地≤3m	均质钢化玻璃或夹层玻璃	
	玻璃最高点离地>3m	必须使用夹层玻璃，其胶片厚度≥0.76mm	
玻璃地板	框支承	夹层玻璃，单片玻璃厚度不宜<8mm	单片厚度相差不宜>3mm，夹层胶片厚度≥0.76mm
	点支承	钢化夹层玻璃，钢化玻璃需进行均质处理，单片玻璃厚度不宜<8mm	
水下用 玻璃	—	应选用夹层玻璃	

注：本表摘自《建筑玻璃应用技术规程》JGJ 113—2015。

6.8 门窗与玻璃幕墙安全设计

门窗与玻璃幕墙安全设计详第 17.8 节。

6.9 防坠落设施安全设计

防坠落设施安全设计 表 6.9

类 别	内容与技术要点
防坠落设施设置范围	住宅的公共出入口位于阳台、外廊及开敞楼梯平台的下部时,应设置
	楼层≥20 层、高度≥60m、临街或下部有行人通行的建筑外墙应保证其安全性,使用粘贴型外墙面砖和陶瓷锦砖等外墙瓷质贴面材料时,应设置,或地面留出足够的安全空间
	建筑沿街立面不宜装设空调室外机,如需设置在人行道及主要人员出入口均应设置
防坠落设施技术要点	应设置防坠落雨篷,其玻璃部分应采用安全钢化夹层玻璃,并应根据相关规范计算后确定,且≥6mm+0.76mm+6mm

7 建筑防水设计

7.1 确定防水设计等级与设防要求

7.1.1 地下室防水等级与设防要求

地下室防水等级确定　　　　　　表 7.1.1-1

类别	防水等级	防水标准	适用范围
地下室	一级	不允许渗水,结构表面无湿渍	适用于人员长期停留、不允许湿渍影响的部位及库房、通信工程、电气控制室、极重要战备工程、地铁站
	二级	不允许漏水,结构表面可有少量湿渍	人员经常活动场所、重要的战备工程、空调机房、发电机房、水泵房、地下车库等
	三级	有少量漏水点,不得有线流和漏泥沙	人员临时活动场所;一般战备工程
	四级	有漏水点,不得有线流和漏泥沙	对渗漏水无严格要求的建筑

注:本表根据国家标准《地下工程防水技术规范》GB 50108—2008 编制。

明挖法地下工程防水设防要求　　　　表 7.1.1-2

工程部位	防水措施	防水等级			
		一级	二级	三级	四级
主体结构	防水混凝土	应选	应选	应选	宜选
	防水卷材、防水涂料、塑料防水板、膨润土防水材料、防水砂浆、金属防水板	应选一至两种	应选一种	宜选一种	—
施工缝	遇水膨胀止水带(胶)、外贴式止水带、中埋式止水带、外抹防水砂浆、水泥基渗透结晶型防水涂料	应选两种	应选一至两种	宜选一至两种	宜选一种

工程部位	防水措施	防水等级			
		一级	二级	三级	四级
后浇带	补偿收缩混凝土	应选	应选	应选	应选
	外贴式止水带、预埋注浆管、遇水膨胀止水带(胶)、防水密封材料	应选两种	应选一至两种	宜选一至两种	宜选一种
变形缝(诱导缝)	中埋式止水带	应选	应选	应选	应选
	外贴式止水带、可卸式止水带、防水密封材料、外贴防水卷材、外涂防水涂料	应选一至两种	应选一至两种	宜选一至两种	宜选一种

注：本表根据国家标准《地下工程防水技术规范》GB 50108—2008 编制。

暗挖法地下工程防水设防要求　　　表 7. 1. 1-3

工程部位	防水措施	防水等级			
		一级	二级	三级	四级
衬砌结构	防水混凝土	应选	应选	应选	宜选
	塑料防水板、防水砂浆、防水涂料、外贴防水卷材、金属防水层	应选一至两种	应选一种	宜选一种	——
内衬施工缝	外贴式止水带、预埋注浆管、遇水膨胀止水带(胶)、防水密封材料、中埋式止水带、水泥基渗透结晶型防水涂料	应选一至两种	应选一种	宜选一种	宜选一种
内衬砌变形缝(诱导缝)	中埋式止水带	应选	应选	应选	应选
	外贴式止水带、可卸式止水带、防水密封材料、遇水膨胀止水带(胶)	应选一至两种	应选一至两种	宜选一至两种	宜选一种

注：本表根据国家标准《地下工程防水技术规范》GB 50108—2008 编制。

7. 1. 2　屋面防水等级与设防要求

屋面防水等级和设防要求　　　表 7. 1. 2-1

防水等级	建筑类别	适用范围	设防要求
Ⅰ级	重要建筑和高层建筑	种植屋面、倒置式屋面、高层建筑及重要建筑	两道防水设防
Ⅱ级	一般建筑	其他一般建筑屋面	一道防水设防

注：本表源于《屋面工程技术规范》GB 50345—2012。

屋面防水设防要求　　　　　　表 7.1.2-2

屋面类别	防水等级	防水做法
卷材、涂膜屋面	Ⅰ级	卷材防水层和卷材防水层、卷材防水层和涂膜防水层、复合防水层
	Ⅱ级	卷材防水层、涂膜防水层、复合防水层
瓦屋面	Ⅰ级	瓦＋防水层
	Ⅱ级	瓦＋防水垫层
金属板屋面	Ⅰ级	压型金属板＋防水垫层
	Ⅱ级	压型金属板、金属面绝热夹芯板

注：1. 在Ⅰ级屋面防水做法中，防水层仅作为单层卷材用时，应符合有关单层防水卷材屋面技术的规定。

2. 瓦屋面防水层厚度应符合表 7.4.2-1 中单层防水卷材或防水涂膜Ⅱ级防水的规定。

3. 当防水等级为Ⅰ级时，压型铝合金板基板厚度不应小于 0.9mm；压型钢板基板不应小于 0.6mm。

4. 当防水等级为Ⅰ级时，压型金属板应采用 360°咬口锁边连接方式。

5. 在Ⅰ级屋面防水做法中，仅作压型金属板时，应符合《压型金属板工程应用技术规范》GB 50896—2013 等相关技术规定。

7.1.3　广东省外墙和室内防水等级与设防要求

广东省外墙和室内防水等级与设防要求　　表 7.1.3

类别	防水等级	防水层合理使用年限	适用范围	设防要求
厕所、浴室、厨房	Ⅰ级	15 年	重要的公共建筑、民用建筑及高层建筑的厕所、浴室、厨房	两道
	Ⅱ级	10 年	一般民用建筑的厕所、浴室、厨房	一道
外墙面	Ⅰ级	15 年	轻质砖、空心砖、混凝土、夹芯保温板为基体，高度＞24m 的建筑，幕墙内的围闭外墙，条形砖饰面的外墙，当地基本风压 0.6kPa	一～两道
	Ⅱ级	10 年	高度≤24m 的建筑、低层砖混结构，当地基本风压<0.6kPa	一道
水池	Ⅰ级	15 年	重要及特殊要求的工业污水池、腐蚀介质水池、消防水池、重要建筑及高层建筑的生活水池、消防水池、游泳池、景观水池	—

类别	防水等级	防水层合理使用年限	适用范围	设防要求
水池	Ⅱ级	10 年	一般建筑的生活水池、游泳池、景观水池、消防水池	—
设备层	Ⅰ级	15 年	重要的建筑及高层建筑的设备层、具有振动要求的设备层	—
	Ⅱ级	10 年	一般工业与民用建筑、较少振动要求或无振动要求的设备层	—

注：本表根据广东省标准《建筑防水工程技术规程》DBJ 15—19—2006 的规定编制。

7.2 确定防水混凝土设计抗渗等级

防水混凝土设计抗渗等级 表 7.2

国家标准		深圳标准	
工程埋置深度 H(m)	设计抗渗等级	工程埋置深度 H(m)	设计抗渗等级
$H<10$	P6	$H<5$	P6
$10 \leqslant H<20$	P8	$5 \leqslant H<10$	P8
$20 \leqslant H<30$	P10	$10 \leqslant H<20$	P10
$H \geqslant 30$	P12	$H \geqslant 20$	P12

注：1. 本表根据国家标准《地下工程防水技术规范》GB 50108—2008 及《深圳市建筑防水工程技术规范》SJG 19—2013 编制；
2. 防水混凝土结构厚度不应小于 250mm；
3. 防水混凝土迎水面钢筋保护层厚度不应小于 50mm；
4. 防水混凝土结构底板的混凝土垫层，强度等级不应小于 C15，厚度不应小于 100mm，在软弱土层中不应小于 150mm。

7.3 确定防水构造层次

7.3.1 防水构造层次的设计要点

1. 各构造层次应齐全。

2. 各构造层次次序应合理。

3. 基层应坚实，严禁有松散、吸水率大的材料。

4. 特定条件下，个别构造层次可以取消或合并连体。

利用结构找坡可取消找坡层，利用结构层随浇随提浆抹平可取消找平层；地下室侧墙可用聚合物水泥浆对小孔洞、小麻面嵌实抹平后取消找平层，亦可采用成熟的一体化产品。

5. 有隔汽要求的屋面，应在保温层与结构层之间设隔汽层。

6. 采用预铺反粘可取消保护层。

7.3.2 基本构造层次

屋面的基本构造层次 表 7.3.2-1

屋面类型		基本构造层次(自上而下)
卷材涂膜屋面	正置式	保护层、隔离层、防水层、找平层、保温隔热层、找坡(平)层、结构层
		种植土层、过滤层、排(蓄)水层、保护层、隔离层、耐根穿刺防水层、防水层、保温隔热层、找坡(平)层、结构层
	倒置式	保护层、隔离层、保温隔热层、隔离层、防水层、找坡(平)层、结构层
坡屋面		块瓦、挂瓦条、顺水条、持钉层、防水层或防水垫层、保温隔热层、结构层
		沥青瓦、持钉层、防水层或防水垫层、保温隔热层、结构层
金属屋面		压型金属板、防水垫层、保温层、承托网、支承结构
		上层压型金属板、防水垫层、保温层、底层压型金属板、支承结构
		金属面绝热夹芯板、支承结构
玻璃采光顶		玻璃面板、金属框架、支承结构
		玻璃面板、点支承装置、支承结构

地下室的基本构造层次 表 7.3.2-2

位置	基本构造层次(自上而下)
地下室底板	内饰面层、结构自防水层(底板)、保护层、隔离层、防水层、找平层、垫层
地下室侧壁	内饰面层、结构自防水层(侧壁)、找平层、防水层、保护层
地下室顶板	面层、保护层、隔离层、防水层、找平(坡)层、结构自防水层(顶板)、内饰面层
地下室种植顶板	种植土层、过滤层、蓄排水层、保护层、隔离层、耐根穿刺防水层、防水层、找平(坡)层、结构自防水层(顶板)、内饰面层

155

7.4 选择防水材料及其他相关材料

7.4.1 防水结构基层厚度

防水结构基层（结构层）的厚度规定　　表 7.4.1

基层(结构层)部位	厚度(mm)	基层(结构层)部位	厚度(mm)
地下室种植顶板	80～90	地下室底板	35～75
地下室外墙	55～70	变形缝处钢筋混凝土结构	30～40
地下连续墙	90～110	游泳池、水池	15～25
种植屋面板	60～75		15～20

注：迎水面钢筋保护层厚度不小于 50mm。

7.4.2 防水材料厚度

屋面防水材料的最小厚度（mm）　　表 7.4.2-1

防水材料品种			防水等级	
			Ⅰ级	Ⅱ级
防水卷材		合成高分子卷材	1.2	1.5
	高聚物改性沥青防水卷材	聚酯胎、玻纤胎、聚乙烯胎	3.0	4.0
		自粘聚酯胎	2.0	3.0
		自粘无胎	1.5	2.0
		改性沥青类耐根穿刺防水卷材	4.0	4.0
防水涂膜		合成高分子防水涂膜	1.5	2.0
		聚合物水泥防水涂料	1.5	2.0
		高聚物改性沥青防水涂膜	2.0	3.0
复合防水层		合成高分子卷材＋合成高分子防水涂膜	1.2＋1.5	1.0＋1.0
		自粘高聚物改性沥青防水卷材(无胎)＋合成高分子防水涂膜	1.5＋1.5	1.2＋1.0
		高聚物改性沥青防水卷材＋高聚物改性沥青防水涂膜	3.0＋2.0	3.0＋1.2
		聚乙烯丙纶卷材＋聚合物水泥防水胶结材料	(0.7＋1.3)×2	0.7＋1.3

类别		材料品种		单层厚度（mm）	双层厚度（mm）
防水卷材	高聚物改性沥青类防水卷材	弹性体改性沥青防水卷材、改性沥青聚乙烯胎防水卷材		≥4	≥(4+3)
		自粘聚合物改性沥青防水卷材	聚酯毡胎体	≥3	≥(3+3)
			无胎体	≥1.5	≥(1.5+1.5)
	合成高分子类防水卷材（宜用于迎水面）	三元乙丙橡胶防水卷材		≥1.5	≥(1.2+1.2)
		聚氯乙烯防水卷材		≥1.5	≥(1.2+1.2)
		聚乙烯丙纶复合防水卷材+聚合物水泥防水胶结材料		(0.9+1.3) 芯材厚度：≥0.6	(0.7+1.3)×2 芯材厚度：≥0.6
		高分子自粘胶膜防水卷材		≥1.2	—
防水涂膜	无机（宜用于背水面）	掺外加剂、掺合料的水泥基防水涂料		≥3	—
		水泥基渗透结晶防水涂料		用量≥1.5kg/m³ 厚度≥1.0	—
	有机（宜用于迎水面）	有机防水涂料		≥1.2	—

注：1. 底板防水层与防水混凝土结构底板应紧密结合，宜采用预铺反粘防水卷材。
    2. 底板与侧墙的柔性防水材料应相匹配，搭接可靠。

7.4.3 各种防水材料的适用性及其相容性

各种防水材料的适用性及其相容性　表7.4.3-1

性能分类	分项	技术特点与要求	
适用性	潮湿基面	宜采用湿铺防水卷材	湿铺/预铺反粘防水卷材
			聚乙烯丙纶复合防水卷材
			自粘改性沥青类防水卷材
	地下室底板	宜采用防水卷材，不宜采用防水涂料	
	SBS/APP改性沥青防水卷材	北方宜用SBS（弹性体），南方可用APP（塑性体），以采用SBS为佳，地下室不宜采用APP	
	坡度较大的屋面	不宜采用防水涂料	
	桩头	不宜采用防水卷材	
	贴面砖的墙面	不宜用卷材或高分子防水涂料，应用聚合物防水砂浆或聚合物水泥防水涂料	
	聚合物防水涂料	不能用在水池防水（长期泡水会溶化失效）	

性能分类	分项	技术特点与要求
相容性	定义	相邻两种材料之间互不产生有害的物理和化学作用的性能
	范围	卷材、涂料和基层处理剂
		卷材与胶粘剂
		卷材与卷材复合使用
		卷材与涂料复合使用
		密封材料与接缝材料

常用防水材料的相容性 表7.4.3-2

防水材料类别	相 容		不相容
热熔法施工防水卷材(如 SBS)	同类防水卷材		防水涂料
溶剂型改性沥青防水卷材	SBS,APP 等改性沥青卷材		高分子类卷材、三元乙丙卷材
聚合物水泥基防水涂料	任何防水材料		—
水乳型改性沥青防水涂料			
单双组分纯聚氨酯防水涂料	三元乙丙橡胶卷材、氯化聚乙烯橡胶共混卷材		自粘类防水卷材
水泥基渗透结晶型防水涂料	应直接涂在混凝土防水基层表面		不宜涂在找平层、找坡层上
密封胶	与铝合金、玻璃接触	采用硅酮密封胶	—
	与砌体、混凝土接触	采用单组分聚氨酯、聚硫(双组分)密封胶	

7.4.4 基层处理剂及胶粘剂的选用

基层处理剂及胶粘剂的选用 表7.4.4

类 别		基层处理剂或胶粘剂的选用
卷材	高聚物沥青改性卷材 基层处理剂	石油沥青冷底子油或橡胶改性沥青冷胶粘剂稀释液
	高聚物沥青改性卷材 卷材胶粘剂	橡胶改性沥青冷胶粘剂或厂家指定产品
	合成高分子卷材	卷材生产厂家随卷材配套供应产品或指定的产品

类　别		基层处理剂或胶粘剂的选用
涂料	高聚物改性沥青涂料	石油沥青冷底子油
	水乳型涂料	掺 0.2%～0.3%乳化剂的水溶液或软水稀释,质量比 1：0.5～1：1,忌用天然水或自来水
	溶剂型涂料	直接用相应的溶剂稀释后的涂料薄涂
	聚合物水泥涂料	由聚合物乳液与水泥在施工现场随配随用

7.4.5　处理防水材料相容性的"四大原则"

1. 复合防水层:应采用种类相同或施工方法相同(近)的两种防水材料进行复合。

2. 热熔法施工:选用防水卷材(如 SBS 改性沥青卷材),其下面不能与防水涂料复合。

3. 基层处理剂和胶粘剂:应采用生产厂家随卷材配套供应的成品或指定的产品。

4. 防水涂料的基层处理剂:可直接采用掺乳化剂的水溶液或相应的溶剂稀释后的涂料薄涂。

7.5　常见的防水构造做法

7.5.1　地下室防水设计

地下室防水构造做法　　　　　　表 7.5.1

类别	构造层次	防水构造设计做法
外墙	基层(结构层)	自防水钢筋混凝土墙体(抗渗等级≥P6,厚度≥300mm)
	代替找平层	用聚合物水泥防水砂浆将微孔及小麻面嵌实抹平
	防水层	防水卷材或防水涂料优选:聚酯类(Py)自粘改性沥青防水卷材/聚氨酯防水涂料
	保护层	30mm 厚挤塑板点粘铺贴
	土层	原实土整平/素填土夯实

类别	构造层次	防水构造设计做法	
底板	面层	另详单体设计	
	基层(结构层)	自防水钢筋混凝土底板(抗渗等级≥P6,厚度≥400mm)	
	保护层	C20~C25 细石混凝土 40(不配筋)~50(配筋)mm 厚,ϕ4@100 双向配筋或 ϕ3.5@75 双向点焊钢筋网片(成品),@4500 设缝,缝宽 15mm,内嵌单组分聚氨酯密封胶	
	隔离层	干铺油毡一层或土工布	
	防水层	防水卷材优选:聚酯类(Py)湿铺/高分子(P)类预铺反粘防水卷材	
	垫层兼找平层	C15 混凝土垫层 100~150mm 厚,随浇提浆抹平压光	
	土层	原实土整平/素填土夯实	
种植顶板	种植土层	另详景观专业设计图	
	过滤层	干铺聚酯毡(或无纺布)一层(轻型 200g/m³,中型 220g/m³,重型 300g/m³)	
	蓄排水层	20mm 高、1.0mm 厚双面凹凸型(顶带泄水孔)塑料蓄排水板(成品)	
	保护层	C20~C25 细石混凝土 70mm 厚,ϕ4@100 双向配筋或 ϕ3.5@75 双向点焊钢筋网片(成品),@4500 设缝,缝宽 15mm,内嵌阻根型聚氨酯密封胶,缝表面用聚合物水泥浆(JS)粘贴 200mm 宽、0.3mm 厚聚乙烯丙纶保护	
	隔离层	平铺聚酯无纺布(200g/m³)	
	防水层	耐根穿刺防水(在上)任选一种	3mm 厚自粘改性沥青聚酯胎防水卷材
			高分子聚乙烯丙纶复合防水卷材
			4mm 厚 SBS 改性沥青耐根穿刺防水卷材
		普通防水层(在下)任选一种	2mm 厚聚氨酯防水涂料
			3mm 厚湿铺改性沥青聚酯胎防水卷材
			其他防水材料
	找坡层	坡长大于 9m,应结构找坡,坡度不宜小于 2%;坡长为 4~9m,若为建筑找坡,宜采用细石混凝土或预处理陶粒混凝土等轻质材料;坡长小于 4m,宜采用砂浆找坡	
	结构层	自防水现浇钢筋混凝土板(抗渗等级≥P6,厚度≥250mm)	

类别	构造层次	防水构造设计做法
非种植顶板	饰面层	按单体设计
	保护层	C20～C25 细石混凝土 40（不配筋）～50（配筋）mm 厚，$\phi4$ @100 双向配筋或 $\phi3.5$@75 双向点焊钢筋网片（成品），@ 4500 设缝，缝宽 15mm，内嵌单组分聚氨酯密封胶
	隔离层	平铺聚酯无纺布（200g/m³）
	防水层	1 卷＋1 涂（卷在上，涂在下）或 2 卷叠合
	找坡层	宜结构找坡，坡度不应小于 3%；若为建筑找坡，采用细石混凝或预处理陶粒混凝土等轻质材料，坡度不宜小于 2%
	结构层	自防水现浇钢筋混凝土板（抗渗等级≥P6）

注：1. 采用高密度聚乙烯胶膜卷材，不需要保护层。

2. 凡种植顶板在深圳一般可取消保温隔热层，其他地区按节能需要经过计算确定是否要设保温隔热层。

7.5.2 屋面防水设计

钢筋混凝土屋面防水构造做法 表 7.5.2-1

类别	构造层次		防水构造设计做法
正置式屋面	面层		另详单体设计
	保护层		C20～C25 细石混凝土 40（不配筋）～50（配筋）mm 厚，$\phi4$ @100 双向配筋或 $\phi3.5$@75 双向点焊钢筋网片（成品），@ 4500 设缝，缝宽 15mm，内嵌单组分聚氨酯密封胶
	隔离层		平铺聚酯无纺布（200g/m³）
	防水层	Ⅰ级	1 卷＋1 涂（卷在上，涂在下）或 2 卷叠合
		Ⅱ级	1 卷或 1 涂
	保护兼找平层		10mm 厚聚合物纤维水泥砂浆或 15mm 厚聚合物水泥砂浆
	保温隔热层		挤塑聚苯板满浆粘贴，厚度按节能计算
	找坡兼找平层		宜采用结构找坡，坡度不应小于 3%；若为建筑（材料）找坡，采用细石混凝土或预处理陶粒混凝土等轻质材料，坡度不宜小于 2%
	结构层		现浇钢筋混凝土板

类别	构造层次	防水构造设计做法
倒置式屋面	饰面层	按单体设计
	保护层	C20~C25 细石混凝土 40(不配筋)~50(配筋)mm 厚,ϕ4@100 双向配筋或 ϕ3.5@75 双向点焊钢筋网片(成品),@4500 设缝,缝宽 15mm,内嵌单组分聚氨酯密封胶
	隔离层	平铺无纺布一道(200g/m³)
	保温隔热层	挤塑聚苯板或硬泡聚氨酯板满浆粘贴,厚度按节能计算,使用年限不宜低于防水层。保温层的设计厚度应按计算值厚度增加 25% 取值。最小厚度不得小于 25mm
	隔离层	平铺聚酯无纺布(200g/m³)
	防水层	1卷+1涂(卷在上,涂在下)或 2卷叠合——一级防水,防水等级应为Ⅰ级
	找坡兼找平层	坡长大于 9m,应采用结构找坡,坡度不宜小于 3%;当采用建筑(材料)找坡时,宜采用细石混凝土或预处理陶粒混凝土等轻质材料,最薄处找坡层厚度不得小于 30mm
	结构层	现浇钢筋混凝土板
种植屋面	种植土层	另详景观专业设计图
	过滤层	聚酯无纺布一道(200g/m³)
	排蓄水层	20mm 高、1.0mm 厚双面凹凸型(顶带泄水孔)塑料 PVC 或聚乙烯 PE 排蓄水板(成品)
	保护层	C20~C25 细石混凝土 50~70mm 厚,双向配ϕ4@100 筋或 ϕ3.5@75 双向点焊钢筋网片(成品),@4500mm 设缝,缝宽 15mm,内嵌阻根型聚氨酯密封胶,缝表面用聚合物水泥浆粘结 200mm 宽、0.3mm 厚聚乙烯丙纶保护
	隔离层	聚酯无纺布一道(200g/m³)
	防水层	耐根穿刺防水层(上) — 4mm 厚 SBS 改性沥青耐根穿刺防水卷材、聚乙烯丙纶复合防水卷材
		普通防水层(下) — 2mm 厚聚氨酯防水涂料或3mm 厚自粘改性沥青聚酯胎防水卷材
	保温隔热层	按节能计算确定是否需要设置
	找坡层	坡长大于 9m 应采用结构找坡,坡度不宜小于 2%;坡长为 4~9m,若为建筑(材料)找坡,宜采用细石混凝土或预处理陶粒混凝土等轻质材料;坡长小于 4m,宜采用砂浆找坡
	结构层	自防水现浇钢筋混凝土板随浇提浆抹平压光(取消找平层)

类别	构造层次		防水构造设计做法
坡屋面	块瓦屋面	卧瓦	找平层上用 M15 水泥砂浆卧瓦(需绑瓦增设 φ6 钢筋网)
		挂瓦	采用角钢 L30×4 或木条 30mm×30mm 作挂瓦条,直接固定于 40mm×20mm 顺水条上,可用聚合物水泥砂浆拌成 @1000~1500 或加支承垫钉在 C20 细石混凝土持钉层上
	保护层		C20 细石混凝土 30~40mm 厚,@6000 纵横设分隔缝,缝宽 15mm,聚氨酯密封胶
	保温隔热层		挤塑聚苯板,聚合物水泥砂浆满浆粘铺贴,厚度按节能计算
	防水层	防水层 2 (上)	防水卷材(SBS 改性沥青,自粘改性沥青等)
		防水层 1 (下)	水泥基渗透结晶型防水涂料(1.2kg/m²),干撒法施工
	结构层		现浇钢筋混凝土板,随浇提浆抹平压光,代替找平层

注:各种屋面面层选材做法详单体设计。

金属板屋面设计使用年限及构造做法 表 7.5.2-2

防水等级	Ⅰ级		Ⅱ级
压型金属板单层屋面构造	—	1. 360°咬口锁边型压型金属板; 2. 底层或吊顶压型金属板; 3. 檩条(露明或暗藏)	—
压型金属板复合屋面构造	1. 360°咬口锁边型压型金属板; 2. 防水透气层或防水垫层(应); 3. 保温层; 4. 隔汽层; 5. 底层或吊顶压型金属板; 6. 隔热垫片; 7. 檩条(露明或暗藏)	1. 360°咬口锁边型压型金属板; 2. 防水透气层或防水垫(宜); 3. 保温层; 4. 隔汽层; 5. 底层或吊顶压型金属板; 6. 隔热垫片; 7. 檩条(露明或暗藏)	1. 压型金属板; 2. 防水透气层或防水垫层(应); 3. 保温层; 4. 隔汽层; 5. 底层或吊顶压型金属板; 6. 隔热垫片; 7. 檩条(露明或暗藏)

防水等级	Ⅰ级	Ⅱ级
防水卷材复合压型金属板保温屋面构造	1.≥5mm 厚改性沥青防水卷材、≥1.5mm厚合成高分子防水卷材； 2.保温层； 3.隔汽层； 4.≥0.8mm 厚的底层压型金属板； 5.檩条	1.≥4mm厚改性沥青防水卷材、≥1.2mm厚合成高分子防水卷材； 2.保温层； 3.隔汽层； 4.≥0.8mm 厚的底层压型金属板； 5.檩条

注：当室内湿度较大或保温层采用纤维状材料，压型金属板符合屋面防水等级为Ⅰ级时应选用防水透气层，Ⅱ级时宜选用防水透气层。

防水垫层定义与适用范围　　　　　表 7.5.2-3

定义		坡屋面中通常铺设在瓦材或金属板下面的防水材料	
适用范围		采用沥青瓦、块瓦、波形瓦的坡屋面	
		一级防水的压型金属板屋面	
	装配式轻型坡屋面	轻钢屋架或木屋架及轻质保温隔热材料、轻质瓦等装配组成的坡屋面	
材料分类	沥青类垫层	聚合物改性沥青防水垫层	2mm 厚
		自粘聚合物沥青防水垫层	1mm 厚
		波形沥青通风防水垫层	2.2mm 厚
	高分子类垫层	铝箔复合隔热防水垫层	1.2mm 厚
		塑料防水垫层	1.2mm 厚
		聚乙烯丙纶防水垫层	2mm 厚
	防水卷材	SBS、APP 改性沥青防水卷材	3.0mm 厚
		自粘聚合物改性沥青防水卷材	1.5mm 厚
		高分子类防水卷材	1.2mm 厚
	防水涂料	高分子类防水涂料	1.5mm 厚
		沥青类防水涂料	2.0mm 厚
铺设位置（瓦屋面）	一般防水垫层	瓦材与屋面板之间	
		持钉层与保温隔热层之间	
		保温隔热层与屋面板之间	
	隔热防水垫层	挂瓦条与顺水条之间	
	波形沥青通风防水垫层	挂瓦条与保温隔热层之间	

防水透气层（膜）定义与适用范围　　表 7.5.2-4

定义		具有防水和透气功能的合成高分子膜状材料
功能		既能防止雨水侵入保温层，又能排出保温层里的湿气
		使保温层始终处于干燥状态，保持保温效果
适用范围	屋面	坡屋面、钢结构屋面
	外墙	有保温层的干挂幕墙及其门窗框周围的防水密封
铺设位置		保温层的上方（屋面）或外侧（外墙）
隔汽层	定义	防止水蒸气进入保温隔热材料的构造层次
	应设隔汽层屋面	装配式屋面、预制混凝土板、压型钢板、木屋面板
		压型金属板屋面，当湿度较大或采用纤维状保温材料时
		内保温隔热屋面
		纬度 40°以北地区，且室内空气湿度＞75％；其他地区，室内空气湿度＞80％，采用吸湿性保温材料
	隔汽层材料	气密性、水密性好的防水卷材或防水涂料，PE 膜
	不设或少设隔汽层	整体现浇的钢筋混凝土屋面板，能渗透到保温层的水汽量很少，不用设隔汽层
		倒置式屋面也不用设隔汽层
		隔汽层与柔性防水层对保温层内的水汽形成"双封"，需要排汽，而目前缺少好的排汽口配件，且排汽道、排汽管、排汽口（孔）构造复杂，因此，宁可换保温材料和采取施工措施，也比设隔汽层好
金属屋面保温隔热层材料的选择		岩棉、矿棉、玻璃棉
		硬质玻璃棉板（成品）RFG（燃烧性能 A 级）

7.5.3　外墙防水设计

外墙整体防水层设计　　表 7.5.3-1

外墙类别	饰面层种类	防水层设置位置	防水层选用材料
无外保温外墙	涂料	找平层和涂料之间	聚合物水泥砂浆或普通防水砂浆
	块材	找平层和块材粘结层之间	
	幕墙	找平层和幕墙之间	宜聚合物水泥砂浆、普通防水砂浆、聚合物水泥防水涂料、聚合物乳液防水涂料或聚氨酯防水涂料

165

外墙类别	饰面层种类	防水层设置位置	防水层选用材料
外保温外墙	涂料	保温层和墙体基层之间	聚合物水泥砂浆或普通防水砂浆
	块材		
	幕墙	设于找平层上	宜聚合物水泥砂浆、普通防水砂浆、聚合物水泥防水涂料、聚合物乳液防水涂料或聚氨酯防水涂料
			保温层选用矿物棉时,宜采用防水透气膜

注:1. 砂浆防水层中可增设耐碱玻璃纤维网布或热镀锌电焊网增强,并宜用锚栓固定于结构墙体中。

2. 当外保温层为非憎水性材料时,防水层应设在保温层与饰面层之间。

外墙防水层最小厚度(mm)　　　　表 7.5.3-2

墙体基层种类	饰面层种类	聚合物水泥防水砂浆		普通防水砂浆	防水涂料
		干粉类	乳液类		
现浇混凝土	涂料	3	5	8	1.0
	块材				—
	幕墙				1.0
砌体	涂料	5	8	10	1.2
	块材				—
	干挂幕墙				1.2

外墙防水设计的基本要求　　　　表 7.5.3-3

一般规定	1. 建筑外墙的防水层应设置在迎水面。 2. 外墙防水层必须连续、不间断,遇到缝、槽应嵌填密封材料。外墙防水层应与地下墙体防水层搭接。 3. 相关构造层应粘结牢固,宜进行界面处理。 4. 外墙保温层应选用吸水率<6%的保温材料。 5. 外墙面应做找平层,找平砂浆中宜掺抗裂纤维,比例为 $1kg/m^3$。 6. 外墙面为饰面砖时,应采用聚合物水泥砂浆(浆)、专用胶粘剂或益胶泥作为粘结层。 7. 不同结构材料的交接处应采用每边≥150mm的耐碱玻璃纤维网布或热镀锌电焊网作抗裂增强处理。 8. 深圳市建筑高度≥20m的外墙应在找平层中铺设钢丝网或质量≥150g/m^2的耐碱玻璃纤维网布或聚丙烯网格布。 9. 砂浆防水层宜留分格缝,且宜设置在墙体结构不同材料交接处。水平分格缝宜与窗口上沿或下沿齐平;垂直分格缝间距宜≤6m,且宜与门、窗两边线对齐。分隔缝宽宜为 8~10mm,嵌填密封材料

细部构造	1. 雨篷、阳台的排水坡度≥1%，雨篷及阳台外口下沿应做滴水线。 2. 穿过外墙的管道宜采用套管，应内高外低，坡度≥5%。 3. 女儿墙压顶宜采用现浇钢筋混凝土或金属压顶，压顶向内找坡，坡度≥2%
变形缝	1. 变形缝处的防水卷材或金属盖板应做成 V 形或 U 形槽，使之能适应结构变形。 2. 固定变形缝不锈钢板（或铝板）的锚栓处采用聚氨酯建筑密封胶密封。 3. 盖板前在接缝上粘贴 200mm 宽高分子咬合型接缝带；盖板在变形缝两侧与外墙饰面层之间采用单组分聚氨酯建筑密封胶密封
外门窗	1. 门窗框与墙体的缝隙宜采用聚氨酯发泡胶或干硬性聚合物水泥防水砂浆填塞密实。 2. 外墙防水层应延伸至门窗框，防水层与门窗框剪应预留凹槽，并嵌填密封材料。 3. 门窗上楣的外口应做滴水线。 4. 外窗台应设置≥5%的外排水坡度

7.5.4 室内防水设计

室内防水设计   表 7.5.4

分类		防水层选用设计
楼地面	公共场所	1.5mm 厚聚氨酯防水涂料
		2mm 厚聚合物水泥防水涂料
		2mm 厚聚合物水泥防水浆料
		3mm（干粉类）或 5mm 厚（乳液类）聚合物水泥防水砂浆
		2mm 厚自粘改性沥青防水卷材
		1.2mm 厚湿铺高分子膜防水卷材
	住宅	1.5mm 厚聚氨酯防水涂料
		1.5mm 厚聚合物水泥防水涂料
		2mm 厚聚合物水泥防水浆料
		3mm 厚聚合物水泥防水砂浆
	地面防潮层	空铺一道聚乙烯（PE）膜

分类			防水层选用设计
楼地面	下沉式卫生间（选用）	面层防水	5mm厚聚合物水泥防水砂浆（兼粘结层）
		面层找平层	15mm厚聚合物水泥砂浆（兼辅助防水作用）
		填充兼找坡层	1:3:6水泥砂预处理陶粒混凝土，坡度 $i=3\%$
		保护层	空铺油毡一层
		底层防水层	2.0mm厚聚氨酯防水涂料
		底层找平层	15mm厚聚合物水泥砂浆（兼辅助防水作用）
	厕所、浴室、厨房		楼地面标高应比室内标高低20mm
			四周砌体墙根应砌筑同墙宽的细石混凝土，高度≥200mm，地面防水层应上翻，高度≥300mm，与墙面防水层搭接宽度≥100mm
			地面与墙面转角处找平层应做成圆弧形，并做300mm宽涂膜附加层增强措施；增强处厚度不小于2mm
			地面防水层在门口处应向外延展≥500mm，向两侧延展的宽度≥200mm
	阳台		按厕、浴间要求设计
墙面	防水材料选用		1.2mm厚聚合物水泥防水涂料
			2mm厚聚合物水泥防水浆料
			3mm（干粉类）或5mm厚（乳液类）聚合物水泥防水砂浆
	防水层高度		厕、浴墙面防水层高度≥1800mm
			厨房墙面防水层高度≥1200mm
	阳台		墙面按外墙面防水层要求进行设计

注：1. 本表参考《深圳市建筑防水工程技术规范》SJG 19—2013编制。
2. 当墙面采用面砖饰面层时，防水层应采用聚合物水泥防水砂浆或聚合物水泥防水浆料。

7.5.5 水池、泳池（底板、侧壁）防水设计

水池、泳池（底板、侧壁）防水设计　　　　表7.5.5

构造层次	防水构造设计做法
饰面层	瓷砖
粘贴层	3～5mm厚聚合物水泥防水砂浆满浆铺贴

构造层次	防水构造设计做法
找平层	7mm厚纤维聚合物水泥砂浆
防水层	水泥基渗透结晶型防水涂料(1.5kg/m²)
基层	防水混凝土,抗渗等级≥P6

7.6 若干防水问题的理解与处理

若干防水问题的理解与处理 表 7.6

防水问题			理解与处理方法
雨期及潮湿基面的防水	空铺法		湿铺/预铺反粘防水卷材
	满粘法		聚乙烯丙纶复合防水卷材
	自粘法		自粘改性沥青类防水卷材
内防水	前提条件		旧城改造、场地狭窄、利用地下连续墙等无法进行迎水面设防
			地下水位较低;土壤无腐蚀性或只有微腐蚀性;土壤氡浓度符合规定要求
	一般做法	基层	钢筋混凝土自防水(适当加大其厚度及其抗渗等级≥P8)
		防水层	水泥基渗透结晶型防水涂料(1.5kg/m²)+聚合物水泥防水砂浆 10mm 厚
找坡层的材料	尽量优先采用结构找坡(简化做法、减少渗漏、经济合理)		
	宜采用细石混凝土或泡沫混凝土找坡(吸水率小,不易积水)		
	尽量优先采用结构找坡(简化做法、减少渗漏、经济合理)		
	不宜采用水泥陶粒(吸水率大,易积水)		
找坡层与防水层的位置关系	找坡层在下、防水层在上		渗透水可沿着防水层坡度迅速排走。但若渗漏水冲破防水层到达找坡层,则由于窜水原因,不易找到渗漏点进行维修
	找坡层在上、防水层在下		渗漏水一部分顺找坡层排走,一部分若渗漏到结构层时,也易找到渗漏部位进行维修

防水问题			理解与处理方法
隔离层	位置		保温隔热层与保护层之间
			防水层与保护层之间
	材料	土工布	适用于块体材料、水泥砂浆保护层,200g/m² 聚酯无纺布
		卷材	适用于块体材料、水泥砂浆保护层,石油沥青卷材(油毡)一层
		塑料膜	适用于块体材料、水泥砂浆保护层,选用 0.4mm 厚聚乙烯(PE)膜、3mm 厚发泡聚乙烯膜
		低强度等级砂浆	适用于细石混凝土保护层,选用 10mm 厚石灰黏土砂浆(石灰:砂:黏土=1:2.4:3.6)、10mm 厚石灰砂浆(石灰:砂=1:4)、5mm 厚掺有纤维的石灰砂浆
刚性防水层			已取消,原细石混凝土刚性防水层不能算作一道防水层,但其具有一定的防水功能,可起辅助防水作用
后浇带			宜采用超前止水构造做法
施工缝止水带			地下室侧墙施工缝可采用钢板止水带;地下室底板施工缝不宜采用钢板止水带,宜采用遇水微膨胀止水胶(如 SM 胶)
地下室外墙防水层保护材料			挤塑聚苯板(XPS 板)30mm 厚,模塑聚苯板(EPS 板)40mm 厚,成品塑料防水板,120mm 厚砖砌砌体等
预铺反粘防水卷材与保护层			不应做保护层,以便让防水卷材与混凝土结构直接粘结成一体,更有效地发挥其防水功能,提高防水效果
防水设计常见错误			将倒置式屋面的防水等级错定为二级(应为一级)
			防水构造层次做法复杂繁琐,以为越复杂越好,越保险
			将两道防水材料分开设置,削弱了防水效果(1+1<2),应叠合设置
			有保温隔热层的种植屋面采用倒置式做法,使保温隔热层置于种植土之下,造成浸水失效;有隔热保温层的种植屋面应采用正置式做法,使其保温隔热层置于防水层保护之下
			防水材料厚度不达标,应同时符合国标和地方标准的规定厚度

防水问题	理解与处理方法
防水设计 常见错误	两道防水材料不相容,影响了防水质量,如 SBS 改性沥青防水卷材＋聚氨酯防水涂料,采用热熔法施工的 SBS 改性沥青防水卷材很容易熔化下面的聚氨酯防水涂料
	选用与场地、气候、基层条件不相符的防水材料,如选用油性的防水涂料用于潮湿的地下室
	盲目套用不适合本地区的,其至过时落后的防水标准图集,造成防水设计失败
	防水层做在保温隔热层的直接上层或松散的找坡层(如水泥陶粒)上面,致使防水层易破损,水渗漏到保温隔热层,造成雨天小漏,晴天大漏
	未标明防水材料及密封胶的具体品种,只写明其类别,容易使人产生误解或给人钻空子,影响防水质量(但不能写明具体品牌或厂家)
	厨、厕、浴、水池、泳池等墙面贴面砖时,错误地采用防水卷材或防水涂料,造成瓷砖空鼓与脱落,应采用聚合物水泥防水涂料(或砂浆)
	抗渗等级要求的自防水混凝土厚度不达标,如仅按结构专业要求定为180mm 厚,应按防水规范要求≥250mm

8 车库设计

8.1 机动车库建筑设计

8.1.1 机动车库建筑设计要求

机动车库建筑设计要求 表 8.1.1

类 别		技 术 要 求					
机动车库规模		特大型	大型		中型		小型
停车场停车当量数		>500	301～500		51～300		≤50
停车库停车当量数		>1000	301～1000		51～300		≤50
			501～1000	301～500	101～300	51～100	25～50	<25
机动车库出入口数量		≥3个	≥2个		≥2个	≥1个	≥1个
出入口车道数	非居住建筑	≥5	≥4	≥3	≥2		≥2	≥1
	居住与非居住共用							
	居住建筑	≥3	≥2	≥2	≥2		≥2	≥1
机动车换算当量系数		以小型车为计算当量进行停车当量的换算,目的是为了更好界定停车库规模						

车型	微型车	小型车	轻型车	中型车	大型车
换算系数	0.7	1.0	1.5	2.0	2.5

类　别		技 术 要 求			
设计参数	设计车型外廓尺寸	微型车 3.80m×1.60m×1.80m；小型车 4.80m×1.80m×2.00m；轻型车 7.00m×2.25m×2.75m			
	最小转弯半径	微型车 4.50m，小型车 6.00m，轻型车 6.00～7.20m，中型车7.20～9.00m，大型车 9.00～10.50m			
	小型车最小停车位尺寸：长×宽	横向停车	5.10(5.30)m×2.40m	括号内尺寸为停车位毗邻墙体或连续分隔物时尺寸	
		纵向停车	6.00m×2.10(2.40)m		
	每车位建筑面积	小型车 27～35m² （包括坡道面积）		小型车 20～27m² （不包括坡道面积）	
	车辆出入口宽	双向行驶≥7.0m		单向行驶≥4.0m	
	车辆出入口、坡道及停车区域最小净高	微型车、小型车2.20m	轻型车2.95m	中型、大型客车3.70m	中型、大型货车4.20m
基地出入口	数量和位置	详表 3.1.3-1			
	安全设施	机动车库基地出入口应设置减速安全设施			
	地面坡度	宜 0.2%～5%，当＞8%时应设缓坡与城市道路连接			
	宽度	双向行驶≥7m	单向行驶≥4m	机动车与非机动车混行时，单向增加≥1.5m	
	相邻间距	应≥15m，且不应小丁两出入口道路转弯半径之和			
	候车道	需办理出入手续时，应设≥4m×10m(宽×长)的候车道，不占城市道路			
	通视条件	距出入口边线以内 2m 处作视点，视点的 120°范围内至边线外不应有遮挡视线的障碍物。（右图阴影区域） 1—基地；2—城市道路；3—车道中心线；4—车道边线；5—视点位置；6—基地机动车出口；7—基地边线；8—道路红线；9—道路缘石线			
	转弯半径	宜≥6m，且满足基地各类通行车辆最小转弯半径要求			

173

类　别			技　术　要　求			
机动车库出入口	入口设置		人员与车辆的出入口必须分开设置,载车电梯严禁代替乘客电梯作为出入口并应设标识			
	升降梯式		升降梯数应≥2台,停车当量<25辆时可设1台。出入口宜分开设置,应设限高限载标识			
			升降梯门宜为通过式双开门,否则应在各层进出口处设车辆等候位			
			升降梯口应设防雨,升降梯坑应设排水。若采用升降平台,应设安全防护或防坠落措施			
			升降梯操作按钮宜方便驾驶员触及;各层出入口应有楼层号及行驶方向标识			
	平入式		室内外高差:150~300mm;出入口外宜有≥5m的距离与室外车行道相连			
	坡道式	坡道最小净宽	微型、小型车	直线:单行 3m,双行 5.5m;曲线:单行 3.8m,双行 7m		
			轻、中、大型车	直线:单行 3.5m,双行 7m;曲线:单行 5m,双行 10m		
		坡道纵向坡度	微型、小型车	直线坡道≤15%,曲线坡道≤12%		
			轻型车	直线坡道≤13.3%,曲线坡道≤10%		
			中型车	直线坡道≤12%,曲线坡道≤10%		
			大型车	直线坡道≤10%,曲线坡道≤8%		
			斜楼板坡度	≤5%		
		缓坡	长度	直线缓坡≥3.60m,曲线缓坡≥2.40m	纵坡>10%时在坡道上、下端设缓坡	
			坡度	1/2 车道纵向坡度		
		转弯超高		环道横坡坡度(弯道超高)2%~6%		
		坡道转弯处最小环形车道内半径	α≤90°	90°<α<180°	α≥180°	α—坡道连续转向角度
			4m	5m	6m	
总平面车道	车道宽度	机动车	单向行驶	≥4.0m	双向行驶	≥6.0m(小型)、≥7.0m(中、大型)
		非机动车		应≥1.5m		双向行驶宜≥3.5m
	纵向坡度		应≥0.2%,当≥8%时应设缓坡与城市道路连接,缓坡长度≥4m			
	转弯半径		微型、小型车≥3.5m	普通消防车≥9m	重型消防车≥12m	

类 别		技 术 要 求					
车库内车道	车道半径	微型车、小型车的环形通车道最小内半径≥3.0m					
	小型车（停）车道最小宽度	平行后停	30°、45°停	垂直前停	垂直后停	60°前（后）停	复式机械后停
		3.8m	9m	5.5m	4.5m(4.2m)		5.8m
	通道长度	场、库内一般通道长度宜≤68m，且逆时针单向循环					
	错层式停车坡道	两段坡道中心线之间的距离应≥14.0m					
标志和标线	库(场)入口	应设入口标志、规则牌、限速标志、限高标志、禁止驶出标志和禁止烟火标志					
	库(场)出口	应设置出口指示标志和禁止驶入标志					
	车行道	应设置车行出口引导标志、停车位引导标志、注意行人标志、车行道边缘线和导向箭头					
	停车区域	应设置停车位编号、停车位标线和减速慢行标志。无障碍机动车停车位详表 5.3.13					
	每层出入口	应在明显部位设置楼层及行驶方向标志					
	人行通道	应设置人行道标志和标线					
	地面	应采用醒目线条标明行驶方向，用 10～15cm 宽线条标明停车位					
		场、库内一般通道宜采用逆时针单循环，避免小半径右转弯					
构造措施	电梯	≥4F 的多层汽车库或≤-3F 的地下汽车库应设置乘客电梯，电梯服务半径宜≤60m					
	排水和防滑	坡道应设置防雨和防止雨水倒灌至地下车库的设施，严寒和寒冷地区室外坡道应防雪					
		坡道、车道、楼地面应采用强度高、耐磨防滑的不燃材料					
		地面应设地漏或排水沟等排水设施，地漏(或集水坑)的中距宜≤40m					
		敞开式及有排水要求的停车区域设相应排水系统，地面排水坡度≥0.5%					
	防护	柱子、墙阳角、凸出结构等处应防撞					
		出入口和坡道上方应防坠物					
		停车库及坡道应防眩光					
	轮挡	宜设于距停车位端线为汽车前悬或后悬的尺寸减 0.2m 处(一般为后端线往里≥1.0m 处)，高度宜=0.15m。车轮挡不得阻碍楼地面排水					
	护栏和道牙	入库坡道横向侧无实体墙时，应设护栏和道牙，道牙(宽度×高度)应≥0.30m×0.15m					
	排风口	与人员活动场所的距离应≥10m，否则底部距人员活动地坪的高度应≥2.5m					

注：坡道最小宽度不含道牙、分隔带等宽度。

8.1.2 机动车库车道设计

1. 地下车库坡道纵剖面设计图示

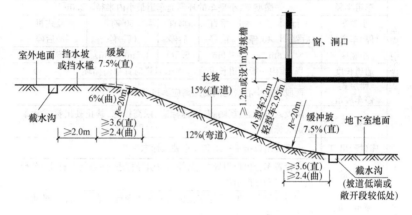

2. 环形车道及小型车各项指标

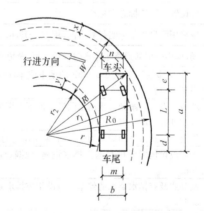

$$W = R_0 - r_2$$

$$R_0 = R + x$$

$$r_2 = r - y$$

$$R = \sqrt{(L+d)^2 + (r+b)^2}$$

$$r = \sqrt{r_1^2 - L^2} - \frac{b+n}{2}$$

环形车道及小型车各项指标图

各项指标编号说明：

W——环道最小宽度；	b——汽车宽度；
r_1——汽车最小转弯半径；	e——汽车前悬尺寸；
R——汽车环行外半径；	d——汽车后悬尺寸；
r——汽车环行内半径；	L——汽车轴距；
R_0——环道外半径；	n——汽车前轮距；
r_2——环道内半径；	m——汽车后轮距；
a——汽车长度；	

x——汽车环行时最外点至环道外边安全距离；

y——汽车环行时最内点至环道内边安全距离；

x、y 宜≥250mm 或≥500mm（两侧为连续障碍物时）。

8.1.3 机动车库停车设计

1. 机动车库停车区设计要求

机动车之间以及与机动车与墙、柱、护栏之间最小净距（m）

表 8.1.3-1

类别		机动车类型		
		微型、小型车	轻型车	中型、大型车
平行式停车时机动车间纵向净距		1.20	1.20	2.40
垂直、斜列式停车时机动车间纵向净距		0.50	0.70	0.80
机动车间横向净距		0.60	0.80	1.00
机动车与柱间净距		0.30	0.30	0.40
机动车与墙、护栏及其他构筑物间净距	纵向	0.50	0.50	0.50
	横向	0.60	0.80	1.00

2. 小型车停车位设计

表 8.1.3-2

小型车最小每停车位面积（m²）及简图

垂直后退停车	45°停车	30°停车
19.3	21.4	26.4
60°后退停车	垂直前进停车	垂直后退停车占用面积最小
19.9	23.5	
60°前进停车	平行停车	
20.3	25.8	

垂直停车

垂直与平行停车

30°停车

墙体或连续分隔物

通(停)车道

平行停车

i≤5%(斜楼板停车时)

178

60°停车

45°停车

3. 机动车库地面常用标志图示

表 8.1.3-3

地面导向标志图示	机动车库地面常用标志图示	残疾人车位及轮椅通道

地面导向标志箭头

直行标志

60°直行标志

右转弯标志

向左向右转弯标志

向右分流标志

掉头标志

残疾人车位

轮椅通道

8.2 机械式机动车库设计

8.2.1 机械式机动车库分类和设计要点

机械式机动车库分类和设计要点　　　表 8.2.1

类别		主要技术特征及要点
分类	全自动停车库	库内无车道且无人员停留,采用机械设备进行垂直或水平移动来实现自动存取汽车
	复式停车库	库内有车道、有人员停留的,采用机械设备传送,在一个建筑层内布置一层或多层停车架的汽车库
	敞开式机械停车库	每层外围敞开面积超过该层四周外围总面积 25% 的机械式停车库,且敞开区域长度≥车库周长的 50%
设计要点		1. 停车及充电设备选型应与建筑设计同步进行,应结合停车设备的技术要求与合理的柱网关系进行设计
		2. 车库内外凡是能使人跌落入坑的地方,均应设置防护栏
		3. 机械式车库应根据需要设置检修通道,且宽度≥600mm,净高≥停车位净高,设检修孔时边长≥700m
		4. 机械式车库地下室和各底坑应做好防、排水设计
		5. 机械车库与主体建筑物结构连接时,应根据设备运行特点采取隔振、防噪措施
		6. 车库内消防、通风、电缆桥等管线不得侵占停车位空间

8.2.2 适停车型外廓尺寸及重量

适停车型外廓尺寸及重量　　　表 8.2.2

适停车型	组别代号	外廓尺寸 (长×宽×高,mm)	重量(kg)
小型车	X	≤4400×1750×1450	≤1300
中型车	Z	≤4700×1800×1450	≤1500
大型车	D	≤5000×1850×1550	≤1700
特大型车	T	≤5300×1900×1550	≤2350
超大型车	C	≤5600×2050×1550	≤2550
客车	K	≤5000×1850×2050	≤1850

8.2.3 机械式机动车库相关数据

车库类别	设备类别	单套设备存容量（辆）	单车最大进出时间(s)	最少出入口数（个/套）	停车位最小外廓尺寸(mm)		
					宽度	长度	高度
复式机械车库	升降横移类	3～35	240	沿入位层可全部设置	车宽＋500（通道）	车长＋200	车高＋微升降高度＋50,且≥1600,兼作人行通道时应≥2000
	简易升降类	1～3	170	1			
全自动机械车库	垂直升降类	10～50	210	1	车宽＋150	车长＋200	车高＋微升降高度＋50,且≥1600
	巷道堆垛类	12～150	270	3			
	平面移动类	12～300	270	3			
	垂直循环类	8～34	120	1			
	水平循环类	10～40	420	1			
	多层循环类	10～40	540	1			

8.2.4 出入口形式及设计要求

出入口形式及设计要求   表 8.2.4

出入口形式		适用车库	设计要求
复式	汽车通道＋载车板	升降横移、简易升降类	出入口满足汽车后进停车时,通道宽度应≥5.8m
全自动	管理、操作室＋回转盘	垂直升降、巷道堆垛、平面移动、垂直循环、水平循环、多层循环类	1. 出入口处应设≥2个候车位;当出入口分设时,每个出入口处至少应设1个候车位 2. 出入口净宽≥设计车宽＋0.50m且≥2.50m,净高≥2.00m 3. 管理操作室宜近出入口,应有良好视野或视频监控系统。管理室可兼配电室,室内净宽≥2m,面积≥9m²,门外开 4. 出入口处应防雨水倒灌,回转盘底坑应做好防、排水设计

8.2.5 各类机械式停车设备运行方式和对应的建筑设计要求及简图

各类机械式停车设备运行方式和对应的建筑设计要求及简图

表 8.3.6

类别	基本运行方式、建筑设计要求、设备布置简图
升降横移类	基本运行方式：每车位有一块载车板，利用载车板在机械传动装置驱动下，沿轨道升、降、横向平移存取车辆 停车空间尺寸(mm)要求： 车位宽度 W　2350～2500 车位长度 L　5500～600 设备净高　出入层　≥2000 　　　　　二层　3500～3650 　　　　　三层　5650～5900 　　　　　四层　7450～7700 　　　　　五层　9030～9550 　　　　　六层　1150～11400 　　　　　地坑　≥2000 重列式净高应增加　100～200

类别	停车空间尺寸(mm)要求:			基本运行方式、建筑设计要求、设备布置简图

停车空间尺寸(mm)要求:

	垂直升降式	仰俯式
车位宽度	≥适停车宽+500	$C \geq 2330$
车位长度	≥适停车长+200	$J \geq 5100$
停屋净高	$H \geq 2000$	$H=2700\sim3100$

基本运行方式:利用设备的升降或仰俯机构驱动载车板上下移动存取车辆(含垂直升降式和仰俯摇摆式)

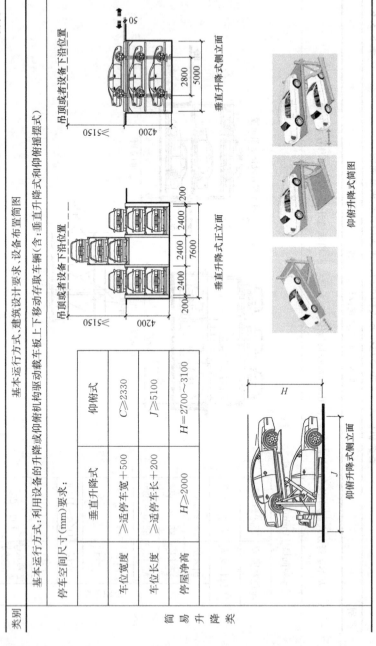

仰俯升降式侧立面

垂直升降式正立面

仰俯升降简图

垂直升降式侧面

吊顶或者设备下沿位置

类别 简易升降类

类别	基本运行方式、建筑设计要求、设备布置简图

基本运行方式:利用升降机将载车板载车辆升降到指定层后用升降机构横移车辆实现存取

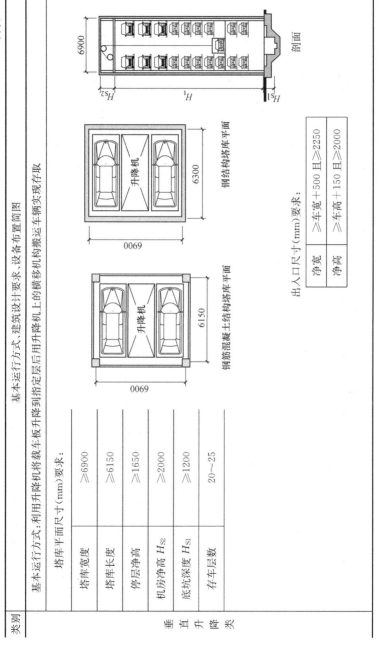

塔库平面尺寸(mm)要求:

垂直升降类	塔库宽度	≥6900
	塔库长度	≥6150
	停层净高	≥1650
	机房净高 H_{S2}	≥2000
	底坑深度 H_{S1}	≥1200
	存车层数	20~25

钢筋混凝土结构塔库平面

钢结构塔库平面

剖面

出入口尺寸(mm)要求:

净宽	≥车宽+500 且≥2250
净高	≥车高+150 且≥2000

185

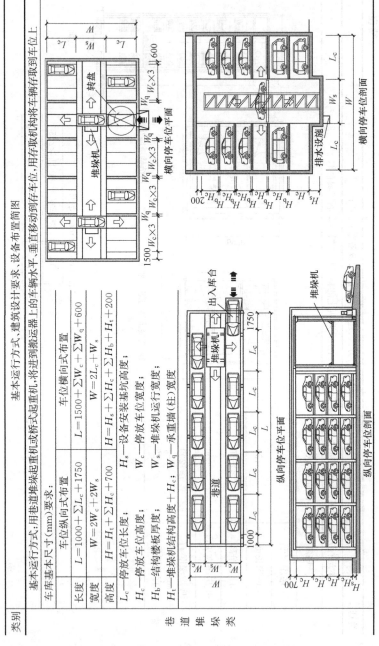

类别		
巷道堆垛类	基本运行方式、建筑设计要求、设备布置简图	

基本运行方式:用巷道堆垛起重机或桥式起重机,将进到车辆水平、垂直移动到存车位,用存取机构将车辆存取到车位上。

车库基本尺寸(mm)要求:

		车位纵向式布置	车位横向式布置
长度	L_c—停放车位长度;	$L=1000+\sum L_c+1750$	$L=1500+\sum W_c+\sum W_q+600$
宽度	H_c—停放车位高度;	$W=2W_c+2W_s$	$W=2L_c+W_s$
高度	W_c—停放车位宽度;	$H=H_t+\sum H_c+700$	$H=H_s+\sum H_c+H_t+200$

W_s—堆垛机运行宽度;
W_q—承重墙+H_c;
H_b—结构楼板厚度;
H_s—设备安装基坑高度;
H_t—堆垛机结构高度+H_c;
W_q—承重墙(柱)宽度

类别	基本运行方式、建筑设计要求、设备布置简图
平面移动类	基本运行方式：在同一层上用搬运台车或起重机平面移动车辆，或使载车板在平面内往返存取车辆，当设多层停车架时，需增加升降系统。 车库基本尺寸(mm)要求：

车库基本尺寸	纵向停车	横向停车
车位纵向尺寸	≥5450	≥5200
车位横向尺寸	≥2000	≤5200
中间巷道宽度	3000	5≤00
层高	≥2200	≥1950

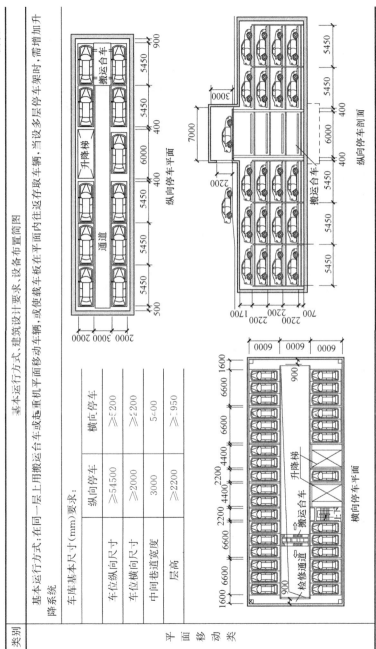

纵向停车平面

纵向停车剖面

横向停车平面

类别	基本运行方式、建筑设计要求、设备布置简图
垂直循环类	基本运行方式：由停车车架和机械传动装置组成，每个车位均有一个停车车架，在机械传动装置驱动下，沿垂直方向循环运动，到地面层位置时进行车辆存取 车库基本尺寸(mm)要求： | 出入口位置	下部出入
停车规格	≤5000×1850×1500
车位长度	≥7000
车位宽度	≥5400
车库高度	$H=4250+825n$ （n—容车数量，取偶数）
出入口净宽	≥车宽+500 且≥2250
出入口净高	≥车高+150 且≥1800 | 塔车剖面　出入口平面　出入口剖面

续表

类别	

水平循环类

基本运行方式：车辆搬运器在同一水平面内排列成2列或成2列以上作连续循环移动，实现车辆存取

基本运行方式、建筑设计要求、设备布置简图

升降机

观察窗

载车板

室外地面

≥2500

1600

矩形循环式剖面

3300

W_c

矩形循环式平面

管道下沿高度

排水设施

载车板

矩形循环式1—1剖面

600

550 L_c 1300 L_c 500

500 H_c H_c 2100 250 50

L_c 1300 L_c

类别	基本运行方式、建筑设计要求、设备布置简图
多层循环类	基本运行方式：载车板在机械传动装置驱动下作上、下、水平循环运动，实现车辆存取 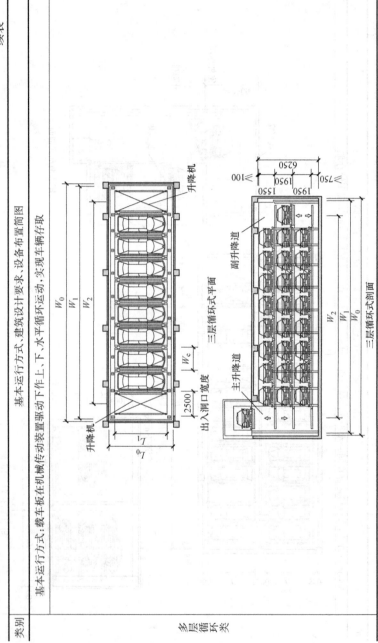

8.3 电动汽车停车设计

电动汽车停车设计	表8.3

电动汽车停车位	停车位＋配套充电设施位	
充电设施	非车载充电机(一般快充用)	交流充电桩(民用建筑常用)
	将电网交流电转为直流电给电动汽车蓄电池充电	用电网交流电给电动汽车的车载充电机充电
设置比例	按各地规定。一般民用建筑停车库(场)内,建设充电设施或预留建设条件的最小比例为≥10％	
车位设置	车位及充电设施建设不得妨碍消防车通行、登高操作和人员疏散	
	公建附建停车库(场)宜设非车载充电区(快充),且靠近出入口	住宅附建停车库可不设
	电动汽车应集中停放,成区布置,每区停车数量应≤50辆	
	大型停车库(场)应设多个分散的电动车停车区,并靠近出口处	
	停车区宜靠近供电电源端,并便于供电电源线路进出	
	应设置区别于其他停车位的明显标识及停车指引。车库应设置停车区指引标识	
充电设施及相关电气设备房设置	应一位一充且靠近电动车位;宜靠墙、柱或相邻车位中间设置;在室外时,应设防雨,雪顶棚	
	不应设于有爆炸危险场所的正上、下方,毗邻时应满足《爆炸危险环境电力装置设计规范》(GB 50058—2014)的规定	
	不应设于有剧烈振动或高温的场所	
	不宜设于有多尘、水雾或有腐蚀性气体的场所,否则应设于此类场所的常年主导风向下风侧	
	不应设于厕所、浴室等场所的正下方,或贴邻。不应设于室外地势低洼易产生积水的场所	
	非车载充电机外廓距停车位边线应≥400mm	交流充电桩外廓不应侵入停车位边线
	非车载充电机平面尺寸:500mm(宽)×400mm(厚)	交流充电桩平面尺寸:450mm(宽)×330mm(厚)
	充电设施基座高度应≥200mm,充电设施安装基座为不燃构件,充电设施外宜设高度≥800mm的防撞栏	

8.4 非机动车库设计

8.4.1 非机动车库设计要求

非机动车库设计要求　　　　　　　　表 8.4.1

车型	非机动车				二轮摩托车
	自行车	三轮车	电动自行车	机动轮椅车	
设计车型长度(m)	1.90	2.50	2.00	2.00	2.00
设计车型宽度(m)	0.60	1.20	0.80	1.00	1.00
设计车型高度(m)	1.20(骑车人骑在车上时,高度=2.25)				
换算当量系数	1.0	3.0	1.2	1.5	1.5
出入口净宽度(m)	≥1.80	≥车宽+0.6	≥1.80	≥车宽+0.6	
出入口净高度(m)	≥2.50				
出入口数量	停车当量≤500辆时,出入口设1个			停车当量每增加500辆,出入口数增加1个	
	停车当量>500辆时,出入口≥2个				
出入口直线形坡道	长度>6.8m或转向时,应设休息平台,平台长度≥2.00m				
踏步式出入口斜坡	推车坡度≤25%,推车斜坡净宽≥0.35m,出入口总净宽≥1.80m				
坡道式出入口斜坡	坡度≤15%,坡道宽度≥1.80m				
地下车库坡道口	在地面出入口处应设置 h≥0.15m 的反坡及截水沟				
车库楼层位置	不宜低于地下二层,室内外地坪高差 ΔH>7m 时,应设机械提升装置				
分组停车数(辆)	每组当量停车数应≤500				
停车区域净高(m)	≥2.00				
出入口安全、通视要求	非机动车库出入口宜与机动车库出入口分开设置,且出地面处的最小距离≥7.5m				
	当出入口坡道需与机动车出入口共设时,应设安全分隔设施,且应在地面出入口外7.5m范围内设置不遮挡视线的安全隔离栏杆				

8.4.2 自行车停车宽度和通道宽度

192

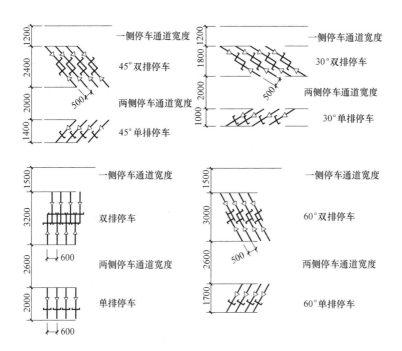

8.5 汽车库、修车库、停车场防火设计

8.5.1 汽车库、修车库、停车场分类及防火设计要求

汽车库、修车库、停车场分类及防火设计要求　　表8.5.1

分　类		Ⅰ	Ⅱ	Ⅲ	Ⅳ
汽车库	停车数量（辆）	＞300	150～300	51～150	≤50
	总建筑面积 $S(\mathrm{m}^2)$	$S>10000$	$5000<S≤10000$	$2000<S≤5000$	$S≤2000$
修车库	车位数（个）	＞15	6～15	3～5	≤2
	总建筑面积 $S(\mathrm{m}^2)$	$S>3000$	$1000<S≤3000$	$500<S≤1000$	$S≤500$
停车场	停车数量（辆）	＞400	251～400	101～250	≤100

分 类		I	II	III	IV
耐火等级		一级	不低于二级		不低于三级
		地下、半地下和高层汽车库;甲乙类物品运输车的汽车库和修车库等均应一级			
汽车疏散出口(个)	地上汽车库	每库或每层≥2(分散设置,尽量设于不同分区)	每库或每层≥2或1(设双车道时)		1(若为停车场,停车数量应≤50)
	地下、半地下汽车库	每库或每层≥2(分散设置,尽量设于不同分区)	≥2或1(设双车道,停车数≤100且S<4000)		1(及II、III类修车库也可)
人员安全出口(个)		每防火分区≥2			1(III类修车库可)
汽车库各出入口关系		汽车疏散出口与车库的或所在建筑其他部分的人员安全疏散出口均应分开独立设置			
疏散出口水平距离		人员疏散出口应≥5m			
		汽车疏散出口应≥10m;毗邻设置的两个汽车坡道,中间应设防火隔墙分隔			
汽车疏散坡道净宽		单车道≥3m,双车道≥5.5m			
人员疏散距离(m)		≤45(无自动灭火系统),≤60(有自动灭火系统),≤60(单层或设于首层)			
人员疏散楼梯	防烟楼梯间	高层车库H>32m,地下车库室内地面与室外出口地坪高差ΔH>10m时设			
	封闭楼梯间	除防烟楼梯间及满足条件的室外疏散楼梯外,均应设			
	室外疏散楼梯	倾角≤45°、栏杆扶手高≥1.1m,各层楼梯平台耐火极限≥1h,楼梯2m范围内除疏散门外无其他门窗洞口			
	疏散楼梯净宽	≥1.1m			
	机械车库救援楼梯间	无人无车道机械车库,停车数量>100时,应设≥1个供灭火救援用的楼梯间,楼梯间应采用防火隔墙和乙级防火门,净宽≥0.9m			

分　类		I	II	III	IV
人员疏散楼梯	借用疏散楼梯间		与住宅地下室连通的地下、半地下车库,可直接或设连通走道借用住宅的疏散楼梯间疏散,设甲级防火疏散门,通道采用防火隔墙		
	分别独立设置疏散楼梯		汽车库和托儿所、幼儿园、老年建筑、中小学教学楼、病房楼等的安全出口和疏散楼梯应分别独立设置		
防火分区面积(m²)/设自动灭火系统的防火分区面积(m²)	全地下车库、地上高层车库		坡道式		2000/4000
			有人有车道机械式		1300/2600
			敞开、错层、斜楼板式		4000/8000
	半地下车库、地上多层车库		坡道式		2500/5000
			有人有车道机械式		1625/3250
			敞开、错层、斜楼板式		5000/10000
	地上单层车库		坡道式		3000/6000
			有人有车道机械式		1950/3900
			敞开、错层、斜楼板式		6000/12000
			甲、乙类物品运输车		500/500
	无人无车道机械式车库		每100辆设一个防火分区或每300辆设一个防火分区,但必须采用防火措施分隔出停车数≤3辆的停车单元		
	电动车停车区		每区停车数量应≤50辆,应单独划分防火分区,防火分区面积同上述要求		
	修车库		单层、多层		2000/2000
			修车部位与相邻使用有机溶剂清洗和喷漆工段用防火墙分隔时	4000	

防火间距	最小防火间距(m)	多层民用建筑、车库	高层民用建筑、车库	厂房、仓库	甲类厂房	甲类仓库	重要公建
	多层车库	10	13	10	12	12~20	10/13
	高层车库	13	13	13	15	15~23	13
	停车场	6	6	6	6	12~20	6
	甲、乙类物品运输车库	25	25	12	30	17~25	50

分　类	Ⅰ	Ⅱ	Ⅲ	Ⅳ

附注：

汽车库、修车库、停车场之间或与其他建筑之间	防火间距(m)	条件与要求
1	相邻两座建筑间	不限	较高一面外墙为无门、窗、洞口的防火墙，或高出相邻较低一座一、二级耐火等级建筑的屋面15m及以下范围内的外墙为无门、窗、洞口的防火墙
	停车场与相邻建筑间		当建筑外墙为无门、窗、洞口的防火墙，或比停车部位高15m范围以下的外墙为无门、窗、洞口的防火墙时
2	相邻两座建筑间	按《汽车库、修车库、停车场设计防火规范》(GB 50067—2014)表4.2.1规定减少50%	当相邻较高一面外墙上，同较低建筑等高的以下范围内的墙为无力、窗、洞口的防火墙时
3	相邻两座一、二级耐火等级建筑间	≥4m	当相邻较高一面外墙耐火极限≥2h时，墙上开口部位设甲级防火门、窗或耐火极限≥2h的防火卷帘、水幕
4	相邻两座一、二级耐火等级建筑间	≥4m	当相邻较低一座外墙为防火墙、屋顶无开口且屋顶耐火极限≥1h时
5	停车场汽车组与组间	≥6m	停车场汽车分组停放，每组停车数宜≤50辆
6	甲类仓库与其他建筑的防火间距取值应按《汽车库、修车库、停车场设计防火规范》(GB 50067—2014)的第4.2.4条执行		
7	上表中有关"车库"栏，均含"修车库"，上表中各类建筑的耐火等级均按一、二级		

防火间距

分　类	I	II	III	IV
消防车道	应环形设置或沿车库的一个长边和另一边设置,消防车道净宽应≥4m			
消防电梯	建筑高度>32m 的汽车库,应设置消防电梯;每个防火分区至少设 1 部			

注：1. 敞开式停车库：任一层停车库外墙敞开面积>该层四周外墙总面积的 25%,
　　　敞开区域均匀布置且长度≥车库周长的 50%。
　　2. 地下车库的耐火等级均应是一级。
　　3. 本章节内容仅适用于一、二级耐火等级的建筑。

8.5.2　汽车库、修车库平面布置规定

汽车库、修车库平面布置规定　　　　　　　表 8.5.2

平面布置规定	II、III、IV类修车库	地上车库	半地下、地下车库
托幼、老年人建筑、中、小学教学楼、病房楼	不应组合建造或贴邻	不应组合建造	符合规定时可组合
商场、展览、餐饮、娱乐等人员密集场所	不应组合建造或贴邻	可组合或贴邻建造	
一、二级耐火等级建筑	可设于首层或贴邻		
为汽车库服务的附属用房,修理车位、喷漆间、充电间、乙炔间、甲乙类库房	符合规定时可贴邻,但应采用防火墙隔开,并可直通室外		不应内设
甲、乙类厂房、仓库	不得贴邻或组合建造		
汽油罐、加油机、加气机、液化气、天然气罐	不可内设		

注：本表中“符合规定”指的是《汽车库、修车库、停车场防火规范》GB 50067—
　　2014 的相应规定。

8.5.3　场地内小型道路满足消防车通行的弯道设计

　　场地内小型车通行的道路,转弯半径一般较小,当必须满足消防车紧急通行时,可如左图所示,在小区道路弯道外侧保留一定的空间,其控制范围为弯道处外侧一定宽度（图中阴影部分）,控制范围内不得修建任何地面构筑物,不应布置重要管线、种植

灌木和乔木，道路缘石高 $h \leqslant 120mm$。

按消防车转弯半径为 12m 计算，转弯最外侧控制半径 $R_0 = 14.5m$。

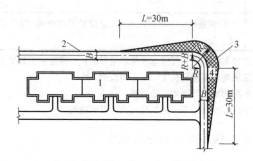

1—建筑轮廓；2—道路缘石线；3—弯道外侧构筑物控制边线；

4—控制范围；B—道路宽度；R—道路转弯半径；

R_0—消防车道转弯最外侧控制半径；L—渐弯段长度

9 人防地下室设计

9.1 民用建筑应建人防地下室面积指标

应建人防地下室面积 表9.1

应建人防地下室建筑		人防地下室的面积指标
建筑层数≤9层（民用建筑）	基础埋深＜3m	≥5%地面以上总建筑面积（含核增面积）
	基础埋深≥3m	≥地面首层建筑面积
建筑层数≥10层（民用建筑）		≥地面首层建筑面积
建筑面积＞800m² 的地下空间开发项目		≥50%地下总建筑面积

注：1. 地铁、隧道等地下交通干线、供水、排水、供电、供气、通信等地下管道
　　　的共同沟，应按照人防规范全线设防。
　　2. 具备条件的人防工程，应与附近的人防通道相连接。
　　3. 本表引自深圳市人大常委会 2009 年第 103 号文件《深圳市实施〈中华人民
　　　共和国人民防空法办法〉》。

9.2 人防工程的分类、分级及剂量限值

人防地下室的分类、分级及剂量限值 表9.2

工程类别	单体工程	抗力等级	防化等级	剂量限值(Gy)
指挥通信工程	各级(1~4级)人防指挥所	核4常4	甲级	0.1
医疗救护工程	中心医院		乙级	0.1
	急救医院			
	救护站			
防空专业队工程	队员掩蔽所	核5常5	乙级	0.1
	装备掩蔽所		丁级	

工程类别	单体工程	抗力等级	防化等级	剂量限值(Gy)
人员掩蔽工程	一等人员掩蔽所	核4B	乙级	0.2
	二等人员掩蔽所	核5常5、核6常6	丙级	
配套工程	核生化监测中心	核5常5、核6常6	甲级	0.2
	食品站		乙级	
	区域电站控制室		丙级	
	区域供水站		乙级	
	警报站		乙级	
	生产车间		丁级	
	物资库		丁级	
	车辆掩蔽部、人防汽车库		丁级	0.5

注：1. GY为人员防早期核辐射的剂量限值单位，称作戈瑞。
 2. 抗力等级以当地人防部门核发为准。

9.3 防护单元和抗爆单元划分

防空地下室防护单元和抗爆单元的建筑面积（m²） 表9.3

工程类型		医疗救护工程	防空专业队工程		人员掩蔽工程	配套工程
			队员掩蔽部	装备掩蔽部		
上部建筑≤9层（包括无上部建筑）	防护单元	≤1000	≤4000	≤2000	≤4000	
	抗爆单元	≤500	≤2000	≤500	≤2000	
上部建筑≥10层（其中一部分上部建筑可<10层或无上部建筑,但其建筑面积≤200m²）	防护单元	可不划分防护单元和抗爆单元（即高层建筑下的防空地下室可不划分防护单元和抗爆单元）				
	抗爆单元					
多层乙类地下室、多层核5、核6、核6B级的甲类防空地下室	防护单元	当其上下相邻楼层划分为不同防护单元时,位于下层及以下的各层可不再划分防护单元和抗爆单元				
	抗爆单元					

注：1. 防空地下室内部为小房间布置时，可不划分抗爆单元。
 2. 位于多层地下室底层的防空地下室，其上方的地下室层数可计入上部建筑层数。

200

9.4 面积标准和室内净高要求

防空地下室面积标准和室内净高　　　　表9.4

类别	面积标准		室内净高
防空专业队工程	装备掩蔽部	小型车 30～40m²/台	梁底或管底处≥车高＋0.2m
		轻型车 40～50m²/台	
		中型车 50～80m²/台	
	队员掩蔽部	3m²/人	梁底或管底处≥2.00m 房间净高(至板底)≥2.40m
人员掩蔽工程	1m²/人		

注：1. 表中的面积标准均指掩蔽面积。

　　2. 专业队装备掩蔽部宜按停放轻型车设计；人防车库可按停放小型车设计。

9.5 出入口的数量和形式

防空地下室每个防护单元出入口的数量和形式　　表9.5

主体功能	主要出入口数量		次要出入口数量		备　注
	数量	形式	数量	形式	
一等人员掩蔽所	2个	1. 阶梯式(楼梯) 2. 坡道式(可利用汽车坡道)	1个	楼梯间(利用室内楼梯间)	两个相邻单元之间可合用一个主要出入口； 两个主要出口朝向不同方向,保持最大距离； 可与人员掩蔽合用一个主要出入口,或相邻两个物资库面积之和面积≤6000m²时合用一个主要出入口
二等人员掩蔽所	1个				
中心医院	2个				
急救医院、消防车库	1个		1个		
物资库	1个		1个		

9.6 出入口最小尺寸

出入口最小尺寸（m）

表 9.6

工程类别		门洞		通道		楼梯	战时备用出入口
		净宽	净高	净宽	净高	净宽	
医疗救护工程、防空专业队工程		1.00	2.00	1.5	2.20	1.20	门洞最小尺寸 0.7×1.6
人员掩蔽工程、配套工程		0.80	2.00	1.5	2.20	1.00	通道最小尺寸 1.0×2.0
战时车辆出入口		根据车辆车型尺寸确定					—
人防物资库	建筑面积≤2000m²	门洞净宽不小于1.50					—
	建筑面积>2000m²	门洞净宽不小于2.00					—

9.7 人员掩蔽工程战时出入口门洞、楼梯、通道宽度计算

9.7.1 一个防护单元口部门洞（楼梯、通道）净宽之和 $\sum B \geqslant 0.003p$（m）

9.7.2 次要出入口口部门洞（楼梯、通道）净宽

$$B_2 > \frac{\sum B - B_1}{n} \genfrac{}{}{0pt}{}{\geqslant 1.0m}{\leqslant 2.1m}$$

注：1. 式中 p——一个防护单元内的掩蔽总人数；

n——次要出入口的数量；

B_1——主要出入口口部门洞（楼梯、通道）净宽（m）。

2. 每樘门的通过人数不应超过700人，即门洞净宽不应大于2.1m，若大于2.1m也只能按2.1m计算通过人数。

3. 出入口通道和楼梯的净宽不应小于该门洞的计算净宽。

4. 门洞净宽之和 $\sum B$ 不包括竖井式出入口，也不包括与其他人防工程的连通口和防护单元之间的连通口。

9.8 人防地下室防火防水等级

9.8.1 防火等级——应为一级，其出入口的地面建筑的耐火等级

应不低于二级。

9.8.2 防水等级——不应低于二级，指挥工程应按一级设防。

9.8.3 内部装修——耐火极限为一级，内装材料应全部采用 A 级。并应选用防火、防潮、防腐、防振等性能较好的材料。顶板不应抹灰，宜采用防霉乳胶漆。墙面抹灰应采用无机材料。地面应平整、光洁，易清洗。

9.9 安全疏散最小净宽

人防工程安全出口、疏散楼梯和疏散走道的最小净宽（m）

表 9.9

工程名称	安全出口和疏散楼梯净宽	疏散走道净宽	
		单面布置房间	双面布置房间
商场、公共娱乐场所、健身体育场所	1.40	1.50	1.60
医院	1.30	1.40	1.50
旅馆、餐厅	1.10	1.20	1.30
车间	1.10	1.20	1.50
其他民用工程	1.10	1.20	—

9.10 平战转换

防护功能平战转换措施及时限 表 9.10

部位	临战封堵措施	转换时限	限制条件
专供平时使用的出入口	1. 采用一道钢筋混凝土防护密闭门＋砂袋； 2. 采用一道钢筋混凝土防护密闭门＋一道钢筋混凝土密闭门； 3. 采用一道钢结构防护密闭门＋砂袋； 4. 采用钢筋混凝土预制封堵板＋砂袋	3 天	洞口宽度≤7.0m 洞口宽度≤3.0m 采用预制构件封堵的洞口周边应设预埋件，一个防护单元洞口数≤2 个

部位	临战封堵措施		转换时限	限制条件
防护单元、隔墙上的通行口	1. 采用两道防护密闭门； 2. 采用预制构件		3天	采用预制构件时应做防水措施
通风采光窗	设置窗井者	1. 全填土式； 2. 半填土式（窗台下填土，窗顶盖板）	3天	挡窗板可用钢筋混凝土和钢制两种
	高出室外地面	采用挡板式		

9.11 常见人防工程设计要点及平面示例

9.11.1 核5常5甲类二等人员掩蔽所

核5常5甲类二等人员掩蔽所设计要点一览表 表9.11.1

项目			设计要求
基本要求		防护要求	能承受规定爆炸动荷载作用，有防化、防辐射要求（防辐射按0.2Gy标准）
		通风系统	进风系统设清洁、隔绝、滤毒三种通风方式
		主要出入口	设简易洗消（宜采用防毒通道与简易洗消合并设置）
主体		防护单元	建筑面积≤2000m²
		抗爆单元	≤500m²（内部为小房间布置时，可不划分抗爆单元）
		面积标准	建筑面积1.0m²/人（掩蔽面积）
	辅助房间	进风机房	清洁区内，靠近滤毒室，宜与平时风机房合并设置，可不设排风机房
		贮水间	可在临战构筑和安装

项　目			设计要求
主体	辅助房间	厕所(设干厕,男女比例1∶1)	男每40~50人设一个;女每30~40人设一个;1~1.4m²/个便桶,宜设在排风口附近
		防化通信值班室	建筑面积8~10m²(位于清洁区内进风口附近)
		配电室	也可与防化通信值班室合并设置
口部	主要出入口为室外出入口	宜设90°拐弯	出地面段在地面建筑倒塌范围以内时,应设防倒塌棚架;设洗消污水集水坑、扩散室、带简易洗消的防毒通道
	附进风口的次要出入口		设洗消污水集水坑、扩散室、密闭通道、滤毒室
	其他出入口		设密闭通道
	人员出入口最小尺寸		门洞净宽0.8m,通道净宽1.5m,楼梯净宽1.0m
	掩蔽入口总宽度及做法		各出入口净宽之和应满足0.30m/100人要求;出入口梯段:踏步高度≤0.18m,踏步宽≥0.25m
	可在防护密闭门外共设一个室外出入口		当相邻的防护单元均为人员掩蔽部时或其中一侧为人员掩蔽部另一侧为物资库时
	有90°拐弯的室外出入口的钢筋混凝土防护密闭门外有防护顶盖段的通道长度		≥5m
			城市海拔>200m或采用钢结构人防门或采用直通式室外出入口时长度要加大
	进风口		宜在室外单独设置;室外进风口下缘离地高度≥0.5m(倒塌范围除外),或≥1.0m(倒塌范围内)

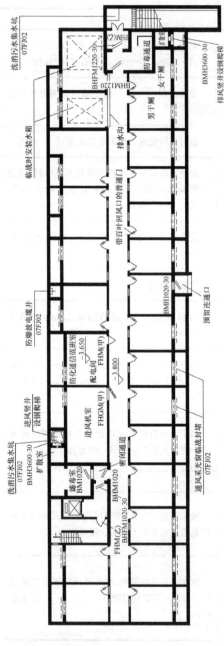

图 9.11.1 核 5 常 5 甲类二等人员掩蔽所平面示意图

说明：

1. 本防空地下室平时为物业管理办公室，战时为二等人员掩蔽所。

2. 地面建筑为剪力墙结构。战时主要出入口为附壁式室外附楼出入口。

3. 本防空地下室建筑面积为 710m²，掩蔽面积 415m²，战时掩蔽 415 人。

4. 对于毗邻出地面建段的地面建筑外墙为钢筋混凝土剪力墙时，可不考虑其倒塌影响，采用敞开口部。

5. 通风采光井做法详见 07FJ02，通风采光窗采光窗井排风设计详见各单体设计。

6. 本工程为小房间布置，故不划分抗爆单元。

206

9.11.2 核6常6甲类二等人员掩蔽所

核6常6级甲类二等人员掩蔽所设计要点一览表 表9.11.2

<table>
<tr><th colspan="3">项　目</th><th>设计要求</th></tr>
<tr><td rowspan="3">基本
要求</td><td colspan="2">防护要求</td><td>能承受规定爆炸动荷载作用,有防化、防辐射(防辐射按
0.2Gy标准)要求</td></tr>
<tr><td colspan="2">诵风系统</td><td>进风系统中设清洁、隔绝、滤毒三种通风方式</td></tr>
<tr><td colspan="2">主要出入口</td><td>设简易洗消(宜采用防毒通道与简易洗消合并设置)</td></tr>
<tr><td rowspan="12">主体</td><td colspan="2">防护单元</td><td>建筑面积≤2000m²</td></tr>
<tr><td colspan="2">抗爆单元</td><td>建筑面积≤500m²</td></tr>
<tr><td colspan="2">面积标准</td><td>1m²/人(掩蔽面积)</td></tr>
<tr><td rowspan="9">辅
助
房
间</td><td>进风机室</td><td>靠近滤毒室,清洁区内(建筑面积≥1000m²时,应考虑
机械排风)</td></tr>
<tr><td>贮水池(箱)</td><td>可在临战时构筑和安装</td></tr>
<tr><td rowspan="2">厕所(男女
比例1:1)</td><td>宜设干厕</td></tr>
<tr><td>男40~50人设一个便桶;女30~40人设一个便桶;1~
1.4m²建筑面积/个便桶,宜设在排风口附近</td></tr>
<tr><td>防化通信
值班室</td><td>建筑面积8~10m²(位于清洁区内进风口附近)</td></tr>
<tr><td>配电室</td><td>可与防化通信值班室合并设置</td></tr>
<tr><td rowspan="14">口部</td><td rowspan="3">主要出入口为
室外出入口</td><td>防护密闭门外有防护顶盖段通道长度不得小于5.0m</td></tr>
<tr><td>设洗消污水集水坑、扩散室、带简易洗消的防毒通道;防
毒通道换气次数≥40次/h</td></tr>
<tr><td>出地面段在建筑倒塌范围以内时应设防倒塌棚架</td></tr>
<tr><td>附进风口的出入口</td><td>设洗消污水集水坑、扩散室、密闭通道、滤毒室</td></tr>
<tr><td>其他出入口</td><td>设密闭通道</td></tr>
<tr><td>出入口最小宽度</td><td>门洞净宽0.8m,通道净宽1.5m,楼梯净宽1.0m</td></tr>
<tr><td>掩蔽入口的总宽度</td><td>各出入口净宽之和应满足0.3m/100人要求</td></tr>
<tr><td>掩蔽入口做法</td><td>出入口梯段,踏步高度≤0.18m,踏步宽度≥0.25m</td></tr>
<tr><td>出入口的合用</td><td>当与人员掩蔽所或物资库相邻时,2个防护单元可合用
一个室外出入口</td></tr>
<tr><td>进风口、排风口</td><td>宜在室外单独设置;室外进、排风口下缘距室外地面高
度:倒塌范围外不宜小于0.5m,倒塌范围内不宜小
于1.0m</td></tr>
</table>

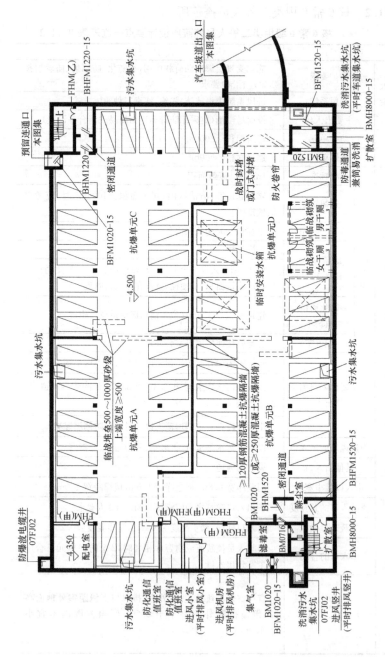

图 9.11.2 核 6 常 6 甲类二等人员掩蔽所平面示意图

208

9.11.3 核6常6甲类人防物资库

核6常6级甲类人防物资库设计要点一览表

表9.11.3

项　目		设计要求
基本要求	防护要求	能承受规定爆炸动荷载作用,有防化、防辐射(防辐射按0.2Gy标准)要求
	通风系统	进风系统中设清洁、隔绝两种通风方式,无滤毒通风;空袭时可暂停通风
	主要出入口	不设人员洗消
主体	防护单元建筑面积	≤4000m²
	抗爆单元建筑面积	≤2000m²
	辅助房间 可不设厕所	设便桶1~2个,宜设在排风口附近
	进风机室	宜与平时排风机室合并设置;不设战时排风机室,采用开门排风
	消防控制室、配电室	邻近直接通向地面的安全出口,入口门采用常闭的甲级防火门
	消防水泵房、消防水池	按消防要求设置
	不设贮水间(设小型贮水箱)	按保管人员2~4人计算
口部	主要出入口为室外出入口(出地面段在建筑倒塌范围以内时应设防倒塌棚架)	防护密闭门外有防护顶盖段通道长度不得小于5.0m;设洗消污水集水坑、密闭通道。 按物资库出口设计,建筑面积≤2000m²时,门洞宽度≥1.5m;建筑面积>2000m²时,门洞宽≥2.0m
	附进风口的出入口	设洗消污水集水坑、密闭通道(风机室)
	其他出入口	设密闭通道,密闭通道外可利用电梯、升降机、捯链等辅助垂直运输设备
	人员出入口最小宽度	门洞净宽0.8m,通道净宽1.5m,楼梯净宽1.0m
	出入口的合用	与人员掩蔽所相邻或与另一物资库相邻且其建筑面积之和不大于6000m²时可合用一个室外出入口

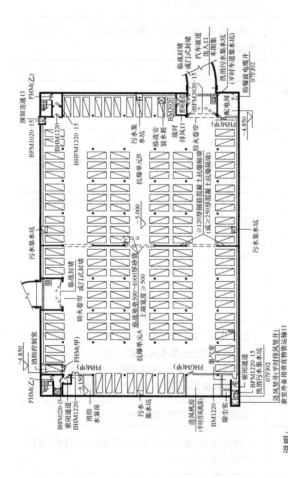

图 9.11.3 核 6 常 6 甲类人防物资库平面示意图

说明：

1. 本防空地下室为单建掘开式人防工程。顶板上覆土 1.0m（单体设计定）。平时为地下车库，战时为核 6 常 6 甲类人防物资库。

2. 本防空地下室建筑面积≤4000m²，掩蔽面积≤3600m²。

3. 战时主要出入口为车库坡道。人防物资主要出入口可采用车道防护密闭门和密闭门构成的密闭通道出入口形式，一般情况下宜采用车道临战封堵，物资运输利用旁设密闭通道出入的形式。

4. 本防空地下室划分为两个抗爆单元。

5. 虚线为临战砌筑的轻质隔墙及临战堆砌的抗爆隔墙。

说明：

人防地下室章节内容及插图来自《人民防空地下室设计规范》图示。

9.11.4 区域电站（柴油电站）

区域电站（柴油电站）设计要求 表 9.11.4

设置范围	建筑面积≥5000m² 的人防地下室	
位置	宜独立设置并与人防主体连通，宜靠近负荷中心，远离安静房间	
组成	柴油发电机房、控制室、防毒通道、储油间、贮水间、扩散室、风井、防爆油管井、电缆井	
设计要求	发电机房	除按正常计算所需发电机外，应设置备用发电机，即至少一备一用，根据发电机尺寸及通道要求确定房间大小
	控制室	与发电机宜分室布置，设置在清洁区，与发电机室之间设密闭隔墙、密闭观察窗（1000mm×800mm）和防毒通道
	储油间	与发电机房分开布置，设防火门，地面降低 150～200mm 或设门槛，严禁排烟管、通风管、电线、电缆等穿过
	防毒通道	设冲洗设备和集水坑，可把人防门适当加宽作发电机进出的通道，门洞宽为设备宽度加 0.30m

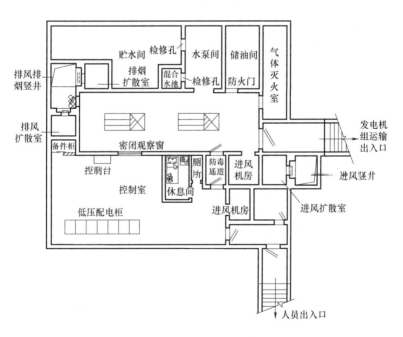

10 厨 房 设 计

10.1 住 宅 厨 房

住宅厨房设计要求 表 10.1

使用面积	卧室、起居室(厅)、厨房和卫生间等组成的套型(套型使用面积≥30m²)		≥4m²	
	兼起居的卧室、厨房和卫生间等组成的最小套型(套型使用面积≥22m²)		≥3.5m²	
基本要求	宜布置在套内近入口处			
	应设置洗涤池、案台、炉灶及排油烟机、热水器等设施或为其预留位置			
	应按炊事操作流程布置,抽油烟机位置应与炉灶位置对应,并应与排气道直接相通;厨房工作按三角形(冰箱、洗涤池和炉灶)布置原则;冰箱近厨房入口,炉灶在靠近餐桌的门旁,洗涤池在二者中间;主要操作台面设在洗涤池和炉灶之间			
通风排气	应开窗自然通风,通风面积≥1/10地板面积,且≥0.6m²			
	宜设排气道通至屋顶高空排放;排气管道应竖直向上布置,不得中途转弯或水平布置			
	当采用水平排气方式通过外墙、外窗直接排至室外时,应在室外设置避风、防雨和防污染墙面的配件			
采光	应开窗直接采光,窗地面积比≥1/6			
	采光标准值不应低于Ⅳ级,采光系数不应低于2%,室内天然光照度不应低于300lx			
防水要求	楼、地面应设置防水层;墙面宜设置防潮层;厨房在无用水点房间的下层时,顶棚应设置防潮层			
厨房净宽	单排布置设备的厨房净宽		≥1.5m	
	双排布置设备的厨房,其两排设备之间的净距		≥0.9m	
各种设施尺寸(mm)	灶台宽	洗菜台宽	操作台宽	吊柜	抽油烟机
	800	900	600	进深300~350,底距地1400~1600	与灶台净距600~800
	进深500~600,高800~850				

212

10.2 饮食建筑厨房

10.2.1 饮食建筑的区域划分

饮食建筑的区域划分　　　　　　　表 10.2.1

区域分类			各类用房
用餐区域			宴会厅、各类餐厅、包间等
厨房区域	餐馆、食堂、快餐店		主食加工区(间):包括主食制作、主食热加工区(间)等
			副食加工区(间):包括副食粗加工、副食细加工、副食热加工区(间)等
			厨房专间:包括冷荤间、生食海鲜间、裱花间等
			备餐区(间):包括主食备餐、副食备餐区(间)
			餐用具洗消间(应单独设置)、餐用具存放间等
	饮食店		冷食加工区(间):包括原料调配、热加工、冷食制作(应单独设置)、其他制作及冷藏区(间)等
			冷(热)饮料加工区(间):包括原料研磨配制、饮料煮制、冷却和存放区(间)等
			点心和小吃制作区(间)
			食品存放区(间)、冷荤间、裱花间、餐用具洗消间、餐用具存放间等
公共区域			门厅、过厅、等候区、大堂、休息厅(室)、公共卫生间、点菜区、歌舞台、收款处(前台)、饭票(卡)出售(充值)处及外卖窗口等
辅助区域			食品库房(包括主食库、蔬菜库、干菜库、冷藏库、调料库、饮料库)、非食品库房、办公用房及工作人员更衣间、淋浴间、卫生间、化验室、清洁间、垃圾间等

注:1. 厨房专间、冷食制作间、餐用具洗消间应单独设置。

　　2. 各类用房可根据需要增添、删减或合并在同一空间。

10.2.2 各类餐饮建筑食品处理区与用餐区域的面积比例

各类餐饮建筑食品处理区与用餐区域的面积比例

表 10.2.2

分类	建筑规模		食品处理区与用餐区域面积比
	建筑面积 $S(m^2)$	用餐区域座位数(座)	
餐馆	$S \leqslant 150$	座位数 $\leqslant 75$	$\geqslant 1 : 2.0$
餐馆	$150 < S \leqslant 500$	$75 <$ 座位数 $\leqslant 250$	$\geqslant 1 : 2.2$
	$500 < S \leqslant 3000$	$250 <$ 座位数 $\leqslant 1000$	$\geqslant 1 : 2.5$
	$S \geqslant 3000$	>1000	$\geqslant 1 : 3.0$
快餐店、饮食店	$S \leqslant 150$	座位数 $\leqslant 75$	$\geqslant 1 : 2.5$
	$S > 150$	座位数 >75	$\geqslant 1 : 3.0$
食堂	—	人数 $\leqslant 100$	食品处理区面积 $\geqslant 30m^2$
	—	$100 <$ 人数 $\leqslant 1000$	食品处理区面积 100 人以上每增 1 人增加 $0.30m^2$
	—	人数 >1000	食品处理区面积 1000 人以上超过部分每增 1 人增加 $0.20m^2$

注：1. 表中建筑规模中建筑面积指与食品制作供应直接或间接相关区域的使用面积，包括用餐区域、厨房区域和辅助区域。

2. 表中食品处理区所示面积为使用面积。

3. 使用半成品加工的饮食建筑以及单纯经营火锅、烧烤的餐馆，食品处理区与就餐区域面积之比在上表基础上可适当减少。

4. 食品处理区面积为厨房区域和辅助区域的食品库房面积之和。

5. 食堂按服务人数划分规模。

10.2.3 学生食堂规划建筑面积

学生食堂规划建筑面积　　　　　　表 10.2.3

食堂建筑面积(按学生人数)					其中,厨房建筑面积	
500 人	1000 人	2000 人	3000 人	5000 人	用餐人数 <1000 人	用餐人数 >1000 人
$1.61m^2/$人	$1.41m^2/$人	$1.3m^2/$人	$1.3m^2/$人	$1.3m^2/$人	$0.3 \sim 0.4m^2/$人	$0.25 \sim 0.3m^2/$人

10.2.4 工厂企业食堂设计参考指标

进餐人数		按最大班职工人数及协作、检修人员人数的 95% 一次进餐计算
食堂建筑面积		1.9m²/座；餐厅与厨房面积比宜按 1：(0.6～0.8)
其中	冷库	60m²（附设冷冻房）
	开水房	30m²
	更衣室、值班室	50m²（男女分设）
	小卖部	50m²
	储藏室	20m²

10.2.5　医院厨房面积指标及设计要点

医院厨房面积指标及设计要点　　　表 10.2.5

厨房人均面积	0.4～0.5 m²/人
营养厨房设计要点	应在入口处设置营养办公室、配餐室和餐车停放处，并应有冲洗和消毒餐车的设施
	严禁设在有传染病科的病房楼内
	独立建造的厨房应有便捷的联系廊
	设在病房楼内的营养厨房应避免蒸汽、噪声和气味对病区的窜扰

10.2.6　旅馆餐厅设计参考指标

旅馆餐厅设计参考指标　　　表 10.2.6

自助餐厅（咖啡厅）座位数	商务旅馆	一级、二级	≥客房间数的 20%
		三级及以上	≥客房间数的 30%
	度假旅馆	一级～三级	≥客房间数的 40%
		四级及以上	≥客房间数的 50%
餐厅人均面积指标	中餐厅、自助餐厅	一级～三级	1.0～1.2m²/人
		四级、五级	1.5～2.0m²/人
	特色餐厅、外国餐厅、包房		2.0～2.5m²/人
	宴会厅（多功能厅）		1.5～2.0m²/人

10.2.7　饮食建筑厨房设计要求

类别	设计要求		
加工制作场所要求	室内净高	采光窗地比(天然采光时)	通风开启窗地比(自然通风时)
	≥2.5m	宜≥1/6	≥1/10
防火要求	厨房区域或厨房热加工区(间)应采用耐火极限不低于 2.00h 的防火隔墙与其他部位分隔,隔墙上的门、窗应采用乙级防火门、窗		
	厨房区域热加工间的上层有餐厅或其他用房时,其外墙开口上方应设置宽度不小于 1.0m,长度不小于开口宽度的防火挑檐;或建筑外墙上、下层开口之间应设置高度不小于 1.2m 的实体墙		
	如设在地下室,宜避免紧邻锅炉房、变电间等易燃、易爆及忌水、汽的房间		
	当厨房内使用液化石油气瓶时,不得设置在地下室、半地下室或通风不良的场所		
工艺要求	按原料进入、原料处理、主食加工、副食加工、备餐、成品供应、餐用具洗涤消毒及存放合理布局		
	严格做到原料与成品分开,生食与熟食分隔加工和存放,食品加工处理流程宜为生进熟出单一流向		
	副食粗加工宜分设肉禽、水产的工作台和清洗池,粗加工后的原料送入细加工区应避免反流,遗留的废弃物应妥善处理		
	冷荤成品、生食海鲜、裱花蛋糕应在厨房专间内进行拼配		
	大型及大型以上的饮食建筑在厨房专间入口处应设置有洗手、消毒、更衣设施的通过式预进间;中、小型饮食建筑应在厨房专用入口处设置洗手、消毒和更衣设施		
	饮食店的冷食制作间入口处应设置洗手、消毒和更衣设施		
	垂直运输的食梯应生、熟分设		
加工场所的室内构造	地面应采用无毒、无异味、不易积垢、不渗水、防滑易清洗、耐磨损的材料		
	地面应处理好防水、排水,排水沟内阴角应采用圆弧形		
	墙面、隔断及工作台、水池等设施均应采用无毒、无异味、不透水、易清洁的材料,各阴角宜做成曲率半径在 3cm 以上的弧形		
	窗台宜做成倾斜、不宜放置物品的形式		
	厨房专间、备餐区等清洁操作区内不得设置排水明沟,地漏应能防止废弃物流入及浊气溢出		

类别	设计要求
加工场所的室内构造	顶棚应选用无毒、无异味、不吸水、表面光洁、耐腐蚀、耐湿的装修,水蒸气较多的房间的顶棚宜有适当坡度,减少凝结水滴落
	粗加工区(间)、细加工区(间)、餐用具洗消间等需经常冲洗的宜潮湿场所应有 1.5m 以上光滑、不吸水、耐用和宜清洗材料墙裙,厨房专间应铺设到墙顶部或顶棚吊顶下

10.2.8 厨房区域各类加工间的空间尺寸

加工间的工作台边(或设备边)之间的净距　表 10.2.8

使用方式	单面操作		双面操作	
	无人通行	有人通行	无人通行	有人通行
净距(m)	0.70	1.20	1.20	1.50

注:快餐店可根据炊厨人数、流程的安排适当减小。

10.2.9 饮食建筑辅助用房的设计要求

饮食建筑辅助用房的设计要求　表 10.2.9

类别	设计要求		
功能房间	建筑规模		房间组成
	建筑面积 >500m²	用餐座位数 >250 个	由食品库房、非食品库房、办公用房、化验室、工作人员更衣间、淋浴间、卫生间、值班室及垃圾和清扫工具存放场所等组成
	建筑面积 ≤500m²	用餐座位数 ≤250 个	上述空间可根据实际需要选择设置
食品库房	宜根据食材和食品分类设置,并根据需要设置冷藏及冷冻设施,冷藏设施的设置应符合相关规范的要求		
采光	各类库房天然采光时,侧窗窗洞面积不宜小于地面面积的 1/6		
通风排气	自然通风时,通风开口面积不应小于地面面积的 1/10		
化验室	需要设置时,面积不宜小于 12m²,其顶棚、墙面及地面应便于清洁并设有给水、排水设施		
工作人员更衣间	与主副食加工场所应邻近布置,宜按全部工作人员男女分设,每人一格更衣柜。更衣间入口处应设置采用非手动式开关的洗手、干手消毒设施		

类　别	设计要求
工作人员卫生间	应按全部工作人员最大班人数分别设置工作人员男、女卫生间(最大班人数 25 人以下者可男女共设一处),卫生间应设在食品处理区以外。卫生间前室应设置采用非手动式开关的洗手、干手消毒设施,前室门不应朝向餐厅和各食品加工区
清洁间和垃圾间	应选择相对隐蔽的部位设置,且不应影响食品安全,垃圾间的位置还应考虑方便垃圾及时外运。清洁间和垃圾间室内装修用材和构造做法应该方便清洁、避免异味外溢
办公用房	宜设置在辅助区域主入口附近。办公用房宜有天然采光和自然通风条件

11 卫生间设计

11.1 住宅卫生间

住宅卫生间设计要求

表 11.1

使用面积要求	3件(便浴洗)	2件(便浴)	2件(便洗)	2件(浴洗)	2件(洗面洗衣)	单设便器
	≥2.5m²	≥2.0m²	≥1.8m²	≥2.0m²	≥1.2m²	≥1.10m²
门的要求	1. 无前室的卫生间门不应直接开向起居室(厅)或厨房; 2. 门洞宽度≥700mm,并应在下部设置有效截面积≥0.2m²的固定百叶,或距地面留出≥30mm的缝隙					
通风及采光要求	无外窗的卫生间应设共用排气道,应采用能够防止各层回流的定型产品; 明卫生间的直接自然通风开口面积应≥房间地板面积的1/20					
防水要求	应按规定严格做好地面和墙面的防水,地面坡度不宜小于1%; 墙面防水层高度不小于1800,且其余墙面及顶棚应设置防潮层; 地面防水层在门口处应水平延展,向外延展的长度不应小于500mm,向两侧延展的宽度不应小于200mm; 下沉式卫生间在结构板面上和地面面层下均应设防水层,沉箱底部应设置排水地漏					

表 11.1

219

项目	3件(便浴洗)	2件(便浴)	2件(便洗)	2件(浴洗)	2件(洗面洗衣)	单设便器
使用面积要求	2.5m²	≥2.0m²	≥1.8m²	≥2.0m²	≥1.2m²	≥1.10m²
位置要求	不应直接布置在套下层住户的卧室、起居室(厅)、厨房和餐厅(厅)的上层；起居室、厨房和餐厅的上层时，应有防水和便于检修的措施				排水立管不应穿越下层住户的居室；当有布置在本套内的卧室	
其他要求	严禁在浴室内安装直排式、半密闭式燃气热水器等加热设备					
洁具距墙及相互间尺寸						

11.2 公共厕所

公共厕所的分类及设计要求

11.2.1 公共厕所的分类

表11.2.1-1

固定式	独立式	一类	商业区、重要公共设施、重要交通客运设施、公共绿地及其他设计要求高的区域
		二类	城市主次干路及行人交通量大的道路沿线
		三类	其他街道
	附属式	一类	大型商场、宾馆、饭店、展览馆、机场、车站、影剧院、大型体育场馆、综合性商业大楼和二、三级医院等公共建筑
		二类	一般商场(含超市)、专业性服务机关单位、体育场馆一级医院(附属式公共厕所二类为设置活动式公共厕所)的最低标准)
活动式			应急和不宜建设固定式厕所的公共场所应设置活动式厕所

公共厕所设计要求

表 11.2.1-2

强制要求		不应直接布置在餐厅、食品加工贮存、医药医疗、变配电等有严格卫生或防潮要求用房的上层
位置要求	饮食建筑	公用卫生间应隐蔽，入口不应靠近餐厅或与餐厅相对
	办公建筑	公用卫生间距最近工作点应<50m，门不宜直接开向办公用房、门厅、电梯厅等公共空间
	学校建筑	教学楼应每层设卫生间，教职工卫生间应与学生卫生间间分设
平面设计要求		1. 大门应能双向开启； 2. 宜格大便间、小便间、洗手间分区设置； 3. 厕所内应分设男、女通道。任男、女进门处应设视线屏蔽； 4. 当男、女厕所便位分别超过20个时，应设双出入口； 5. 每个大便器应有一个独立的厕间； 6. 应至少设置一个清洁池

		洁具数量	宽度	进深	备用尺寸
厕所间 平面尺寸		三件洁具	1200,1500,1800,2100	1500,1800,2100,2400,2700	n×100 (n≥9)
		二件洁具	1200,1500,1800	1500,1800,2100,2400	
		一件洁具	900,1200	1200,1500,1800	

其他设计要求		1. 一、二、三类公共厕所大便厕位尺寸应符合表11.2.1-5的规定；独立小便器间距应为0.7~0.8m； 2. 厕所内单排厕位外开门走道宽度宜为1.3m，不应小于1.0m；双排厕位外开门走道宽度宜为1.5~2.1m； 3. 内墙面采用光滑、便于清洗的材料；地面应采用防渗、防滑材料； 4. 应设工具间，面积宜为1~2m²； 5. 多层公共厕所无障碍厕所间应设在地坪层； 6. 厕位公共厕所宜设置扶手，无障碍厕位间则必须设置扶手；

男女厕位比例	人流集中场所	女厕位:男厕位(含小便站位，下同)不小于2:1
	其他场所	男女厕位比例： $R=1.5w/m$ 式中：R——女厕位与男厕位数的比值； 1.5——女性与男性如厕占用时间比值； w——女性如厕测算人数； m——男性如厕测算人数。

注：1. 一般工业与民用建筑的卫生间、浴室、盥洗室、蒸汽浴室等设计示例、平面布置及构造可参见《公用建筑卫生间》02J915；

2. 医疗建筑中的卫生间、淋浴间、整体卫生间、洗池等可参见《医疗建筑卫生间、淋浴间、洗池》07J902-3。

第三卫生间的设计要求

表11.2.1-3

定义	用于协助老、幼及行动不便者使用的厕所间
设置位置要求	应在下列各类厕所中设置： 1. 一类固定式公共厕所； 2. 二级及以上医院的公共厕所； 3. 商业区、重要公共设施及重要交通客运设施区域的活动式公共厕所
设计要求	1. 位置宜靠近公共厕所入口，应方便行动不便者进入，轮椅回转直径不应小于1.5m； 2. 内部设施应包括成人坐便器和洗手盆、多功能台、安全抓杆、挂衣钩和呼叫器、儿童坐便器和洗手盆、儿童安全座椅； 3. 使用面积不应小于6.5m²

公共厕所男女厕位中坐位、蹲位及站位的数量配置

表11.2.1-4

男厕位总数	坐位	蹲位	站位	女厕位总数	坐位	蹲位
1	0	1	1	1	0	1
2	0	1	1	2	1	1
3	1	1	1	3~6	1	2~5

男厕位总数	坐位	蹲位	站位	女厕位总数	坐位	蹲位
4	1	1	2			
5~10	1	2~4	2~5	7~10	2	5~8
11~20	2	4~9	5~9	11~20	3	8~17
21~30	3	9~13	9~14	21~30	4	17~26

固定式公共厕所类别及要求　表11.2.1-5

定义	一类	二类	三类
平面布置	大便间、小便间与洗手间应分区设置	大便间、小便间与洗手间宜分区设置；洗手间男女可共用	大便间、小便间宜分区设置；洗手间男女可共用
管理间(m²)	>6(附属式不要求)	4~6(附属式不要求)	<4(附属式需要)
第三卫生间	有	视条件定	无
工具间(m²)	≥2	1~2	1~2;视条件定
厕位面积指标(m²/位)	5~7	3~4.9	2~2.9
室内顶棚	防潮耐腐蚀材料吊顶	涂料或吊顶	涂料
室内墙面	贴面砖到顶	贴面砖到顶	贴面砖到1.5m或水泥抹面
清洁池	有，不暴露	有，不暴露	有
采暖	北方地区有	北方地区有	视条件需要设置或有防冻措施
空调(电扇)	空调(南方地区有，北方地区视条件定)	空调或电扇(南方地区有，北方地区视条件定)	电扇(南方地区有，北方地区视条件定)
大便厕位(m)	宽:1.0~1.2 深:内开门1.5,外开门1.3	宽:0.9~1.0 深:内开门1.4,外开门1.2	宽:0.85~0.9 深:内开门1.4,外开门1.2

定义	一类	二类	三类
大便厕位隔断板及门距地面高度(m)	1.80	1.80	1.50
坐、蹲便便器	高档	中档	普通
小便器	半挂	半挂	不锈钢或瓷砖小便槽
便器冲水设备	自动感应或人工冲便装置	自动感应或人工冲便装置	手动阀、脚踏阀、集中水箱自控冲水
无障碍厕位及小便厕位	有	有	有
无障碍厕位呼叫器	有	有	无
无障碍通道	有	有	视条件定
小便位间距(m)	0.8	0.7	无
儿童站位洗手盆隔板(宽×高,m)	0.4×0.8	0.4×0.8	视需要定
儿童洗手盆及小便器	有	有	无
洗手盆	有	有	有
坐、蹲位扶手	有	有	有
厕位挂钩	有	有	有
坐、蹲位废纸容器	有	有	无
手纸架、洗手液盒、面镜	有	视需要定	无
烘手机	有	有	有
除臭措施	有	有	有

注:一、二类适用于所有固定式公厕,三类只适用于独立式公厕。

11.2.2 各类公共场所及公共建筑卫生设施的设置

公共场所公共厕所每一卫生器具服务人数设置标准　　　　表11.2.2-1

| 卫生器具 | 大便器 | | 小便器 |
设置位置	男	女	
广场、街道	1000人	700人	1000人
车站、码头	300人	200人	300人
公园	400人	300人	400人
体育场外	300人	200人	300人
海滨活动场所	70人	50人	60人

商场、超市和商业街公共厕所厕位数　　　　表11.2.2-2

购物面积(m²)	男厕位(个)	女厕位(个)	备注
500以下	1	2	1. 按男女如厕人数相当时考虑 2. 商业街应按各商店的面积相合并计算后,按本表比例配置
501~1000	2	4	
1001~2000	3	6	
2001~4000	4	10	
≥4000	每增加2000m²,男厕位增加2个,女厕位增加4个		

饭馆、咖啡店、小吃店和快餐店等餐饮场所公共厕所厕位数　　　　表11.2.2-3

设施	男	女	备注
厕位	50座位以下至少设2个;100座位以下设3个;超过100座位每增100座位增设1个	50座位以下至少设3个;100座位以下设4个;超过100座位每增65座位增设1个	按男女如厕人数相当时考虑

体育场馆、展览馆、音乐厅等公共文体娱乐场所公共厕所厕位数　　　　表11.2.2-4

设施	男	女	备注
坐位、蹲位	250座位以下设1个;每增1~500座位增设1个	40座位以下设1个;41~70座设2个;71~100座设3个;每增1~40座位增设1个	1. 若附有其他服务设施内容(如餐饮等),应按相应内容增加配置;2. 有人员聚集场所的广场内,应增建馆外人员使用的附属或独立厕所
站位	100座位以下设1个;每增1~80座位增设1个	无	

机场、火车站、公共汽车和长途汽车始末站、地铁及城市轻轨车站、交通枢纽站、高速路休息区、综合性服务楼和服务性单位公共厕所厕位数

表 11.2.2-5

设施	男(人数/h)	女(人数/h)
厕位	100人以下设2个，每增60人增设1个	100人以下设4个，每增30人增设1个

旅馆建筑的卫生设施

表 11.2.2-6

旅馆建筑等级		一级	二级	三级	四级	五级
客房附设的卫生间	净面积	2.5	3.0	3.0	4.0	5.0
	占客房总数%	—	50	100	100	100
	卫生器具数	2			3	

注：2件指大便器、洗面器；3件指大便器、洗面盆、浴盆或淋浴间（开放式卫生间除外）

		设备(设施)	数量	要求
客房部分	不附设卫生间的客房，应设置	公共卫生间	男女至少各一间	宜每层设置
		大便器	每9人1个	男女比例按≤2：3
		小便器或0.6m长小便槽	每12人1个	—
		浴盆或淋浴间	每9人1个	—
	集中的公共卫生间和浴室	洗面盆或盥洗槽洗龙头	每1个大便器配1个、每5个小便器增设1个	—
		清洁池	每层1个	宜单独设置清洁间

注：1. 上述设施大便器男女比例宜按2：3设置，若男女比例有变化需做相应调整；其余按男女1：1比例配置；
2. 应按《无障碍设计规范》规定，设置无障碍专用卫生间或厕位和洗面盆。

	房间名称	男		女
		大便器	小便器	大便器
公共部分	门厅（大堂）	1个/150人，超过300人增设1个、每增300人增设1个	1个/100人	1个/75人，超过300人增设1个、每增150人增设1个
	各种餐厅（含咖啡厅、酒吧等）	1个/100人，超过400人增设1个、每增250人增设1个	1个/50人	1个/50人，超过400人增设1个、每增250人增设1个
	宴会厅、多功能厅、会议室	1个/100人，超过400人增设1个、每增200人增设1个	1个/40人	1个/40人，超过400人增设1个、每增100人增设1个

注：1. 本表假定男女比例1：1，当性别比例不同时应相应调整；
2. 门厅（大堂）和餐厅兼顾使用时，洁具数量可按餐厅配置，不必叠加；
3. 四、五级旅馆建筑使用时，洁具数量可按实际情况增加；
4. 洗面盆、清洁池数量以及商业、娱乐等健身健美的卫生设施可按《城市公共厕所设计标准》配置

注：数据引自《旅馆建筑设计规范》JGJ 62—2014。

宿舍、中小学校、医院、工业企业的卫生设施　表 11.2.2-4

设置位置	卫生器具	大便器		小便器	洗手盆		备注
		男	女		男	女	
宿舍	设公共卫生间和盥洗室的宿舍	<8人，设1个；≥8人，每增1个/15人	<6人，设1个；≥6人，每增1个/12人	每15人设1个	与盥洗室分设的卫生间男女至少各设1个		宜在每层设单独的卫生清洁间
	小型公共卫生间（每层另设）	≥2个	≥2个	≥2个	盥洗室分设的卫生间男女设1个；<5人，每增1个/10人	≥2个	居室已附设卫生间的宿舍

卫生器具 设置位置		大便器 男	大便器 女	小便器	洗手盆 男	洗手盆 女	备注
中小学校	教学楼的学生卫生间	1个/40人（或1.2m长大便槽）	1个/13人（或1.2m长大便槽）	1个/20人（或0.6m小便槽）	1个/40~45人（或0.6m长盥洗槽）		男女卫生间不得共用一个前室
	教师卫生间	应与学生卫生间分设，按表11.2.2-3设置					
医院	门诊用房	1个/100人	≥3个/100人	1个/100人	宜每2个大便器设1个		按日门诊量计算，男女比例1:1；儿科应设专用卫生间
	住院用房 设集中卫生间的护理单元	1个/16床	3个/16床	1个/16床	每12~15床设1个盥洗水嘴和淋浴器，且每一护理单元不应少于2个		
	病房内设有卫生间时，宜在护理单元内单独设置探视人员卫生间						
工业企业车间的卫生间		1个/25人；>100人，每增1个/50人	1个/20人；>100人，每增1个/35人	同蹲位数	车间卫生特征级别 1,2级 每20~30人1个； 3,4级 每31~40人1个		设计人数按最大班工人总数的93%计算

洗手盆数量设置要求

表11.2.2-8

厕位数（个）	洗手盆数（个）	备 注
4以下	1	1. 固定式公共厕所应设置洗手盆； 2. 男女厕所宜分别计算，分别设置； 3. 当男女厕所洗手盆数 $n \geq 5$ 时，实际设置数 N 应按 $N=0.8n$ 计算； 4. 洗手盆为1个时可不设儿童洗手盆。
5~8	2	
9~21	每增4个厕位增设1个	
22以上	每增5个厕位增设1个	

11.2.3 厕位和浴室隔间的平面尺寸

厕位和浴室隔间的建议平面尺寸　　　　表 11.2.3

类　别	平面尺寸(净宽度×深度,单位 m)	
外开门的厕所隔间	一类 1.0×1.3,二类 0.90×1.20	
内开门的厕所隔间	一类 1.0×1.5,二类 0.90×1.40	
医院患者专用厕所隔间	1.10×1.50	门外开,门门应能里外开启,隔间内应设有输液吊钩;进入蹲式大便器隔间不应有高差,大便器旁应装置安全抓杆
幼儿使用的厕所隔间	正向式蹲位 c.75×0.90 侧向式蹲位 c.80×0.90	隔间内应设幼儿扶手,进入蹲位不应设台阶
无障碍厕所隔间	宜 2.00m×1.50m,应≥1.80m×1.00m	
外开门的淋浴隔间	1.00×1.20	
内设更衣凳的淋浴隔间	1.00×(1.00+0.60)	
无障碍专用浴室隔间	盆浴(门扇向外开启)2.00×2.25	淋浴(门隔向外开启)1.50×2.35

注：火车站、机场和购物中心等建筑物，宜在厕位隔间内提供 900mm×350mm 的行李放置区。

11.2.4 卫生设备的最小间距

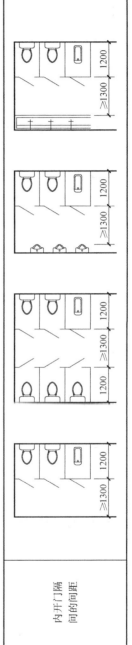

内开门隔间
间的间距

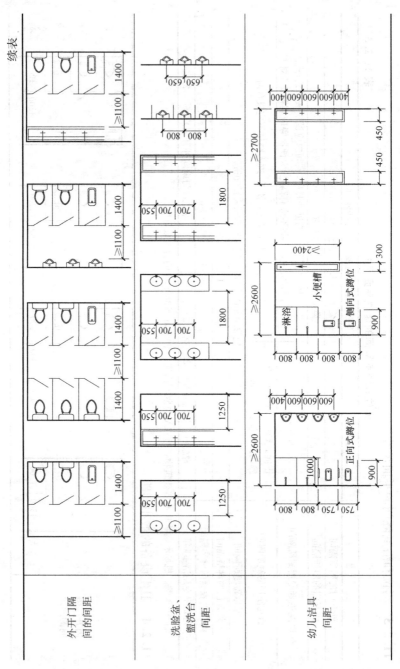

12 台阶、坡道与楼梯设计

12.1 台阶设计

台阶设置的规定 表 12.1

台阶类别	技术规定		备注
公共建筑室内外台阶	踏步宽度	宜≥0.30m	踏步面应防滑
	踏步高度	宜≤0.15m,且宜≥0.10m	
	室内台阶踏步数应≥2级,当高差不足2级时,应按坡道设计		
人员密集场所的台阶	高度超过0.7m并侧面临空时,应有防护措施		
老年人、残疾人使用的台阶	详见第5章无障碍设计相关内容		

12.2 坡道设计

坡道设置的规定 表 12.2

类别	最大坡度	最小宽度	备注
室内坡道	宜≤1:8	≥1.00m	长度>15m宜设休息平台,宽度视功能空间或设备尺寸而定
室外坡道	宜≤1:10	≥1.50m	—
供轮椅使用的坡道	≤1:12	≥1.20m	困难地段坡度应≤1:8,具体详表5.3.3

类别		最大坡度	最小宽度	备注
非机动车坡道	踏步式推车斜坡	宜≤25%	≥1.80m	长度＞6.8m或转换方向时应设≥2m的休息平台。具体详表8.5.1
	坡道式斜坡	宜≤15%		
设备房、小型库房入口坡道		1:5～1:6	视入口宽度	—

注：1. 坡道应采取防滑措施；
　　2. 机动车坡道设置详见表8.1.1-2规定。

12.3 楼 梯 设 计

12.3.1 常用楼梯、楼梯间

楼梯、楼梯间的常用形式　　　　　表 12.3.1-1

分类因素	常用形式	技术特点
位置关系	室内楼梯、室外楼梯	室外楼梯为位于外墙以外的开敞楼梯
使用功能	共用楼梯、服务楼梯、住宅套内楼梯、专用疏散楼梯	专用楼梯是指为某一特定楼层或空间使用的楼梯；有时只贯通部分楼层。专用疏散楼梯是指在火灾时才使用的专门用于疏散的楼梯
形式特点	开敞楼梯、敞开楼梯间、封闭楼梯间、防烟楼梯间	开敞楼梯是指建筑内没有墙体、门窗或其他建筑配件分隔的楼梯
		敞开楼梯间是指楼梯四周有一面敞开，其余三面为实体墙
		封闭楼梯间与防烟楼梯间特点详防火设计

常用楼梯、疏散楼梯间类型及适用范围

表 12.3.1-2

类型	图示		适用范围
开敞楼梯	 栏杆 上 下	公共建筑	公共建筑内楼梯，只作层空间的垂直联系，不能作为疏散楼梯用
		住宅建筑	住宅套内楼梯，只作为楼层空间和垂直联系，不能作为疏散楼梯用
敞开楼梯间	 上 下 走道	公共建筑	(1) 多层公共建筑与敞开式外廊直接相连的楼梯间； (2) 6 层以上的其他建筑，但不包括： ①医疗建筑，旅馆、老年人建筑及类似使用功能的建筑； ②设置歌舞，娱乐、放映、游艺场所的建筑； ③商店、图书馆，展览建筑，会议中心及类似使用功能的建筑
		住宅	(1) 建筑高度不大于 21m(不与电梯井相邻布置时)； (2) 建筑高度大于 21m、不大于 33m(当户门采用乙级防火门时)
		厂房、仓库	(1) 丁、戊类多层厂房； (2) 多层仓库、简仓

233

类型	图示		适用范围
封闭楼梯间		公共建筑	(1)医疗建筑、旅馆、老年人建筑及类似使用功能的建筑; (2)设置歌舞、娱乐、放映、游艺场所的建筑; (3)商店、图书馆、展览建筑、会议中心及类似使用功能的建筑; (4)6层及以上其他建筑; (5)高层建筑的裙房(当裙房与高层主体之间设置防火墙时); (6)建筑高度不超过32m的二类高层建筑
		住宅	(1)建筑高度大于21m、不大于33m的住宅建筑; (2)建筑高度不大于21m且与电梯井相邻布置的疏散楼梯
		厂房、仓库	(1)1～2层的地下、半地下室; (2)室内地面与出入口地坪高差小于等于10m的地下、半地下室; (3)高层厂房,甲、乙、丙类多层厂房; (4)高层仓库
防烟楼梯间		公共建筑	(1)一类高层建筑; (2)建筑高度超过32m的二类高层建筑
		住宅	建筑高度大于33m的住宅建筑
		其他	(1)3层以上的地下、半地下室; (2)室内地面与出入口地坪高差大于10m的地下、半地下室; (3)建筑高度大于32m且任一层人数超过10人的厂房

类型	图示		适用范围
剪刀楼梯间	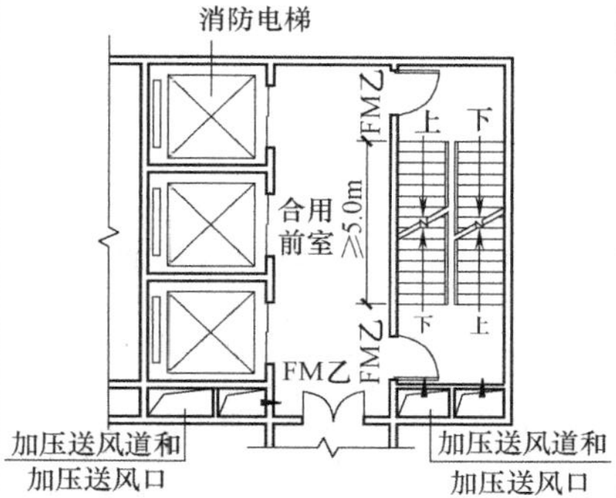	公共建筑	高层公共建筑的疏散楼梯,当分散设置有困难且任一疏散门至最近疏散楼梯间入口的距离不大于10m时
		住宅	住宅单元的疏散楼梯,当分散设置确有困难且任一户门至最近疏散楼梯间入口的距离不大于10m时
室外疏散楼梯	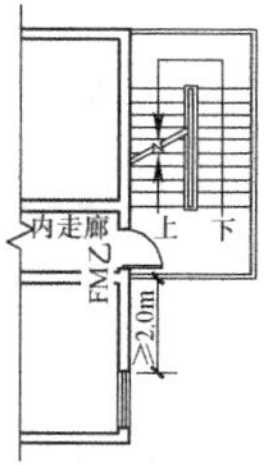		(1)凡应设封闭楼梯间和防烟楼梯间的均可替之以室外疏散楼梯。 (2)高层厂房和甲、乙、丙类多层厂房。 (3)建筑高度大于32m且任一层人数超过10人的厂房。 (4)多层仓库、筒仓

235

类型	图示	适用范围
室外金属梯		(1) 多层仓库、筒仓。 (2) 用作丁、戊类厂房内第二安全出口的楼梯。 (3) 丁、戊类高层厂房，当每层工作平台上的人数不超过 2 人且各层工作平台上同时工作的人数不超过 10 人时

注：楼梯、楼梯间防火设计详见本书第 4 章民用建筑防火设计。

12.3.2 楼梯设计细则

楼梯设计细则　　　　表 12.3.2

部位	设计细则
平面位置	(1) 楼梯间一般不宜占用好朝向。 (2) 楼梯间不宜采用围绕电梯布置的方式。 (3) 建筑的主楼梯宜设在主入口空间的明显位置。 (4) 常用楼梯坡度为 30°左右，室内楼梯坡度为 23°～38°。 (5) 疏散楼梯间应能天然采光和自然通风，并宜靠外墙设置。 (6) 除通向避难层销层外，建筑物中的疏散楼梯间在各层的平面位置不应改变
踏步设计	(1) 疏散用楼梯或疏散走道上的阶梯，不宜采用螺旋楼梯和扇形踏步。但踏步应应符合下图要求时可不受此限：

部位	设计细则
踏步设计	(2) 楼梯踏步宽度 b、高度 h 关系：宜为 $b+2h=450mm$，$b+h≥600mm$。各类建筑楼梯踏步、高度、宽度详见表 12.3.3。 (3) 楼梯每一梯段的踏步高度应一致，相邻踏段踏步高度、宽度宜一致，且相差不宜大于 3mm。 (4) 楼梯踏步应采取防滑措施。 (5) 老年建筑的疏散楼梯踏步前缘宜设设防滑条，并应具有警示标识，踏步的起、终端应设局部照明
梯段设计	(1) 楼梯梯段净宽是指完成墙面至完成墙面或两个扶手中心线之间的水平距离或两个扶手中心线之间的水平距离。中小学建筑梯段坡度≤30°。 (2) 每一梯段的踏步不应超过 18 级，亦不应少于 3 级。 (3) 疏散用室外楼梯梯段净宽不应小于 0.90m。 (4) 楼梯段的最小宽度（梯段净宽是指装修完成后完成墙面至扶手中心线或扶手中心线之间的水平距离）。 (5) 楼梯梯段改变方向时，楼梯平台净宽不等于小于梯段净宽，并不得小于 1.2m。当有使用需要时应适当加宽。如下图。 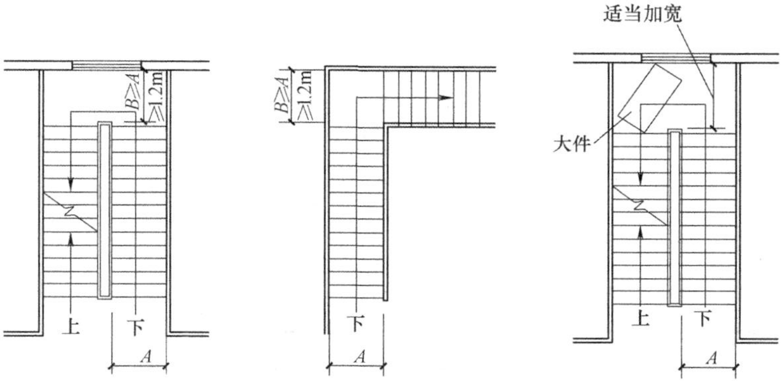

237

部位	设计细则
梯段设计	（6）楼梯平台上部及下部过道处的净高不应小于2m。梯段净高不宜小于2.20m。如下图 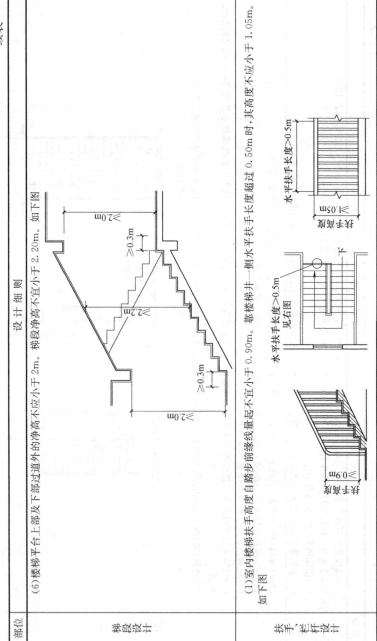
扶手、栏杆设计	（1）室内楼梯扶手高度自踏步前缘线量起不宜小于0.90m。靠楼梯井一侧水平扶手长度超过0.50m时，其高度不应小于1.05m。如下图

部位	设 计 细 则
扶手、栏杆设计	(2)老年人建筑的楼梯两侧离地高0.90和0.65m处应设置连续的栏杆和栏杆扶手; (3)托幼建筑的楼梯除设成人扶手外,应在住梯一侧设幼儿扶手,其高度不应大于0.6m; (4)中小学室外楼梯的高度不应小于1.10m,中小学建筑楼梯扶手梯宽1.2m时一侧设;1.8m时两侧设;2.4m时中间加设; (5)托儿所、幼儿园,中小学及少年儿童专用活动场所的楼梯,梯井净宽大于0.20m时,必须采取防止少年儿童坠落的措施,楼梯栏杆应采取不易攀登的构造。当采用垂直杆件作栏杆时,其杆件净距不应大于0.11m; (6)住宅楼梯井净宽大于0.11m时,必须采取防止儿童攀滑的措施; (7)公共建筑的室内疏散楼梯两侧应设扶手,梯段中间宜加设中间扶手,垂直杆件净距不宜小于150mm; (8)楼梯应至少一侧设扶手,梯段宽度达三股人流时应两侧设扶手,达四股人流时宜加设中间扶手(每股人流按0.55+(0~0.15)m计算)。公共建筑人流量多的场所应取上限值。 开向疏散楼梯或疏散楼梯间的门,当其完全开启时,不应减少楼梯平台的有效宽度; $b=$有效疏散宽度 $a \geqslant b$ (9)开向疏散楼梯或疏散楼梯间的门,当其完全开启时,不应减少楼梯平台的有效宽度; (10)楼梯间窗台台高度;当低于0.90m(住宅低于0.80m)时,应采取防护措施,且应保证楼梯间的窗开启后不减少楼梯休息平台的通行宽度或碰撞行人
平台净宽	(1)平台净宽不小于梯段净宽,且≥1.2m; (2)剪刀楼梯平台净宽≥1.3m; (3)医院主楼疏散楼梯和疏散楼梯平台净深(宽)均应≥2.0m

12.3.3 楼梯的基本尺寸要求

楼梯的基本尺寸要求 (mm)　　　　表12.3.3

建筑类别	限定条件		楼梯净宽	踏步高度	踏步宽度	栏杆高度
住宅	户内楼梯	一边临空时	≥750	≤200	≥220	—
		两侧有墙时	≥950			
	共用楼梯	H>18m	≥1100	≤175	≥260	
		H≤18m	≥1000			
中小学	教学楼楼梯		≥1200	小学≤150 中学≤160	小学≥260 中学≥280	室内≥900 室外≥1100 (水平段栏杆超500应≥1050)
托幼建筑	少年儿童专用楼梯		按600的整数倍加宽	宜为130	宜为260	
医院	门诊、急诊、病房楼		主楼梯≥1650, 疏散楼梯≥1300	≤160	≥280	
商店、剧院、礼堂	营业部分公用楼梯, 观众使用的主楼梯		≥1400	≤160	≥280	
交通建筑	港口客运站		≥1400	≤160	≥280	
	铁路客运站		≥1600	≤150	≥300	
专用疏散楼梯	住宅		≥1100	≤180	≥250	
	公共建筑		≥1200			

注: 1. 无中柱螺旋楼梯和弧形楼梯内侧扶手中心0.25m处的踏步宽度不应小于0.22m。
　　 2. 楼梯、楼梯间防火设计详见本书4章建筑防火设计。

13 电梯、自动扶梯、自动人行道设计

13.1 电 梯

13.1.1 电梯主要类型

电梯的主要类型

表 13.1.1

分类因素		电梯分类	技术特点	
国家标准	I 类	乘客电梯	运送乘客	简称客梯
	II 类	客货电梯	主要运送乘客	简称客货梯
	III 类	医用电梯	运送病床（包括病人）和医疗设备	简称病床梯
	IV 类	载货电梯	运送通常有人伴随的货物	简称货梯
	V 类	杂物电梯	供运送杂物、食品等，结构形式与尺寸不容进人	简称杂物梯
	VI 类	频繁使用电梯	为适应大交通流量和频繁使用而设计，主要用于提升高度＞15 层的建筑，额定速度≥2.5m/s
驱动方式		曳引驱动电梯	依靠电力拉动曳引绳和曳引轮槽使用驱动，通过之间的摩擦力来停止运行	
		液压驱动电梯	液压驱动，通常额定速度 0.4～1.0m/s	

241

分类因素	电梯分类	技术特点	
机房	顶部机房电梯	机房位于顶部，曳引驱动电梯常为此类	
	下部机房电梯	机房在井道一侧，液压电梯机房设于顶层底层，受限时设于顶层或中间层	
	无机房电梯	无须专用机房，驱动主机安装在井道上部空间或轿厢上	
电梯控制	按钮控制	电梯运行由轿厢内操纵盘上的选层按钮或呼梯按钮操纵	
	信号控制	各呼梯信号合与运行方向一致的呼梯信号排序，依次应答接纵	
	集选控制	在信号控制基础上把呼梯信号集合进行有选择应答	
	并联控制	把两三台规格相同电梯共用一套信号系统并联控制	
	梯群控制	将两台以上电梯组成一组，由群控系统负责处理所有呼梯信号	
运行速度	一般速度电梯	运行速度	<2.5m/s
	中速电梯	运行速度	2.5~5.0m/s
	高速电梯	运行速度	5.0~6.0m/s
	超高速电梯	运行速度	>6.0m/s
其他以功能形式划分的电梯	住宅电梯	服务于住宅楼供公众使用的电梯	
	家用电梯	仅供单一家庭使用的电梯。它也可以安装在非单一家庭使用的建筑物内，作为单一家庭进入其住宅的工具	
	消防电梯	在建筑物发生火灾时供消防人员进行灭火与救援使用且具有一定功能的电梯	
	观光电梯	井道和轿厢壁至少有一侧透明，乘客可观看轿厢外景物的电梯	

242

分类因素	电梯分类	技术特点
其他以功能形式划分的电梯	双轿厢电梯	在同一井道内的导轨上同时运行并由上下两个轿厢组成的大容量的运输设备，两个轿厢同时停靠在上下相邻的楼层

注：本表摘自国家标准《电梯主参数及轿厢、井道、机房的型式与尺寸 第1部分：I、II、III、VI类电梯》（GB/T 7025.1—2008）及国家建筑标准设计图集《电梯 自动扶梯 自动人行道》（13J 404）。

13.1.2 应设置电梯的建筑类型

应设置电梯的主要建筑类型　　　　　表13.1.2

类别	层数	技术规定
住宅	≥7	或入口层楼面距室外设计地面高度超过16m以上的住宅。任地形起伏较大的地区，当住宅分层入口时，可按进入住宅后的单程户层数计算
宿舍	≥7	居室最高入口层楼面距室外设计地面高度大于21m时应设
办公建筑	≥5	应设≥1台无障碍电梯，超高层办公建筑乘客电梯应分区分层停靠
综合医院	≥3	≥2台，应设病床电梯，设≥1台无障碍电梯，病房楼高度>24m时应单设污物梯
疗养院		
养老设施（老年人养护院、养老院、老年人日间照料中心）	≥2	二层及以上楼层设有老年人生活用房，医疗保健用房，公共活动用房的养老设施应无障碍电梯，且至少1台为医用电梯
大型商店	—	宜设客梯或自动扶梯，自动人行道，应设≥1台无障碍电梯；多层商店宜设置货梯、提升机

类别		层数	技术规定
旅馆	一~三级	≥4	应设乘客电梯,3层宜设
	四~五级	≥3	应设乘客电梯,2层宜设
餐饮		≥3	一级餐饮与饮食店应设;4层以上的各级餐馆与饮食店应设
档案馆		≥4	对外服务、档案业务和技术用房应设;应设≥1台无障碍电梯;≥2层档案库应设垂直输送设备
图书馆		≥2	应设大型客梯或自动扶梯,并应设置货梯或货运坡道
展览建筑		≥2	
汽车库		≥3	地下多于2层的车库应设载人电梯
交通建筑		≥2	应设≥1台无障碍电梯
厂房、仓库		≥2	可设置货梯或提升机、输送机

注:顶层为两层一套的复式住宅时,复式的上层部分不计层数。

13.1.3 电梯选用与布置要点

电梯选用与布置要点　　　　表13.1.3

类别	技术要点
电梯选用要点	熟悉电梯类型及规格,确定规格与尺寸,包括井道、轿厢尺寸、容纳人数、额定载重量、额定速度
	根据工程项目类型、规模、标准配置合适的电梯数量。其中,办公楼按建筑面积、容纳人数、额定载重量、额定速度数,商业按营业厅面积,展览建筑、交通建筑按使用建筑面积、旅馆按客房数,医院按门诊人数和床位数
	按建筑性质及需要选用货梯和服务梯

类别	技术要点
电梯选用要点	按建筑层数、面积，特别应按防火分区设置消防电梯
	按建筑物平面核心筒分区布置电梯
	与电梯厂家及专业公司配合，通过设计软件计算后调整电梯利适当的运速
电梯布置原则	使用方便：位置易于识别，并有足够的集散空间，均匀到达，便捷、高效使用，便于管理
	集中布置：位置易于识别，并有足够的集散空间，均匀到达，便捷、高效使用，便于管理
	集中布置：疏散楼梯临近，形成核心交通空间，高效使用、便于管理
	分区分层布置：局部需要垂直运输的建筑或高层、超高层建筑应分区分层、高效节能
	应考虑检修的备用，一般应设2台以上(单元式住宅除外)，并应并排布置
电梯排列方式	电梯排列可分为单侧单侧和双侧排列。单侧排列不宜超过4台，双侧排列总数不宜超过8台

13.1.4 电梯配置数量

电梯配置数量参数表

表 13.1.4

建筑类别	标准 数量				额定载重量(kg) 乘客人数(人)						额定速度(m/s)
	经济级	常用级	舒适级	豪华级							
住宅 (1000kg/台)	75~90 户/台	50~75 户/台	30~50 户/台	<30 户/台	400	600 (630)	800	900	100	1050	0.63、1.00、1.60、1.75、2.00、2.50
					5	8	8	12	13	14	
旅馆 (1000kg/台)	100~120 客房/台	80~100 客房/台	60~80 客房/台	<60 客房/台	630	750	1000	1275	1350	1600	1.00、1.75、2.00、2.50、3.00、4.00
					8	10	13	16	18	21	

建筑类别	标准		数量			额定载重量（kg）		额定速度（m/s）
		经济级	常用级	舒适级	豪华级		乘客人数（人）	
办公楼 （1000kg/台）	按建筑面积	5000 m²/台	<5000 m²/台	4000 m²/台	<3000 m²/台	1275 1600 2000 2500	8 10 13(14) 16 18 21	1.00、1.75、2.00、 2.50、3.00、4.00、 5.00、6.00（5.00、6.00适用 于超高层建筑）
	按办公有效 使用面积	3000 m²/台	2500 m²/台	2000 m²/台	<1800 m²/台			
	按人数	300 人/台	250 人/台	200 人/台	150 人/台			
医院	住院部	200 床/台	150 床/台	100 床/台	<100 床/台	1275 1600 2000 2500	16 21 26 33	0.63、1.00、1.60、 1.75、2.00、2.5
	门诊部 （按人数）	300人/台	250人/台	200人/台	<200人/台	1275 1600 2000 2500	16 21 26 33	1.00、1.75、 2.00、2.50
		另配备至少 1 台医用电梯						
	医技楼（按 建筑面积）		—			1275 1600 2000 2500	16 21 26 33	1.00、1.75、 2.00、2.50

商业营业厅（使用面积）

大型商业中心按营业厅面积4000m²设一对自动扶梯。每隔60m左右设一对。
容量按每台6000~9000人/h计，运载能力 $Q=(K×B×V×3600)/0.25$，上楼时扶梯。
交通量占90%，电梯占8%，楼梯占2%，下楼时自动扶梯交通量约占70%

246

建筑类别	数量			额定载重量（kg） 乘客人数（人）	额定速度（m/s）
标准	经济级	常用级	豪华级		
展览建筑（使用面积）	可参照商业营业厅的计算方法：按展厅面积每5000m²设一台自动扶梯，每隔60m左右设一对				
交通建筑（使用面积）	可参照商业营业厅的计算方法：按使用面积每4000m²设一对自动扶梯，每隔80m左右设一对				

注：1. 本表电梯台数不包括消防和服务电梯。

2. 住宅消防电梯与客梯可合用（可消防共用）。高档住宅宜设置服务电梯。旅馆的工作服务电梯为客梯的1/3配置。医院住院部宜增设供医护人员专用的客货两用梯。兼作服务运送医疗设备等专用诊梯按客梯数量根据门诊人数×1.5为设置依据（考虑陪护人员数量）。至少设2台，另配医用电梯至少1台。办公楼的服务电梯数量的1/5～1/4配置。

3. 商业营业厅另设置自动扶梯，在设置自动扶梯后可根据平面布置补充设置客梯。另配备货梯，每5000m²配置1台。

4. 表内办公建筑的电梯数量仅为一般性办公楼的电梯数量和不包括超高层办公楼。另见超高层高层办公楼的电梯。

5. 展览建筑与交通建筑也宜设自动扶梯。正设置自动扶梯后需根据平面布置适量布置乘客电梯。

13.1.5 电梯交通性能指标

电梯交通性能指标参数数表   表13.1.5

建筑类型	建筑标准	AWT(s)	AI(s)	HC5(%)	T(s)	备注
住宅	经济	100	根据计算得出（见注中公式）	≤8	60	1. 7～11层住宅应设1台，12层以上单元每单元可设2台，12层以上每栋住宅应设2台以上。塔式住宅应设2台以上。其中，住宅消防电梯、消防电梯速度应在1min内到达能进担架的电梯。 2. 12层以上住宅顶层。 3. 高层住宅的电梯速度应大于1m/s。
	一般	80		8.5～12	50	
	舒适	60		13～15	40	

247

建筑类型		建筑标准	AWT(s)	AI(s)	HC5(%)	T(s)	备 注
写字楼		一般	40~45		10~13	60	1. 1台1000kg客梯可服务面积，见表13.1.4。 2. 乘梯人数可按使用面积或使用建筑面积计算，见表13.1.4。 3. 30min内应能运载总人数的90%。 4. 括号内数字为综合用户写字楼，非括号数字为整栋出售写字楼。
		较高	32~40		13~15 (11~12)	50	
		高	25~32		15~20 (12~14)	45	
		豪华	20~25		20~25 (>14)	40	
旅馆		一般	50~60	根据计算得出（见注中公式）	≤10	60~70	旅馆客梯数量应根据旅馆级别以及规模确定，级别越高、电梯配置应越多。1台电梯服务的客房数应越少。指标参见表13.1.4。
		较高	40~50		11~13	50~60	
		高	30~40		13~15	45~50	
		豪华	20~30		>15	<45	
医院	门诊楼	一般	50~72		10~13	45	1. 医院门诊楼应根据门诊规模和门诊人次计算确定。 2. 无论是门诊楼还是病房楼除应配备客梯外，还必须配置1台以上医用电梯。额定载重量为1600~2000kg使用的专用医用电梯。 3. 医院病房楼应另配置供医护人员使用的2500kg的专用电梯1~2台。 4. 超过24层的高层病房楼除上述电梯外还应设置污物梯、医用电梯型号设置。
		较高	30~50		13~15	30	
	病房楼	一般	50~72		—	60	
		较高	30~50		—	45	

注：* HC5——5min运输效率，指某组电梯在5min之内将服务所服务的总人数的百分之多少运送到位的数值，N台电梯的5min运率=N×单台电梯5min运送人数/所服务的总人数×100%。

* AI——电梯平均间隔时间，指某电梯中连续到达基站的两台电梯的时间间隔的统计平均值。

* AWT——乘客平均候梯时间，乘客开始呼叫到被呼叫电梯到达门开始打开的时间。

T——电梯从底层到顶层运行时间，电梯从基站运送逐层运送内乘客最后至顶层的乘客送至该层的乘客送到该层的全程时间。

标有"*"的为建筑设计人员首先应考虑的指标。

13.1.6 候梯厅的最小深度

候梯厅的最小深度　　　　　　　　表 13.1.6

电梯类别	布置方式	候梯厅深度
住宅电梯	单台	$\geqslant B$
	多台单侧排列	$\geqslant B^*$ 且 $\geqslant 1.5m$
	多台双侧排列	$\geqslant$ 相对 B^* 之和并 $<3.5m$
公建电梯	单台	$\geqslant 1.5B$
	多台单侧排列	$\geqslant 1.5B^*$，当电梯群为 4 台时应 $\geqslant 2.4m$
	多台双侧排列	$\geqslant$ 相对电梯 B^* 之和并 $<4.5m$
病床电梯	单台	$\geqslant 1.5B$
	多台单侧排列	$\geqslant 1.5B^*$
	多台双侧排列	$\geqslant$ 相对电梯 B^* 之和
无障碍电梯	单台或多台	公共建筑及病床梯的候梯厅深度宜 $\geqslant 1.8m$

注：1. B 为轿厢深度，B^* 为电梯群中最大轿厢深度；候梯厅深度 $\geqslant 1.5m$；货梯候梯厅深度同单台住宅建筑。

2. 本表规定的深度不包括穿越候梯厅的走道宽度。

13.1.7 电梯垂直运行分区设计

当建筑物的层数超过 25 层或建筑高度超过 75m 时，电梯宜采用垂直分区设计，见下页图。

（1）分区原则：下区层数多些，上区层数少些。

（2）分区高度或停站数：第 50m 或 12 个停站为一个分区。

（3）速度分区：第 1 个 50m 分区 1.75m/s，然后每隔 50m 提高 1.5m/s。

13.1.8 电梯的隔声减振及其他技术要求

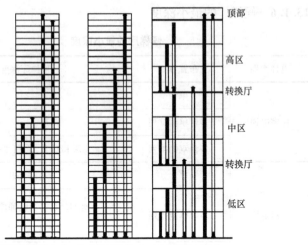

(a) 奇数偶数停靠方式 (b) 分区停靠方式 (c) 设转换厅方式

图 13.1.7　电梯垂直运行分区示意图

电梯的隔声减振及其他技术要求

表 13.1.8

类别	技术要求	
隔声措施	电梯井道、机房不宜与居室、办公室等有安静要求的用房贴邻布置	
	电梯机房地面应作隔声处理;当电梯机房与其他有隔声要求的房间相邻时,电梯机房的墙面和吊顶须作吸声处理。门窗应选用隔声门窗	
	高速直流乘客电梯的井道上部应作隔声处理,隔声层应设 800mm×800mm 的进出口	
	普通房间:利用电梯井道壁壁隔绝空气声,$\overline{R} \geqslant 40$dB	
	安静房间:采用双墙中空加吸声板隔绝空气声,$\overline{R} \geqslant 50$dB	
	验算公式	单墙 $\overline{R}=23 \lg m-q \geqslant 40$dB	式中　$\overline{R}$—计权隔声量(dB);d—空气层厚度(cm);m、m_1、m_2—墙体单位面积质量(面密度)(kg/m^2)
		双墙 $\overline{R}=16 \lg(m_1+m_2)+8+d \geqslant 50$dB	
减振措施	在电梯直流发电机的基座下设置金属弹簧与橡胶隔振器	
	在电梯运行导轨支架与电梯井道壁连接处设置橡胶垫	
其他措施	电梯机房的直接顶板上部不宜设置水箱间,水管、蒸汽管和烟道等不应穿越电梯机房	
	电梯机房应有良好的通风采光,隔热保温,避免西晒,机房屋顶应做保温	

13.1.9 常用电梯的主要参数

电梯主要技术参数及规格尺寸

表 13.1.9-1

名称	额定载重量 (kg)	乘客人数 (人)	额定速度 (m/s)	轿厢尺寸 (mm) 宽A	深B	高	井道尺寸 (mm) 宽C	深D	机房尺寸 (mm) 面积S(m²)	宽R	深T	高H	厅门尺寸 (mm) 净宽E	净高F	厅门 形式
乘客电梯	630	8		1100	1400	2200	1800	2100	15	2500	3700	2200	800	2200	中分门
	800	10	0.63	1350	1400	2200	1900	2300	18.15	2500	3700	2200	800	2200	
	1000	13	1.00	1600	1400	2300	2400	2300	20	2500	4900	2400	1100	2100	
	1250	16	1.60	1600	1400	2300	2400	2300	22	2500	4900	2400	1100	2100	
	1600	21	2.50 / 6.0 (双轿厢)	1950	1750	3400	2600 / 2750	2600 / 2750	25	3200	5500	2800	1400	2600	
住宅电梯	200	3	0.33	1000	1200	2000	1350	1450	—	—	—	—	800	1900	中分门
	400	5	0.63	1000	1000	2200	1800	1600	7.5	2200	3200	2000	800	2000	旁开门
	630	8	0.63	1100	1400	2200	1800	1900	10	2200	3700	2200	800	2000	
	1000	13	1.00	1100	2100	2300	1800	2600	12	2400	4200	2600	800	2000	
病床电梯	1600	21	1.60	1400	2400	2300	2400	3000	25	3200	5500	2800	1300	2100	中分门
	2000	26	2.50	1500	2700	2300	2700	3300	27	3200	5500	2800	1300	2100	旁开门
	2500	33	2.50	1800	2700	2300	2700	3300	29	3500	5800	2800	1300	2100	

名称	额定载重量 (kg)	乘客人数 (人)	额定速度 (m/s)	轿厢尺寸 (mm) 宽A	深B	高	井道尺寸 (mm) 宽C	深D	机房尺寸 (mm) 面积S(m²)	宽R	深T	高H	厅门尺寸 (mm) 净宽E	净高F	厅门形式
载货电梯	630	—	0.63	1100	1400	2200	2100	1900	12	2800	3500	2200	1100	2100	—
	1000		1.00	1300	1750	2200	2400	2300	14	3100	3800	2200	1300	2100	
	1600			1500	2250	2200	2700	2800	18	3400	4500	2400	1500	2100	
	2000			1500	2700	2200	2700	3200	20	3400	4900	2400	1500	2100	
	3000			2200	3600	2500	3600	3400	22	—	—	—	2200	2500	
	5000			2400	3600	2500	4000	4300	26	—	—	—	2400	2500	
杂物电梯	40	—	0.25	600	600	800	900	800	—	—	—	—	—	—	
	100		0.40	800	800	800	1100	1000							
	250			1000	1000	1200	1500	1200							

注：1. 本表摘自国家标准《电梯主要参数及轿厢、井道、机房的型式与尺寸 第1部分：I、II、III、VI类电梯》GB/T 7025.1—2008，国家建筑标准设计图集《电梯 自动扶梯 自动人行道》13J 404。

2. 无障碍电梯的轿厢尺寸应不小于1100mm×1400mm，急救担架电梯的轿厢尺寸不小于1100mm×2100mm。

3. 机房尺寸R和T系最小尺寸。

4. 厅门尺寸系指装修后的净尺寸，厅门洞口土建门洞尺寸应预留，一般为各加100mm，高度加70～100mm，特殊装修除外。

电梯井道底坑深度和顶层高度

表13.1.9-2

额定速度(m/s)	底坑深度P,顶层高度Q(mm)	乘客电梯额定载重量(kg)					住宅电梯额定载重量(kg)				病床电梯额定载重量(kg)			载货电梯额定载重量(kg)					
		630	800	1000	1250	1600	200	400	630	1000	1600	2000	2500	630	1000	1600	2000	3000	5000
0.33	P	—	—	—	—	—	550	—	—	—	—	—	—	—	—	—	—	—	—
	Q	—	—	—	—	—	2400	—	—	—	—	—	—	—	—	—	—	—	—
0.63	P	1400	1400	1400	1600	1600	—	1400	1400	1400	1600	1600	1800	—	—	—	—	1400	1400
	Q	3800	3800	4200	4400	4400	—	3600	3600	3600	4400	4400	4600	—	—	—	—	4300	4500
1.00	P	1400	1400	1600	1600	1600	—	1400	1400	1400	1700	1700	1900	1500	1500	1700	1700	—	—
	Q	3800	3800	4200	4400	4400	—	3700	3700	3700	4400	4400	4600	4100	4100	4300	4300	—	—
1.60	P	1600	1600	1600	1600	1600	—	1600	1600	1600	1900	1900	2100						
	Q	4000	4000	4200	4400	4400	—	3800	3800	3800	4400	4400	4600				—		
2.50	P	—	2200	2200	2200	2200	—	—	2200	2200	2500	2500	2500						
	Q	—	5000	5200	5400	5400	—	—	5000	5000	5400	5400	5600						

注：1. 本表摘自国家标准《电梯主参数及轿厢、井道、机房的型式与尺寸 第1部分：Ⅰ、Ⅱ、Ⅲ、Ⅵ类电梯》GB 7025.1—2008。

2. 顶层高度为顶层层站至电梯井道顶板底的垂直距离。

13.1.10 无机房电梯

无机房电梯参数、尺寸表 表 13.1.10

额定载重量(kg)	乘客人数(人)	额定速度(m/s)	门宽(mm)	井道尺寸(mm) 宽度 C	深度 D	最大提升高度(m)	最多提升层数
450	6	1.00	800	1800	1650	40	16
630	8	1.00	800	1800	1700	40	16
		1.60,1.75		1750	1850	70	24
800	10	1.00	800	1900	1800	40	16
		1.65,1.75	800	2000	1850	70	24
			900	1950	1900		
1000	13	1.00	900	2150	1900	40	16
				2000	2400		
		1.65,1.75	900	2200	1950	70	24
				1950	2450		

注：1. 本表为设计时参考数据。
2. 施工图设计以实际选用电梯型号样本为准。
3. 顶层净高≥4.0m。

13.1.11 液压电梯

液压电梯的适用范围及其技术参数 表 13.1.11

形式	载重量(kg)	速度(m/s)	最大行程(m)	机房及底坑
1. 单缸中心直顶式	600～5000	0.1～0.4	12	1. 机房宜近井道或离井道≤8m。
2. 单缸倒置直顶式	400～630	0.1～0.63	7	机房尺寸(宽×深×高)
3. 双缸侧置直顶式	2000～5000	0.1～0.4	7	1900mm×2100mm×
4. 单缸侧置倍频式	400～1000	0.2～1.0	12	2000mm。
5. 双缸侧置倍频式	2000～5000	0.2～0.4	12	2. 底坑深度≥1200mm

适用范围　1. 行程高度小（≤40m，$V=0.5$m/s 的液压电梯≤20m），机房不在顶部的建筑。

2. 货梯、客梯、住宅电梯、病床电梯可采用液压电梯。

3. 载重量宜为 400～2000kg，速度 $V≤0.10～1.00$m/s。

13.1.12 观光电梯

1. 观光电梯设计注意事项

（1）开敞型的观光电梯应特别注意防水和保温，其井道底应设排水设施。

（2）应对直接暴露在外的井道壁进行妥善处理，使它与主体建筑统一协调。

（3）电梯井道内相邻两层门地坎间的距离超过 11m（三层左右）时，中间应设安全门。安全门应在井道外闭锁，井道内能手动开启，安全门的开启方向不得朝向井道内。

2. 观光电梯参数尺寸

表 13.1.12

观光电梯参数尺寸表

规格尺寸		定员（人）	10	15	20	24
		载重（kg）	700	1000	1350	1600
		速度（m/s）	0.75～1.75	0.75～1.75	0.75～1.75	0.75～1.75
形式		厅门（宽×高）（mm）	800×2100	900×2100	900×2100	1000×2100
半圆形	轿厢（mm）	$A \times B$	1400×1470	1500×1760	1700×1980	1800×2100
		R	700	750	850	900
	井道（mm）	$C \times D$	2400×2120	2500×2410	2850×2630	2950×2770
		Z	1200	1250	1400	1450
	机房（mm）	$W \times T$	3000×4000	3000×4300	3300×4500	3500×4600
切角形	轿厢（mm）	$A \times B$	1400×1450	1600×1590	1700×1930	1800×2030
		R	700	800	850	900
	井道（mm）	$C \times D$	2400×2120	2500×2410	2850×2630	2950×2770
		Z	1200	1250	1400	1450
	机房（mm）	$W \times T$	3000×4000	3000×4300	3300×4500	3500×4600
圆形	轿厢（mm）	$A \times B$	900×2000	1100×2200	1200×2450	1300×2600
		R	700	700	800	850
	井道（mm）	$C \times D$	1900×2630	2100×2850	2350×3100	2450×3250
		Z	1050	1050	1200	1200
	机房（mm）	$W \times T$	4000×4450	4000×4650	4000×4900	4000×5000

注：1. 本表为设计时参考数据。

2. 施工图设计时以实际选用电梯型号样本为准。

255

13.1.13 消防电梯

消防电梯设计要求 表 13.1.13

类别		技术要求	
应设范围		①一类高层公建;②H>32m 的二类高层公建;③H>33m 的住宅建筑;④H>32m 且设置电梯的高层厂房(仓库);⑤设置消防电梯的建筑的地下、半地下室,埋深>10m 且总建筑面积>3000m² 的其他地下或半地下建筑(室)	
数量	民用建筑	每个防火分区不应少于 1 台	
	厂房、仓库	每个防火分区宜设一台	
前室面积		住宅建筑≥4.5m²;公共建筑、高层厂房(仓库)≥6m²	前室宜靠外墙布置,并应在首层直通室外或经过长度≤30m 通向室外。前室应采用乙级防火门,不应设置卷帘
合用前室面积		住宅建筑≥6m²;公共建筑、高层厂房(仓库)≥10m²	
停靠层数		应每层停靠,应从地下室直通屋顶	
载重量及速度		载重量≥800kg,电梯从首层至顶层的运行时间不宜>60s	
其他要求		①前室门口宜设挡水设施,井底应设排水设施(排水井布置在井底外,容量≥2m³);②电梯层门的耐火极限≥1.00h,消防电梯井、机房与相邻电梯井、机房之间应设置耐火极限≥2h 的隔墙分隔,当在墙上开门时,应为甲级防火门;③电梯机房的门不可开向公共疏散楼梯间;④采用剪刀梯的楼梯间前室或公共前室不宜与消防电梯前室合用;当楼梯间的共用前室与消防电梯前室合用时,合用前室使用面积≥12m²,且短边≥2.4m²	

13.2 自动扶梯、自动人行道

13.2.1 自动扶梯主要技术参数

自动扶梯主要技术参数 表 13.2.1

广义梯级宽度 (mm)	提升高度 (m)	倾斜角 (°)	额定速度 (m/s)	理论运送能力(人/h)	电源
600、800(单人)	3.0~10.0	27.3、30、35	0.5、0.75	4500、6750	动力三相交流 380V,50Hz;功率 3.7~15kW;照明 220V,50Hz
1000、1200(双人)				9000	

13.2.2 自动扶梯平、立、剖面图

13.2.3 自动人行道主要技术参数

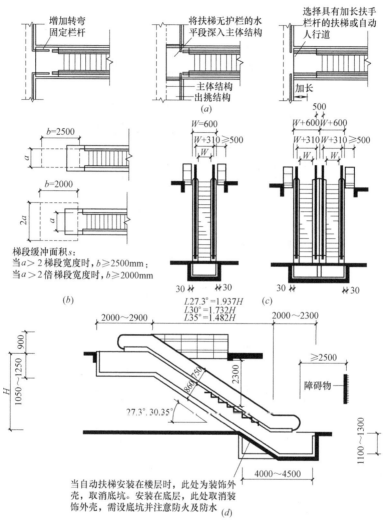

图 13.2.2　自动扶梯平、立、剖面图（单位：mm）

<table>
<tr><td colspan="7" align="center">自动人行道主要技术参数　　　　　　　表 13.2.3</td></tr>
<tr><td>类型</td><td>倾斜角</td><td>踏板宽度
A(mm)</td><td>额定速度
(m/s)</td><td>理论运送能力
（人/h）</td><td>提升高度
(m)</td><td>电源</td></tr>
<tr><td>水平
型</td><td>0°～4°</td><td>800、1000、
1200</td><td rowspan="2">0.50、
0.65、
0.75、
0.90</td><td>9000、11250、
13500</td><td rowspan="2">2.2～6.0</td><td rowspan="2">动力三相交流
380V、50Hz；
功率3.7～15kW；
照明220V、50Hz</td></tr>
<tr><td>倾斜
型</td><td>10°、11°、
12°</td><td>800、1000</td><td>6750、9000</td></tr>
</table>

13.2.4 自动人行道平、剖面图

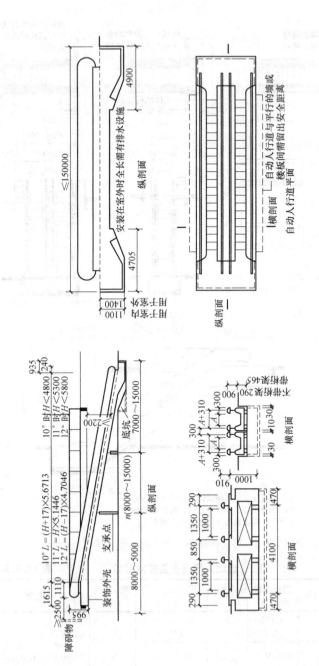

图 13.2.4 自动人行道平、剖面图

258

13.2.5 自动扶梯及自动人行道设计注意事项

1. 自动扶梯扶手带中心线与平行墙面间，或楼板开口边缘间的距离、相邻两平行梯的扶手中心线间的水平距离，不应小于0.5m，并应在楼板开口的两长边设置安全防护栏杆，栏杆离扶梯外边缘的距离不应小于0.5m。

2. 每台自动扶梯或自动人行道的进出口通道宽度必须大于自动扶梯或自动人行道的宽度，并大于等于2.50m（进出口通道的净深必须大于2.50m，当通道的宽度大于自动扶梯或自动人行道宽度的2倍时，则通道的净深可缩小到2m）。自动扶梯、自动人行道上下两端水平距离3m范围内应保持畅通。不得兼作他用。

3. 自动扶梯的梯段和自动人行道的踏板或胶带上空垂直净高不应小于2.30m。

4. 自动扶梯或自动人行道及其进出口通道必须设防护栏杆或防护板，其高度临空时不小于1.30m，并能防止儿童钻爬。

5. 自动扶梯和倾斜式自动人行道与水平楼板搭接时，应保证其空隙的安全防护措施。

6. 自动扶梯或自动人行道相互之间的间距大于200mm时，应设防坠落安全设施。

7. 自动扶梯和层间相通的自动人行道单向设置时，应就近布置相匹配的楼梯。

8. 自动扶梯的倾斜角不应超过30°，当提升高度不超过6m，额定速度不超过0.50m/s时，倾斜角度允许增至35°；自动人行道的倾斜角不应超过12°。

9. 自动扶梯或自动人行道在露天运行时，宜加顶棚和围护；室外自动扶梯无论全露天或在雨篷下，其地沟均需全长设置下水排放系统。

14 屋 面 技 术

14.1 屋 面 类 型

屋面类型 表 14.1

分类依据	屋面类型		技术特点
坡度	平屋面		坡度<3%的屋面
	坡屋顶		坡度≥3%的屋面
防水材料	卷材涂膜屋面		大多为平屋面,也可为坡屋面
	瓦屋面		均为坡屋面。其屋面坡度取决于所采用的瓦材性能和立面造型要求
	金属屋面		以钢或铝的合金材料做成的金属板和夹芯板屋面
使用特征	保温屋面		在屋面构造中设置保温层,以满足使用及节能的需要
	隔热屋面	架空屋面	在平屋面上增设架空层,形成可通风的空气间层,起到隔热的作用
		蓄水屋面	在平屋面上设置水深150~200mm之间的浅水池,起隔热作用
		种植屋面	在屋面上种植植物,美化环境,提高隔热保温性能

14.2 屋面构造设计

14.2.1 屋面基本构造层次

屋面基本构造层次 表 14.2.1

屋面类型	构造层次(从上到下)
正置式(防水上,保温在下)	面层、保护层、隔离层、防水层、找平层、保温层、找坡层、结构层

260

屋面类型	构造层次（从上到下）
倒置式（防水下，保温在上）	面层、保护层、保温层、防水层、找平层、找坡层、结构层
种植屋面	种植隔热层、保护层、耐根穿刺防水层、防水层、找平层、保温层、找平层、找坡层、结构层
瓦屋面	块瓦、挂瓦条、顺水条、持钉层、防水层或防水垫层、保温层、结构层
	沥青瓦、持钉层、防水层或防水垫层、保温层、结构层
金属板屋面	压型金属板、防水垫层、保温层、承托网、支承结构
	上层压型金属板、防水垫层、保温层、底层压型金属板、支承结构
	金属面绝热夹芯板、支承结构
玻璃采光顶	玻璃面板、金属框架、支承结构
	玻璃面板、点支承装置、支承结构

14.2.2 屋面常用构造材料

屋面常用构造材料　　　　　　表 14.2.2

构造层		常用材料
保护层		C20 细石混凝土双向配筋 φ4～6@150～200，厚度≥40mm（地下室顶板种植应≥70mm），并纵横 6m 设 10～20mm 缝及密封
		1:2.5 水泥砂浆，应设表面分格缝，分格面积为 1m²
		其他：块材、浅色涂料、铝箔、矿物粒料等
隔离层	塑料膜	0.4mm 厚聚乙烯膜或 3mm 厚发泡聚乙烯膜
	土工布	200g/m² 聚酯无纺布
	卷材	石油沥青卷材一层 10mm
	低强度等级砂浆	10mm 厚黏土砂浆，石灰膏：砂：黏土=1:2.4:3.6
		10mm 厚石灰砂浆，石灰膏：砂=1:4
		5mm 厚掺有纤维的石灰砂浆

构造层	常用材料	
防水层	防水卷材或防水涂料(均应为不含焦油型),厚度应符合要求。(详本书第7章建筑防水设计)	
找平层	1:2.5 水泥砂浆,厚度 15～25mm	保温层上的找平层应设分格缝,缝宽 5～20mm,纵横缝间距≤6m
	C20 细石混凝土(宜加钢筋网片),厚度 30～35mm	
保温层	板状材料保温层	聚苯乙烯板、硬质聚氨酯泡沫板、膨胀珍珠岩制品、泡沫玻璃制品、加气混凝土砌块、泡沫混凝土砌块
	纤维材料保温层	玻璃棉制品、岩棉、矿渣棉制品
	整体材料保温层	喷涂硬泡聚氨酯、现浇泡沫混凝土
找坡层	泡沫混凝土,1:3:5(水泥:砂:陶粒)混凝土,1:6 水泥陶粒,1:3 水泥砂浆,C20 细石混凝土等轻质等吸水率小、有一定强度的材料。优先采用结构找坡,材料找坡最薄处应≥30mm 厚	

注:陶粒均需进行预处理。

14.3 屋 面 排 水

14.3.1 屋面排水坡度

屋面排水坡度   表 14.3.1

屋面形式	屋面材料	适用坡度
平屋面	屋面地砖、石材、户外木、聚氨酯	材料找坡 2%(倒置式屋面 3%),结构找坡 3%
坡屋面	水泥块瓦屋面(含平瓦、鱼鳞瓦、牛舌瓦、石板瓦等)	≥30%
	压型钢板、夹芯钢板屋面	≥5%
	玻纤胎沥青瓦(油毡瓦)、波形瓦、装配式轻型坡屋面	≥20%
	玻璃屋面	≤75%
其他	压型金属板屋面	咬口锁边连接时宜≥5%,紧固件连接时宜≥10%
	种植屋面	2%～10%(>20%时,绝热层、防水层、排蓄水层、种植土层等应设防滑构造),>50%时不宜做种植屋面

14.3.2 屋面排水形式及其适用范围

屋面排水形式及其适用范围 表 14.3.2-1

屋面排水形式	适用范围
有组织排水	>3 层或 $H \geqslant 10m$ 的工业与民用建筑的屋面、雨棚,大多数建筑且优先采用
无组织排水	≤3 层或 $H < 10m$ 的工业与民用建筑的屋面、雨棚
外排水	大多数建筑且优先采用
内排水	严寒地区建筑、多跨及汇水面积较大的屋面或外立面要求不显示排水管的建筑
虹吸式排水	较少水落口,汇水面积较大的屋面

屋面天沟 表 14.3.2-2

天沟宽度	天沟起始深度(mm)	沟底水落差(mm)	天沟的纵向坡度			天沟、檐沟排水不得流经变形缝和防火墙
			外排水	内排水	金属檐沟、天沟	
≥300	≥100	≤200	≥1%	≥1.5%	≥0.5%	

14.3.3 屋面排雨水立管

屋面排雨水立管 表 14.3.3

一根雨水立管最大汇水面积		≤150m²			
雨水立管的内直径及数量		内径≥100mm,每个汇水面积内,雨水立管宜≥2 根			
雨水立管间距	外排水				内排水
	有天沟		无天沟		明装或暗装落水管
	端角部	中间	端角部	中间	端角部	中间
	12m	24m	7.5m	15m	7.5m	15m

14.4 倒置式屋面:将保温层设置在防水层之上的屋面

14.4.1 倒置式屋面的构造层次及设计要求

构造层次	设计要求
保护层	当屋面采用保温复合板做保温层时,可不另设保护层
	材料可选:卵石、混凝土板块、地砖、瓦材、水泥砂浆、细石混凝土、金属板、人造草皮、种植物
	选板块材料、卵石时,保温层与保护层之间应设隔离层,卵石粒径宜40~80mm
	选板块材料时,对上人屋面应以水泥砂浆坐浆平铺,砂浆勾缝;不上人时可干铺,厚度应≥30mm
	设表面分格缝:选水泥砂浆时,分格面积宜1m²;选板块材料时,分格面积宜≤100m²;选细石混凝土时,分格面积宜≤36m²;分格缝宽宜≥20mm,应以密封材料嵌填
	细石混凝土保护层与山墙、凸出屋面墙体、女儿墙之间应预留宽度为30mm的缝隙
保温层	设计厚度应按节能计算厚度增加25%取值,且最小应≥25mm
防水层	硬泡聚氨酯防水保温复合板可作为二道防水设防屋面的次防水层
找平层	防水层下应设找平层,材料可采用水泥砂浆、细石混凝土,厚度宜15~40mm,并纵横@6m设10~20mm分格缝及以密封材料嵌填,竖向转角处应做成圆弧形,圆弧半径宜≥130mm
找坡层	倒置式屋面宜结构找坡,坡度宜≥3%,单向坡长>9m时,应采用结构找坡
	当采用材料找坡时,坡度宜3%,最薄处厚度应≥30mm,宜采用轻质或保温材料
结构层	坡度>3%时,应在结构层设防止防水层、保温层及保护层下滑的措施
	坡度>10%时,应沿垂直于坡度方向设防滑条且应与结构层可靠连接

14.5　种植屋面

14.5.1　种植屋面的构造层次

种植屋面的构造层次　　表14.5.1

构造层	材料及要求
种植土层	改良田园土,无机复合种植土,人工合成营养土等,300~1000mm厚。草坪块土层厚30mm
过滤层	土工布,矿物棉垫,聚酯纤维无纺布。面积密度≥200kg/m²

构造层	材料及要求
排(蓄)水层	凹凸型排(蓄)水板,网状交织排(蓄)水板,粒径 10～25mm 的陶粒,堆积密度≤500kg/m³,粒径 10～25mm 的级配碎石及粒径 25～40mm 的卵石,铺设厚度≥100mm
保护层	40mm 厚 C20 细石混凝土双向配筋 $\phi4\sim6@150\cdot\sim200$
耐根穿刺防水层	SBS 或 APP 改性沥青耐根穿刺防水卷材 4mm 厚,聚乙烯胎高聚物改性沥青防水卷材 4mm 厚,聚氯乙烯防水卷材(内增强型)1.2mm 厚,高密度聚乙烯土工膜 1.2mm 厚,铝胎聚乙烯复合防水卷材 1.2mm 厚等
普通防水层	防水卷材或防水涂料(详见本书第 7 章建筑防水设计)
找平层	1:3 水泥砂浆 20mm 厚
找坡层	找坡材料应密度小,吸水率低,抗压好
	坡长<4m 时,可水泥砂浆找坡
	4m≤坡长<9m 时,可以加气混凝土、轻质陶粒混凝土、水泥膨胀珍珠岩和水泥蛭石等材料找坡
	坡长>9m 时,应结构找坡
保温隔热层(绝热层)	挤塑聚苯板、喷涂硬泡聚氨酯、硬泡聚氨酯板、硬质聚异氰脲酸酯泡沫保温板、酚醛硬泡保温板等。不得采用散状绝热材料
	材料密度宜≤100kg/m³,压缩强度应≥100kPa。<100kPa 时,压缩比应≤10%
结构层	现浇钢筋混凝土板

14.5.2 常用改良土配制及其性能

常用改良土配制及其性能   表 14.5.2

主要配比材料	配制比例	饱和水密度(kg/m³)	导热系数(W/(m·k))
田园土:轻质骨料	1:1	≤1200	
腐叶土:蛭石:沙土	7:2:1	780～1000	0.35
田园土:草炭:蛭石和肥料	4:3:1	1100～1300	
田园土:草炭:松针土:珍珠岩	1:1:1:1	780～1100	
无机复合种植土	按土壤及植物特性配制	450～650	0.046

14.5.3 种植土层厚度与荷载

种植土层厚度与荷载 表 14.5.3

技术指标	植被草皮	花卉小灌木	大灌木	小乔木	大乔木
种植土层厚(mm)	300	450	600	900	1000~1500
荷载(kg/m²)	300	510	690	1020	1100~1680

14.6 金属板屋面

14.6.1 金属屋面基本构造

金属屋面基本构造 表 14.6.1

构造层(由外至内)	用途及常用材料
屋面装饰层	铝合金板、不锈钢板、钛合金板等，根据具体工程需要设置
屋面面层(防水层)	压型金属板(压型板或夹芯板)、单层防水卷材
隔声层	玻璃棉毡、纤维水泥加压板等，根据具体工程需要设置
防水透气层或防水垫层	防水透气层——纺粘高分子聚乙烯膜；防水垫层——防水卷材等
隔离层	无纺布或玻璃纤维材料
保温层	玻璃棉毡(板)、岩棉板、挤塑聚苯板、硬质聚氨酯泡沫、硬质泡沫聚异氰脲酸酯等
隔汽层	聚酯膜、保温层贴面等
吸声层	玻璃棉毡、纤维水泥加压板等
屋面底板	压型钢板、压型金属穿孔板等
结构层	屋架、檩条

14.6.2 屋面金属板尺寸要求

屋面金属板尺寸要求 表 14.6.2

类型	板厚(mm)	板宽(mm)	尺寸限制
压型铝合金板(咬边连接)	≥0.9	≤600	矩形板单坡板长≤50m，扇形板长≤25m
压型钢板(咬边连接)	≥0.6	≤600	360°咬边单坡板长≤75m，180°咬边单坡板长≤50m

类型	板厚(mm)	板宽(mm)	尺寸限制
压型钢板(紧固件连接)	≥0.6	≤900	单坡面板板长≤25m, 单坡底板板长≤40m
夹芯板(紧固件连接)	≥0.5	≤1000	平板单板长度≤9m, 波形板单板长度≤12m
泛水板	≥0.6	≤1000	单块板长≤6m

15 楼地面技术

15.1 常见楼地面分类

常见楼地面分类 表 15.1

楼地面分类型		材　料
整体面层楼地面	水泥类面层	水泥砂浆、水泥钢(铁)屑、水磨石、混凝土及混凝土密封固化面层
	水泥基自流面层	聚氨酯水泥基自流平;特种水泥基自流平
	树脂图层面层	丙烯酸涂料;环氧涂料;溶剂环氧涂料;彩色聚氨酯
	卷材面层	树脂亚麻;彩色石英塑料;聚氯乙烯;橡胶;地毯
	树脂胶泥、砂浆面层	自流平环氧胶泥;聚氨酯胶泥;聚脲;环氧彩砂;聚酯砂浆;环氧彩色磨石
块材面层楼地面		预制水磨石板;花砖;通体砖;微晶玻璃板;花岗石;大理石
木材面层楼地面		单、双层长条松木;单、双层长条硬木;单、双层强化复合木
		单、双层橡胶软木;硬木企口席纹;软木复合弹性木
不发火面层楼地面		不发火水泥砂浆;不发火细石混凝土;不发火沥青砂浆;不发火环氧砂浆
		不发火水泥基自流平;不发火橡胶;不发火塑料
防静电及网络楼地面		防静电水泥砂浆;防静电水磨石;防静电环氧砂浆;防静电活动面层板
		网络面层板
防油楼地面		防油细石混凝土;防油聚合物水泥砂浆;防油水泥基自流平
防腐蚀地面		耐酸板块(砖、石材)或耐酸整体面层
重载楼地面		混凝土面层
低温辐射热水采暖楼地面、保温楼地面、隔声楼地面		

15.2 常见楼地面构造层材料及厚度

常见楼地面构造层材料及厚度　　　　　表 15.2

构造层次		常用材料及厚度要求		
1	面层	20mm 厚 1：2，M15 水泥砂浆	40mm 厚 C20 混凝土、细石混凝土	12～18mm 厚 1：3，M10 水磨石
		15mm 厚 1：2.5 水泥彩色水磨石	300μm 厚环氧涂层	8～10mm 厚通体砖
		50mm 厚 C30 彩色耐磨混凝土	300μm 厚聚氯乙烯萤丹涂层	12～18mm 厚微晶石板
		2～3mm 厚聚氨酯胶泥自流平	2mm 厚树脂亚麻	20mm 厚天然石材板
		5mm 厚水泥基自流平	1.6～3.2mm 厚彩色石英塑料	12～24mm 厚玻璃板
		5～8mm 厚特种水泥基自流平	1.5～2mm 厚聚氯乙烯	14～25mm 厚实木地板
		1.2mm 厚聚氨酯涂层	3mm 厚橡胶	8mm 厚强化复合木地板
		0.25～1mm 厚无溶剂环氧涂层	25mm 厚预制水泥板	5～10mm 厚地毯
		1～2mm 厚自流平环氧胶泥	20mm 厚水泥花砖	150～250mm 厚防静电地板
		4～5mm 厚自流平环氧砂浆	8～10mm 厚防滑地砖	40～100mm 厚网络地板
		5～7mm 厚聚酯砂浆	5mm 厚陶瓷锦砖	配筋混凝土整浇层（用于装配式钢筋混凝土楼板上）
2	结合层	20mm 厚 1：3 水泥砂浆、20mm 厚 1：3 干硬性水泥砂浆、3～5mm 厚聚合物水泥砂浆、2～3mm 厚环氧胶泥		
3	保护层	40mm 厚 C20 细石混凝土、20mm 厚 1：2.5 水泥砂浆		
4	防油层 防水层	聚氨酯涂层、不饱和聚酯涂层、聚乙烯醇缩丁醛涂层、聚合物水泥砂浆等防油渗层		
		详第 7 章建筑防水设计	防水、防油层在墙、柱处翻起高度宜≥250mm	
5	找平层	≥20mm 厚 1：2.5 水泥砂浆、≥30mm 厚 C15～C20 细石混凝土、10～15mm 厚聚合物水泥砂浆		

构造层次		常用材料及厚度要求
6	找坡层	1:3水泥砂浆,最薄处20mm、C15或C20细石混凝土,最薄处30mm;(排水坡度1%~2%)
7	楼面填充层(用于找平、敷设管线、隔声、保温等)	60mm厚1:6水泥焦砟、60mm厚1:1:6水泥粗砂焦渣(体积比),焦渣可由水泥陶粒、水泥珍珠岩、细石混凝土代替
		60mm厚1:3:5水泥陶粒、60mm厚水泥珍珠岩或细石混凝土、60mm厚LC7.5或LC5.0轻骨料混凝土
8	地面垫层	民用建筑地面:80mm厚C15混凝土(垫层兼面层应C20)工业建筑有防腐要求的室内地面:120mm厚C20混凝土树脂及涂料面层的地面:200mm厚C30混凝土室外地面:≥150mm厚C25混凝土	≥100mm厚3:7或2:8灰土、1:2:4三合土,≥60mm厚砂、≥100mm厚砂石或碎石(砖),≥80mm厚1:6水泥炉渣、1:1:6水泥灰炉渣
9	地面地基	压实系数应≥0.9,控制含水量,夯实中不形成"橡皮土"
		碎石夯入土中的地基加固法,适用于软弱土地区

15.3 几种特殊楼地面设计要求

几种特殊楼地面设计要求   表15.3

楼地面类型	设计要求	适用面层材料	适用场所举例
有空气洁净度要求的建筑地面	·面层应平整、耐磨、不起尘,并易除尘、清洗。 ·面层应采用不燃、难燃或燃烧时不产生有毒气体的材料,并宜有弹性与较低的导热系数。 ·面层应避免眩光,材料的光反射系数宜为0.15~0.35。 ·底层地面应设防潮层。 ·必要时应不易积聚静电。 ·空气洁净度为100级、1000级、10000级的地段,地面不宜设变形缝	现浇水磨石、水泥基自流平、聚氨酯、环氧涂料、卷材、树脂胶泥、砂浆、混凝土密封固化	洁净厂房、食品加工、实验室、精密仪器室、医疗建筑等
不可发生火花的楼地面	·骨料应为不发生火花的石灰石、白云石和大理石等。 ·水泥强度≥32.5级。 ·面层材料不得掺入金属或其他易发生火花材料。	不发火处理的:水泥砂浆、细石混凝土、沥青砂浆、环氧砂浆	工业厂房、库房等,有防爆要求的建筑,楼地面

楼地面类型	设计要求		适用面层材料	适用场所举例
不可发生火花的楼地面	·可采用不产生静电作用的绝缘材料作整体面层。 ·需作不发火实验,实验方法见《建筑地面工程施工质量验收规范》(GB 50209—2010)。		水泥基自流平、橡胶、塑料	工业厂房、库房等,有防爆要求的建筑,楼地面
需防静电楼地面	·面层、找平层、结合层内需添加导电粉、配置导电网等处理以达到防静电要求。 ·面层、找平层、结合层材料,其表面电阻、体积电阻、接地电阻等主要技术指标应满足现行国家标准,并应设置静电接地		防静电水泥砂浆、防静电水磨石、防静电环氧砂浆、防静电活动面层	配电室、电气控制室、电工实验室、计算机房、电话机房等
经常受机油直接作用的楼地面	·采用防油渗混凝土面层,现浇钢筋混凝土楼板上可不设防油渗隔离层。 ·受机油较少作用的地段,可采用涂有防油渗涂料的水泥类整体面层,并可不设防油渗隔离层。 ·防油渗涂料应具有耐磨性能,可采用聚合物砂浆、聚酯类涂料等材料 ·对露出地面的电线管、接线盒、地脚螺栓、预埋套管及墙、柱连接处等部位应增加防油渗措施		防油细石混凝土、防油水泥基自流平、防油聚合物水泥砂浆、混凝土密封固化	经常受机油、柴油等直接作用的楼地面厂房车间、储油库(间)等
保温楼地面	保温层要有足够的抗压强度	XPS 聚苯板	一般楼地面时≥250kPa	细石混凝土、地砖、石材、实木地板、强化复合木地板	节能有要求的建筑楼地面
			汽车库楼地面≥350kPa		
		KMPS 防火保温板≥300kPa			
		泡沫玻璃板≥500kPa			
		保温材料应采取覆防潮膜等防潮措施			

楼地面类型	设计要求	适用面层材料	适用场所举例
低温辐射热水采暖楼地面	·采暖用热水管以盘管形式埋设于楼地面内,管材由采暖专业确定。 ·面层要求:厚度小,散热好的材料,设分隔缝@3m。 ·填充层要求:≥60mm厚细石混凝土,埋设热水管及二层低碳钢丝网,上层防止地面开裂,下层固定热水管。 ·保温层要求:用聚苯板、微孔聚乙烯板、岩棉,保温层上敷设一层真空镀铝聚酯薄膜或玻璃布铝箔	实木地板、强化复合木地板、通体砖	采暖建筑楼地面
室内体育用房、排练厅和表演舞厅等	·需满足运动所需的硬度、弹性、平整、防滑、耐磨、色彩及反光等要求。 ·木材面层应增加橡胶弹性垫,板材应比常用的厚,固定方式不应影响整体弹性变形。 ·聚氨酯涂层面层应有弹性且耐磨,基层采用水泥基自流平。 ·橡胶板面层、聚氨酯橡胶复合面层应采用专用胶粘贴,基层采用树脂自流平、水泥基自流平	实木地板	篮球、排球、羽毛球、保龄球、壁球、舞台及排练厅等场地
		聚氨酯涂层、橡胶地面、聚氨酯橡胶复合	篮球、排球、羽毛球、手球、乒乓球、网球等场地
季节性冰冻地区的地面	在冻深范围内设防冻胀层。 材料:中粗砂、砂卵石、炉渣、炉渣灰土。炉渣:素土:石灰=7:2:1(重量配合比),压实系数≥0.85。 厚度:按《建筑地面设计规范》GB 50037—2013设置,应注意排水。 设缝:地面纵横向均设平头缝,间距≤3m	—	—

15.4 几种楼地面构造做法举例

几种楼地面构造做法举例（单位：mm）

表 15.4

名称	构造	适用场所
环氧涂料面层	(1)300μm 厚环氧涂层或聚氯乙烯荧丹涂层（底漆一道、面涂3～4道） (2)20mm 厚1：2.5 水泥砂浆压实抹光 (3)水泥浆一道（内掺建筑胶） (4)80mm 厚 C15 混凝土垫层 (5)夯实土或 150mm 厚碎石夯入土中 (4)结构楼板 地面 无防水层 / 楼面	商场、医疗建筑等公共场所
彩色聚氨酯面层	(1)1.2mm 厚聚氨酯涂层（底漆一道、面涂3～4道） (2)40mm 厚 C20 混凝土、随打随抹光 (3)1.5mm 厚聚氨酯防水层（二道）或其他防水层 (4)最薄处 20mm 厚1：3 水泥砂浆或其他 C20 细石混凝土找坡抹平 (5)水泥浆一道（内掺建筑胶） (6)80mm 厚 C15 混凝土垫层 (7)夯实土或 150mm 厚碎石夯入土中 (5)60mm 厚 LC7.5 轻骨料混凝土找坡抹平 (6)结构楼板 地面 有防水层 / 楼面	
自流平环氧砂浆面层	(1)4～5mm 厚自流平环氧砂浆 (2)环氧稀胶泥一道 (3)50mm 厚 C30 细石混凝土、随打随抹光、强度达标后表面抛或喷砂处理 防水层及以下略	食品加工、耐磨抗冲击的货舱、叉车通道等
水泥基自流平面层、聚氨酯胶泥面层、环氧彩砂面层	(1)5mm 厚水泥基自流平面层/2～3 厚聚氨酯胶泥自流平面层/6mm 厚环氧彩砂面层，表面用水性聚氨酯透明层罩面 (2)打底料一道 (3)40mm 厚 C25 细石混凝土、随打随抹光、强度达标后表面打磨或喷砂处理 防水层及以下略	停车库、学校、商店、医院、餐厅、办公、食品加工、净化厂房、轻型荷载生产区、实验室等

名称	构造	适用场所
聚氨酯水泥基自流平面层	(1)特种聚氨酯封闭剂1～2道 (2)5～8mm厚特种水泥基自流平面层 (3)特种多功能界面剂2道 (4)40mm厚C25细石混凝土,随打随抹光,强度达标后表面打磨或喷砂处理 防水层及以下略	停车库、学校、商店、餐厅、办公、医院、食品加工洁净厂房、轻型荷载生产区、实验室等
橡胶板面层	(1)3mm厚橡胶板,专用胶粘贴 (2)20mm厚1：2.5水泥砂浆压实抹光 (3)水泥浆一道(内掺建筑胶) 防水层及以下略	有电绝缘或清洁、耐磨要求的场所
低温辐射热水采暖楼地面	 钢丝网片 伸缩缝宽20内填聚苯板 (B₁级) 结构层或地面面砖层 散热管(与下层钢丝网片绑扎) 面层 踢脚板 保温层 防水层 (1)8mm厚强化企口复合木地板 (2)20mm厚1：2水泥砂浆找平层 (3)水泥浆一道(内掺建筑胶) (4)60mm厚C15细石混凝土(上下配φ3@50钢丝网片,中间配乙烯散热管) (5)0.2mm厚真空镀铝聚酯薄膜 (6)20mm厚聚苯乙烯泡沫板(或10厚微孔聚氯乙烯保温复合板) (7)1.5mm厚聚氨酯涂料防潮层(两道) (8)20mm厚1：3水泥砂浆找平层 (9)地面垫层或结构楼板	采暖建筑地面

名称	构造	适用场所
室内运动场地楼地面	(1) 25～30mm 厚硬木地板面层，表面涂200μm厚聚酯漆或聚氨酯漆 (2) 50×80mm 木龙骨@400 和 45mm 厚橡胶垫 (3) 20mm 厚橡胶胶垫和 25mm 厚木板 (4) 50mm 厚C25细石混凝土表面抹平压光 (5) 水泥浆一道（内掺建筑胶） (6) 地面垫层或结构楼板 （木地板、木板、50×80木龙骨@400、80×80×20胶垫、Z形钢销片@1000、15 50 15）	篮球、排球、羽毛球、手球、乒乓球比赛场地及大型舞台面
保温楼地面	(1) 10mm 厚地砖，干水泥擦缝 (2) 20mm 厚1：3 干硬性水泥砂浆结合层 (3) 水泥浆一道 (4) 40mm 厚C20细石混凝土，内配φ3@50钢丝网片 (5) 0.2mm 厚塑料膜浮铺 (6) Hmm 厚 EPS 或 XPS 或泡沫玻璃板保温层 (7) 0.2mm 厚塑料膜浮铺 (8) 地面垫层或结构楼板	节能有要求的建筑楼地面
保温楼地面（板底保温）	(1) 10mm 厚地砖，干水泥擦缝 (2) 20mm 厚1：3 干硬性水泥砂浆结合层 (3) 水泥浆一道 (4) 钢筋混凝土楼板 (5) 界面剂一道 (6) 2mm 厚粘结胶泥 (7) Hmm 厚 EPS 或 XPS 或泡沫玻璃板保温层 (8) 板底饰面层 	地面

名称	构造	适用场所
	密封胶 (1)10mm厚地砖,环氧或丁苯胶乳水泥基胶剂填缝 (2)3～9mm厚环氧或丁苯胶乳水泥基胶剂粘结合层 (3)5mm厚橡胶隔声垫,沿墙面翻起至面层表面 (4)3～6mm厚环氧或丁苯胶乳水泥基胶剂粘结合层 (5)10～15mm厚丁苯胶乳改性水泥砂浆找平层 (6)结构楼板	住宅、商场、办公室、会所等需要隔声的小荷载楼板
隔声楼板	密封胶 (1)10mm厚地砖,环氧或丁苯胶乳水泥基胶剂填缝 (2)3～9mm厚环氧或丁苯胶乳水泥基胶剂粘结合层 (3)10～15mm厚丁苯胶乳改性水泥砂浆找平层 (4)40mm厚C20细石混凝土,内配双向 $\phi4@150$ 钢筋网 (5)高韧性 PE 膜一道 (6)5mm厚橡胶隔声垫,沿墙面翻起至面层表面 (7)10～15mm厚丁苯胶乳改性水泥砂浆找平层 (8)结构楼板	运动场馆、设备房、工厂等需要隔声的中型、重型荷载楼板

15.5 楼地面设缝形式及要求

楼地面设缝形式及要求 表 15.5

设缝形式	缩缝	伸缝
适用范围	大面积的室内、室外地面混凝土垫层及水泥面层	大面积的室外地面混凝土垫层及水泥面层
设计要求	1. 纵向缩缝@3～6m，平头缝或企口缝。 2. 横向缩缝@6～12m，假缝缝宽5～12mm。缝深为1/3垫层厚，并嵌填水泥砂浆	伸缝@30m，缝宽20～30mm，上下贯通，缝内填沥青类弹性密封材料沿缝两侧的混凝土边缘应局部加强

15.6 楼地面防潮、防腐、防虫

楼地面防潮、防腐、防虫 表 15.6

首层地面应作防潮处理	地骨（垫层）下	采用炉渣、陶粒、砾石、粗砂等松散透水材料
	地骨（垫层）上	做1：2水泥砂浆20mm厚或铺一层油毡
木地板应作防潮、防腐、防虫（白蚁）处理		

15.7 软地基地面

15.7.1 地基为淤泥或厚填土等软弱土时，面积较大的地面应设计成配筋地面；

15.7.2 当地面负荷较大时，还宜按楼面设计。

15.8 楼板隔声

15.8.1 楼板空气声、撞击声隔声标准

楼板空气声、撞击声隔声标准 表 15.8.1

建筑类型	部位	空气声隔声标准（计权隔声量，dB）		撞击声隔声标准（隔声单值评价量，dB）	
		一般	高级	一般	高级
住宅	卧室、起居室（厅）的分户楼板	>45	>50	≤75	≤65
	分隔住宅和非居住用途空间的楼板	>51			

建筑类型	部位	空气声隔声标准（计权隔声量，dB）		撞击声隔声标准（隔声单值评价量，dB）	
		一般	高级	一般	高级
学校	语言室间、阅览室与上层房间的楼板、普通教室、实验室、计算机房与上层产生噪声房间之间的楼板	>50		≤65	
	音乐教室、琴房之间的楼板	>45		≤65	
	普通教室之间的楼板			≤75	
医院	病房与产生噪声的房间之间的楼板	>50	>55	≤75	≤65
	病房、手术室与上层房间之间的楼板	>45	>50		
	诊室之间的楼板	>40	>45		
	听力测听室与上层房间之间的楼板	>50		≤60	—
	体外震波碎石室、核磁共振室的楼板			—	
旅馆	客房与上层房间之间的楼板	>50	>45	>40	<55 / <65 / <75
		特级	一级	二级	特级 / 一级 / 二级

注：1. 特级——五星级旅馆建筑标准；一级——三、四星级旅馆建筑标准；二级——一般旅馆建筑标准。

2. 具体设计时还应按各建筑类型执行相应的规范要求。

15.8.2 满足撞击声隔声标准的构造做法

满足撞击声隔声标准的构造做法　　　表 15.8.2

楼板构造	计权标准化撞击声压级（dB）	楼板构造	计权标准化撞击声压级（dB）
地毯 20mm 厚水泥砂浆 100mm 厚钢筋混凝土楼板	52	40mm 厚配筋混凝土 5mm 厚减振隔声板 100mm 厚钢筋混凝土楼板	59
16mm 厚柞木地板 20mm 厚水泥砂浆 100mm 厚钢筋混凝土楼板	63	40mm 厚配筋混凝土 9mm 厚减振垫 100mm 厚钢筋混凝土楼板	60
40mm 厚配筋混凝土 50mm 厚减振垫板 100mm 厚钢筋混凝土楼板	47	40mm 厚配筋混凝土 20mm 厚专用隔声玻璃棉板 （受压后 15mm 厚） 100mm 厚钢筋混凝土楼板	46

楼板构造	计权标准化撞击声压级（dB）	楼板构造	计权标准化撞击声压级（dB）
10mm 厚面砖 3mm 厚聚合物水泥砂浆 40mm 厚配筋混凝土 3mm 厚隔声垫 100mm 厚钢筋混凝土楼板	≤70	10mm 厚面砖 3mm 厚聚合物水泥砂浆 40mm 厚配筋混凝土 5mm 厚隔声垫 100mm 厚钢筋混凝土楼板	≤65
钢筋混凝土楼板上有木搁栅与焦渣垫层的木楼板	58～65	钢筋混凝土楼板上设水泥砟渣及锯末白灰垫层	65～66
钢筋混凝土槽形板，板条吊顶	66	钢筋混凝土圆孔板，砂子垫层，铺预制混凝土夹心块	66～67
钢筋混凝土圆孔板上实贴木地板或复合再生胶面层	69～72	钢筋混凝土楼板上设水泥焦砟及砂子烟灰垫层	71～72

15.8.3 楼板隔声的措施和构造要求

楼板隔声的措施和构造要求　　　表 15.8.3

楼板隔声措施	构 造 要 求
改善面层材料	面层采用弹性材料，或在面层与基层间设弹性垫层。能有效提高楼板撞击声隔声量
改善隔声垫层	增加隔声垫层的厚度，撞击声改善值增大。但达到一定厚度后，隔声效果就不明显了
	避免隔声垫层承受过重荷载后失去弹性，降低隔声效果
设置弹性吊顶	采用较厚重的吊顶和有弹性的吊杆，吊顶与楼板间形成空气层，能提高撞击声隔声量
避免声桥	铺设隔声垫时，接缝要严密，避免上层水泥砂浆与基层相连而形成声桥
	隔声垫层以上的各层不可与墙体直接接触相连，应隔断开，避免产生声桥
密封隔声	水、暖、电、气管线穿过楼板和墙体时，孔洞周边应采用弹性材料密封
设隔声层	高速直流乘客电梯的井道与机房之间应做隔声层，隔声层做 800mm×800mm 的进出口
声源处理	管道井、水泵房、空调机房、风机房、制冷机房、柴油发电机房应采取有效的隔声吸声降噪构造，水泵、风机、制冷机应采取减振构造

16 墙 体 技 术

16.1 墙 基 防 潮

墙体防潮

表 16.1

类别	技术内容
设置防潮层	砖墙及吸水性大的墙体,应设置连续的水平防潮层,其位置一般设在内地面混凝土垫层中间处,标高约为−0.06m。当室内相邻地面有高差时,应分别在较低的地面以下 60mm 处及高差处靠土一侧的墙身侧面做防潮层
不设置防潮层	当上述防潮部位为钢筋混凝土基础梁充满时,则可不另做防潮层
防潮层的做法	一般采用 20mm 厚 M15 预拌防水砂浆,不得采用卷材作墙身防潮层,最好采用地圈梁或基础梁代替防潮层

16.2 墙 体 隔 声

16.2.1 应按建筑物实际使用要求确定隔声减噪设计标准等级,并符合《民用建筑隔声设计规范》GB 50118 的规定。

16.2.2 墙体空气声隔声标准(计权隔声量,dB)见表 16.2.2-1,各种墙体空气声隔声性能见表 16.2.2-2。

围护结构(隔墙和楼板)空气声隔声标准(计权隔声量,dB)

表 16.2.2-1

建筑类型	部位	备注
住宅	分户墙与楼板	>45
	卧室、起居室(厅)与邻户房间之间	≥45
学校	语言教室、阅览室的隔墙与楼板	>50
	普通教室与各种产生噪声的房间之间的隔墙、楼板	>50

建筑类型	部位	备注
学校	普通教室之间的隔墙与楼板	＞45
	音乐教室、琴房之间的隔墙与楼板	＞45
医院	病房与产生噪声的房间之间的隔墙、楼板	高要求标准＞55，低限标准＞50
	手术室与产生噪声的房间之间的隔墙、楼板	高要求标准＞50，低限标准＞45
	病房之间及病房、手术室与普通房间之间的隔墙、楼板	高要求标准＞50，低限标准＞45
	诊室之间的隔墙、楼板	高要求标准＞45，低限标准＞40
	听力测听室的隔墙、楼板	＞50
	体外震波碎石室、核磁共振室的隔墙、楼板	＞50
旅馆	客房之间的隔墙、楼板	特级＞50，一级＞45，二级＞40
	客房与走廊之间的隔墙	特级＞45，一级＞45，二级＞40
	客房的外墙（含窗）	特级＞40，一级＞35，二级＞30

各种墙体空气声隔声性能举例　　　表 16.2.2-2

材料	构造做法(mm)		计权隔声量（dB）
钢筋混凝土墙	100 厚	双面抹灰	48.0
	200 厚	双面抹灰	54.0
混凝土空心砌块墙	190 厚	砌块	52.0
	140 厚	砌块	45.0
	90 厚	砌块	40.0
加气混凝土墙	100 厚	砌块	41.0
	125 厚	砌块	42.0
	150 厚	砌块	44.0
	200 厚	砌块	48.0
	240 厚	砌块	50.0

材料	构造做法(mm)		计权隔声量（dB）
轻钢龙骨石膏板墙	龙骨高75	12＋12	37.0
		2×12＋12	43.0
		2×12＋2×12	49.0
		2×12＋25	51.0
		12＋12中填30厚超细玻璃棉	47.0
		2×12＋12中填40厚岩棉	50.0
		2×12＋2×12中填30厚超细玻璃棉	51.0
		2×12＋2×12中填40厚岩棉	52.0
圆孔石膏板墙	单层60厚		32.0
	双层(60＋60)中空50填矿棉毡		42.5
增强石膏空心条板墙	增强石膏空心条板＋空气层40＋增强石膏空心条板		45.0
	增强石膏空心条板＋空气层20＋增强石膏空心条板		41.0
陶粒混凝土墙	板墙140厚		42.0
	陶粒无砂水泥板墙40厚		35.0
	陶粒无砂水泥板墙,双层(40＋40),中空50		45.0
硅酸盐砌块墙	200厚,双面抹灰		52.0
玻纤增强水泥墙板GRC	60厚(重＞40kg/m²)		38.0
	60厚(重≤40kg/m²)		36.0
增强石膏水泥板墙或砌块	100厚(重62.5kg/m²)		39.0

材料	构造做法(mm)	计权隔声量（dB）
钢板墙	双层(1.0＋1.0),中空80满填超细玻璃棉	51.0
	双层(1.5＋1.0),中空80满填超细玻璃棉	53.0
	双层(1.5＋1.5),中空80满填超细玻璃棉	54.0
	双层(2.5＋1.5),中空80满填超细玻璃棉	55.0

注：1. 因资料来源及检测的具体情况不同，同一材料或构造做法的墙体隔声量参数有差别，上表数据仅供参考。

2. 单一材料构造的墙体对空气声的隔声性能，材料密度越大性能越好。

16.3 墙体强度及稳定性要求

墙体强度及稳定性要求   表 16.3

类别	技术内容
强度等级	普通混凝土小型空心砌块承重墙强度等级应≥MU7.5,砂浆强度等级应≥M6.5
构造措施	墙体长度>5m时应同梁或楼板拉结或加构造柱,墙高超过 4m 时,应在墙高中部加设圈梁或钢筋混凝土配筋带
	墙柱交接处应加拉结钢筋,一般每隔0.5m高度间距设置2ϕ6,伸入墙内长 1m
女儿墙	砖砌女儿墙的厚度不应小于 0.24m,有抗震要求的无锚固女儿墙高度不应超过 0.5m,高度超过 0.5m 时应设钢筋混凝土构造柱及压顶圈梁,构造柱的间距不应大于 3m

16.4 加气混凝土砌块墙

16.4.1 下列部位不得采用加气混凝土砌块墙：

1. 建筑物首层地面以下，即勒脚及以下部位；散水上部 0.6m 高度范围内。

2. 长期浸水或经常潮湿之处（如厨房、浴室、厕所等）。

3. 受强化学侵蚀（如强酸、强碱、高浓度二氧化碳）的环境。

4. 经常处于 80℃以上高温的环境。

16.4.2 加气混凝土砌块墙的施工及保护：

1. 应采用配套的砌筑砂浆和饰面砂浆。

2. 墙面应做饰面保护层，外墙面应切实做好防水处理。

16.5 各种墙体的规格尺寸及物理力学性能

各种墙体的规格尺寸及物理力学流力学性能

表 16.5

墙体类别	规格尺寸（mm） （长×宽×厚）	墙厚 （mm）	面密度 （kg/m²）	耐火极限 （h）	传热系数 [W/(m²·K)]	隔声量 （dB）	强度等级 （MPa）
黏土实心砖墙	240×115×53	120	300	不 2.5	2.78	47	MU5.0、 MU7.5、 MU10
		180	420	不 3.5	2.32	50	
		240	530	不 5.5	2.05	52	
黏土空心砖墙	240×175×115 290×190×140 90	120	200	不 6.5	2.22	49	MU2.0、 MU3.5、 MU5.0
		190	270	不 7.5	1.85	52	
		240	300	不 9.5	1.50	54	
混凝土空心砖墙	390×190×140 90 290 190	90	106	不 2.0	3.26	40	MU3.5、 MU5.0、 MU7.5、 MU10、 MU15
		140	165	不 2.75	2.71	43	
		190	224	不 3.5	2.3	45	
加气混凝土砌块	200 120 600×250×150 300 180 200	120	152	不 3.75	1.56	41	A1.0、A2.0、 A2.5、A3.5、 A5.0、A7.5、 A10.0
		150	170	不 5.75	1.33	43	
		180 200	188 200	不 8.00	1.15 1.05	45	

284

墙体类别		规格尺寸(mm)(长×宽×厚)	墙厚(mm)	面密度(kg/m²)	耐火极限(h)	传热系数[W/(m²·K)]	隔声量(dB)	强度等级(MPa)
石膏空心砌块		666×500×90~120	60	38	不1.5	1.84	35	9.0
			90	45	不2.25	1.40	38	
			120	65	不3.0	1.10	42	
轻质混凝土空心隔墙板		2400~×600×90~120 4000	90	76	不2.0	2.35	38	5.0
			120	78	不2.5	2.15	40	
玻璃纤维增强水泥空心墙板(GRC板)		2500 2800×600×90 3000 3500	60	38	不1.5	2.15	28	5.0
			90	48	不2.5	1.66	35	
			120	72	不3.0	1.35	40	
轻钢龙骨纸面石膏板	单龙骨单层板	3300 900 15 3000×1200×2 3600 8	100	27	不0.5	2.36	37	—
	单龙骨双层板		124	49	不1.25	2.0	50	
轻钢龙骨松木板	单龙骨单层板	2440×1220×10	95	29	不1.5	2.16	37	—
	单龙骨双层板		115	55	不2.0	1.74	50	
松本复合墙板		2440×610×75 2600×610×100	75	52	不2.0	2.19	40	—
			100	70	不2.0	1.84	42	
钢筋混凝土剪力墙			200	580	不4.0	3.24	54	C20~C60

注：耐火极限的"不"代表不燃性。

17 门窗与幕墙技术

17.1 门窗与幕墙分类

门窗与幕墙分类 表 17.1

类别				细分种类与技术特点	
门窗	按材料划分			木、钢、铝合金、塑、塑钢、铝塑、铝木、玻璃钢门窗	
	按开启方式划分			固定、推拉、内平开、外平开、上悬、下悬、平推、百叶、折叠门窗	
	按功能划分			保温、隔热(遮阳)、人防、防火、隔声、采光顶(天窗)门窗	
幕墙	按结构形式分			构件式、单元式、点支承式、全玻式、双层幕墙	
	按面层材料分	玻璃幕墙(反射比应≤0.20)	框支玻璃幕墙	明框、半隐框、隐框	
			点支玻璃幕墙	拉索点支式、拉杆点支式、自平衡索桁架点支式、桁架点支式、立柱点支式	
			全玻璃幕墙	吊挂式、吊挂点支式、坐地式、坐地点支式	
			双层玻璃幕墙	按空气循环方式分类	外循环、内循环、开放式,参见国标图集《双层幕墙》(07J103-8)
				外层幕墙	点支玻璃幕墙、明框(隐框)玻璃幕墙
				内层幕墙	明框(隐框)玻璃幕墙、铝合金门窗

类别	细分种类与技术特点				
幕墙	按面层材料分	石材幕墙	石材类别	宜用花岗石，可用大理石、石灰石、石英砂岩等	放射性应满足《建筑材料放射性核素限量》(GB 6566—2010) 中 A、B、C级的要求
			固定方式	宜干挂	挂装方式：通槽式、短槽式、背卡式、背栓式
				高度较低的可湿挂、胶粘	
		金属板幕墙	单层铝板、蜂窝铝板、彩色钢板、搪瓷钢板、不锈钢板、锌合金板、钛合金板、铜合金板	干挂	
			铝塑复合板	干挂、胶粘	
		人造板幕墙	瓷板、陶板、微晶玻璃	干挂、湿挂、胶粘	
		光电幕墙	将光电模板安装在建筑幕墙上，组成的能利用太阳能获得电能的幕墙		
	按面层构造分	封闭式、开放式			

注：1. 建筑幕墙：由面板与支承结构体系（支承装置与支承结构）组成的、可相对主体结构有一定位移能力或自身有一定变形能力、不承担主体结构所受作用的建筑外围护墙。

2. 板材均应符合《建筑幕墙》GB/T 21086—2007 的要求。

17.2 门窗与幕墙的材料

17.2.1 型材

型材　　　　　　　　　　　表 17.2.1

型材类别	技术特点	
钢材(Q235B、Q345B)	表面处理	热浸镀锌防腐处理应符合《金属覆盖层 钢铁制件热浸镀锌层 技术要求及试验方法》(GB/T 13912—2002)的规定
		氟碳漆喷涂、聚氨酯喷涂(涂膜厚宜 $t \geqslant 35 \mu m$，空气污染严重或海滨地区，宜 $t \geqslant 45 \mu m$)

型材类别			技术特点
钢材（Q235B、Q345B）	受力杆件壁厚	门窗	冷轧、热镀钢≥1.2mm，彩钢板 0.7～1.0mm
		幕墙	主要受力构件和连接件型材壁厚宜≥4.0mm 的钢板，壁厚宜≥3.0mm 的钢管，尺寸≥L45×4 和≥L56×36×4 的角钢及壁厚≥2.0mm 的冷成型薄壁型钢
铝合金（6063-T5、6063-T6）	表面处理		阳极氧化（最小平均膜厚 t≥15μm，最小局部膜厚 t≥12μm）
			电泳涂漆（复合膜局部厚度 t≥21μm）
			粉末静电喷涂（涂层厚度平均值≥60μm，局部不应大于 120μm 且不应小于 40μm）
			氟碳喷涂（涂层平均厚度 t≥30μm，最小局部厚度应 t≥25μm）
	受力杆件壁厚		门型材 d≥2.0mm，窗型材 d≥1.4mm
			幕墙-立柱开口部位≥3.0mm，闭口部位≥2.5mm
不锈钢			奥氏体不锈钢，含镍量≥8%
			幕墙用背栓材料应采用不低于 316 的不锈钢
塑料（门窗）	表面处理		在白色型材上覆膜或喷涂、负压真空彩色涂装、加彩色铝扣板等
	壁厚		增强型钢衬的壁厚 d≥1.2mm
玻璃钢（门窗）	表面处理		采用低碱或中碱（不允许用高碱）玻璃纤维增强
			表面打磨，用静电粉末喷涂或表面覆膜等
			可不用增强型钢（门窗尺寸过大、风压过高者除外）
	壁厚		窗型材壁厚 d≥2.2mm
铝塑共挤（门窗）			涂装型材的涂层干膜厚度 t≥20μm
			门窗用型材可视面硬质发泡塑料层的厚度应≥4.0mm，型材非可视面硬质发泡塑料层的厚度应≥3.5mm
			铝衬型材应采用普通铝合金型材或隔热铝合金型材；铝衬型材牌号应为 6005、6060、6063、6063A、6463 或 6463A；供应状态为 T5 或 T6。门周壁厚度、翅壁厚度≥1.4mm，隔断壁厚度≥0.8mm；窗壁厚度、翅壁厚度≥1.0mm，隔断壁厚度≥0.6mm

型材类别	技术特点	
铝木复合（门窗）	一侧采用高精级铝合金，另一侧采用实木指接材或薄木	
	木板材方经过≥30d 的加温喷蒸循环烘干，经恒温恒湿平衡养生，含水率 10%～14%	
	实木表面喷涂，铝合金粉末喷涂或氟碳喷涂	
木门窗	实木门窗	一、二等红白松或材质相似的木材
		夹板门面板可为五层优质胶合板或中密度纤维板；实木镶板门的镶板可为实木板或七层胶合板或中密度纤维板
	集成材木门窗	无包覆集成材实木门窗、铝包集成材木门窗、铜包集成材木门窗、塑包集成材木门窗
		应选用同一树种，含水率 8%～15%，且不高于当地年平均木材平衡含水率 x 的 $(x+1)\%$

17.2.2 玻璃

玻璃　　　　　　　　　　　　　　　　　　表 17.2.2

类别	技术特点		
分类	平板玻璃、超白浮法玻璃、中空玻璃、真空玻璃、半钢化玻璃、钢化玻璃、夹层玻璃、光伏玻璃、着色玻璃、彩釉玻璃、镀膜玻璃、压花玻璃、U 形玻璃、电致液晶调光玻璃等		
要求	中空玻璃	气体层厚度一般为 6、9、12mm；用于幕墙时应≥9mm	
		宜采用双道密封；明框幕墙可采用丁基密封胶和聚硫密封胶；隐框、半隐框幕墙应采用丁基密封胶和硅酮密封胶	
		间隔材料可为铝间隔条、不锈钢间隔条、复合材料间隔条、复合胶条	
	夹层玻璃	可采用 PVB 胶片或 EVA 胶片；PVB 的耐久性、抗老化、韧性都明显优于 EVA；用于幕墙时：夹层玻璃宜为干法加工合成，两片玻璃厚度差≤3mm；PVB 胶片厚度应≥0.76mm	
	镀膜玻璃（应控制反射率；应遵守当地有关规定）	低辐射（Low-E）镀膜玻璃	在线 Low-E 玻璃可单片使用、可钢化
			离线 Low-E 玻璃不得单片使用，必须组成中空玻璃使用
			镀膜面应朝内（第 2、3 面）
			离线 Low-E 玻璃辐射率≤0.15；在线 Low-E 玻璃辐射率≤0.25

类别		技术特点			
要求	镀膜玻璃（应控制反射率；应遵守当地有关规定）	阳光控制镀膜玻璃（热反射玻璃）	适用于温暖气候和炎热气候		
	彩釉玻璃	釉料宜采用丝网印刷。彩釉玻璃的彩釉面通常不能位于室外的表面			
	防火玻璃	按结构分	复合防火玻璃（FFB）	防火夹层玻璃、薄涂型防火玻璃、防火夹丝玻璃、防火中空玻璃等	
			单片防火玻璃（DFB）	铯钾、硼硅酸盐、铝硅酸盐、微晶防火玻璃等，厚度 5、6、8、10、12、15、19mm	
		按耐火性能分	隔热型（A类）	同时满足耐火完整性和耐火隔热性	耐火极限分：0.50、1.00、1.50、2.00、3.00
			非隔热型（B类）	满足耐火完整性	
	钢化玻璃	为减少自爆，宜对钢化玻璃进行均质处理			
		与窗框之间的缝隙宜采用高弹性密封材料填充			
	半钢化玻璃	不属安全玻璃，只有做成夹层玻璃才是安全玻璃			
		用于高层建筑外窗或玻璃幕墙时，必须做成夹层玻璃			
		机械强度、抗风压性能、抗冲击性能和抗热振性方面有明显优势			
	真空玻璃	根据保温性能分为 1 级、2 级、3 级；隔声性能应≥30dB。应满足《真空玻璃》(JC/T 1079—2008)相关要求			
	夹丝玻璃	夹丝压花玻璃	厚度分为 6、7、10mm；等级分优等品、一等品和合格品；可作为防火、防振用途；具体应满足《夹丝玻璃》(JC 433—1991)相关要求		
		夹丝磨光玻璃			
	光伏玻璃	面板玻璃应选用超白玻璃，超白玻璃的透光率不宜小于 90%；背板玻璃应选用均质钢化玻璃，面板玻璃厚度应计算确定，宜3～6mm，强度设计值可计算确定			

注：1. 安全玻璃：钢化玻璃、夹层（胶）玻璃及由这两种玻璃组成的中空玻璃。
　　2. 单片着色玻璃：不适用于冬季以采暖为主的北方，适用于夏季以空调为主的南方。
　　3. 单银 Low-E 中空玻璃：适用于冬季以采暖为主的北方。
　　4. 双银 Low-E 中空玻璃：适用于夏热冬冷、夏热冬暖地区有高通透要求的建筑。
　　5. 单片热反射镀膜玻璃：保温性差，透光率低，适用于夏热冬暖地区。
　　6. 玻璃肋板应采用夹层玻璃，如两片夹层、三片夹层玻璃等，具体计算确定。

17.2.3 石材幕墙、金属板幕墙与人造板材幕墙

石材、金属板与人造板材幕墙   表17.2.3

类别		技术特点
石材	种类	宜用花岗石,可选大理石、石灰石、石英砂岩
	放射性	《建筑材料放射性核素限量》(GB 6566—2010)中A、B、C级的要求
	吸水率	天然花岗石应≤0.6%;天然大理石应≤0.5%;其他石材应≤5%
	抗冻性	严寒和寒冷地区,幕墙石材面板的抗冻系数应≥0.8
	弯曲强度标准值	天然花岗石≥8.0MPa;天然大理石应≥7.0MPa;其他石材当≥8.0MPa时,面积宜≤1.5m²,当8.0≥f≥4.0时,面积宜≤1.0m²。弯曲强度标准值小于8.0MPa的石材面板,应有附加构造措施
	厚度与面积	花岗石板最小厚度≥25mm,火烧石板厚度应比抛光石板厚3mm;其他板材厚度≥35mm。单块石板面积宜≤1.5m²
金属板	表面处理	海边及酸雨地区:应采用3～4道氟碳树脂涂层,厚度≥40μm
		其他地区:应采用2道氟碳树脂涂层,厚度≥25μm
	单层铝板	厚度2.5、3.0、4.0mm
	蜂窝铝板	应根据使用功能和耐久年限要求,分别选用10、12、15、20和25mm的蜂窝铝板,正面和背面的铝板厚度均应为1mm,中间夹层蜂窝状芯材为铝箔玻璃钢、纸蜂窝等约18mm厚
	铝塑复合板	上下两层铝合金板的厚度均应≥0.5mm,中间夹层的热塑性塑料应为耐火、无毒,其厚度应≥4mm
	彩钢板	应满足《彩色涂层钢板及钢带》(GB/T 12754—2006)要求,常用聚酯类涂层
	搪瓷涂层钢(铝)板	搪瓷钢板表面各类洞口和缺口的加工应在工厂内完成,不应在现场进行加工和修改
	不锈钢板、锌合金板、钛合金板、铜合金板等	应满足《建筑幕墙》(GB/T 21086—2007)的相关要求

类别			技术特点	
人造板材	陶板	种类	釉面陶板和毛面陶板两种	
		平均吸水率	气候分区Ⅰ、Ⅵ、Ⅶ宜≤3%；Ⅱ区宜≤6%；Ⅲ、Ⅳ、Ⅴ区冰冻期大于1个月的宜≤6%	
		抗冻性、断裂模数、湿胀系数	应满足《建筑幕墙》(GB/T 21086—2007)的相关要求	
		最小厚度	≥15mm	
	瓷板	种类	按正面加工状态分：毛面板、釉面板、抛光板、亚光板。幕墙均应为干压瓷质板，应满足《建筑幕墙用瓷板》(JG/T 217—2007)的技术要求	
		平均吸水率	≤0.5%	
		厚度、面积	厚度≥12mm(不包背纹)，面积≤1.5m²	

17.2.4 密封材料与门窗配件

密封材料与门窗配件　　　　　表17.2.4

类别			技术特点	
密封材料	密封胶条	硫化橡胶类胶条	三元乙丙橡胶(常用，中高档)	
			硅橡胶(也适用于严寒地区，高档)	
			氯丁胶	
		热塑性弹性体类胶条(寒冷地区推荐使用，中高档)	热塑性硫化胶	
			聚氨酯热塑性弹性体	
			增塑聚氯乙烯	
	密封毛条	经硅化处理的丙纶纤维密封毛条(主要用于推拉窗)		
	密封胶	硅酮建筑密封胶(耐候性优，常用)		
		聚硫建筑密封胶(耐候性较差)		
		硅酮结构密封胶(用于承担传力作用的胶缝)		
		中空玻璃密封胶	第一道密封	丁基热熔密封胶
			第二道密封	弹性密封胶
		密封胶的酸碱性	应采用中性密封胶	

类别		技术特点
密封材料	框与墙缝隙密封材料	先用弹性闭孔材料(泡沫塑料、发泡聚氨酯等)填塞(深圳多采用聚合物水泥防水砂浆填塞)
		预留 6mm×6mm(宽×深)凹槽,用防水密封胶密封
门窗配件	门配件 门控五金	地弹簧、闭门器、门锁组件、紧急开门(逃生)装置
	门禁系统	控制器、读卡器、电动锁、卡片(用于重要部门、楼宇出入口的一种智能化安防系统)
	户门五金系统	拉手、门锁、铰链、插销、自动锁、多点锁、身份验证器
	内门五金系统	拉手、门锁、传动锁闭器、铰链、滑轮
	窗配件 窗用五金件	执手、铰链、窗锁、撑挡、滑撑、滑轮、限位装置
	特殊窗五金件 摇把平开窗	上、下铰链、锁闭器、摇把开窗器
	提拉窗	提拉轮滑、半圆锁、提拉器
	电动排烟天窗	锁点(隐藏式、外置式)
		开窗器(推杆式、内螺杆式、齿式、手动式)
		控制箱(器)

17.3 玻璃幕墙与门窗型材常用系列

17.3.1 玻璃幕墙与铝合金门窗常用系列

玻璃幕墙与铝合金门窗常用系列　　表 17.3.1

类　别		技术特点
系列编号		××系列,前面的数字即型材的截面高度
玻璃幕墙常用系列	100 系列(100×50)、120 系列(120×50)	$W_K \leqslant 2kPa, H \leqslant 50m$
	150 系列(150×50)、210 系列(210×50)	$W_K \leqslant 3kPa, H \leqslant 100m$
铝合金门窗常用系列	平开铝合金门	50、55、70 系列
	推拉铝合金门	70 系列
	铝合金地弹簧门	70、100 系列
	节能铝合金窗 推拉窗	70、90 系列
	平开窗	40、50、60、70 系列
	固定窗	40、50、60 系列

17.3.2 影响型材系列的因素

不同档次铝窗的开启形式与材料的选择　　表 17.3.2

项目	档次	高档窗	中档窗	普通窗
铝型材	表面处理	氟碳漆喷涂，涂层厚度≥40μm；粉末喷涂膜厚 60～120μm；电泳涂漆 A 级	氟碳漆喷涂，涂层厚度≥30μm；粉末喷涂膜厚 40～120μm；电泳涂漆透明漆为 B 级，有色漆为 S 级，氧化 AA15 级	氧化 AA15 级
	精度等级	超高精级、高精级	高精级、普精级	普精级
	受力杆件最小壁厚	≥1.8mm	1.4～1.6mm	≥1.4mm
玻璃	种类及空气层厚度 A	离线 Low-E 中空玻璃 A≥12mm	离线 Low-E 中空玻璃 A≥9mm 在线 Low-E 中空玻璃 A≥12mm 普通中空玻璃 A≥12mm	普通中空玻璃 A≥9mm
五金件	材质	奥氏体不锈钢	奥氏体不锈钢	其他达标材料
	结构	多点锁紧	两点以上锁紧	符合标准
	外观	精美	较好	一般
密封件	密封条	硅橡胶条、三元乙丙胶条	硅橡胶条、三元乙丙胶条、平板加片型硅化密封毛条	三元乙丙胶条、优质橡胶条（氯丁橡胶）、平板型硅化密封毛条
适用范围	建筑档次	各类民用建筑	一般公共建筑和居住建筑	一般居住建筑
	建筑部位	各个朝向	各个朝向，推拉窗适用于厨卫	各个朝向，推拉窗适用于厨卫
	地域	严寒、寒冷、夏热冬冷	各个地区	夏热冬冷、夏热冬暖、温带

17.4 门窗开启扇及玻璃幕墙的分格尺寸

门窗开启扇及玻璃幕墙的分格尺寸　　　表 17.4

类别		技术特点				
门窗开启扇 最大尺寸	推拉扇	最大尺寸:门 900mm×2100mm,窗 900mm×1600mm				
	平开扇	门 900mm×2100mm,窗 600mm×1400mm				
	固定扇	宜≤2m²				
玻璃幕墙 分格	横向分格 (宜每层 分两格)	第一格:窗台面(或踢脚面)到吊顶,用于采光观景或开启扇				
		第二格:下一层的吊顶到上一层的窗台面(或踢脚面),应考虑防火、保温、隔声等要求				
	纵向分格	必须考虑室内房间的布置,并有利于封闭和隔声				
		宜在开间柱或内隔墙位置设置竖框				
	玻璃分格 尺寸	固定扇:宜≤3~4m²				
		开启窗:宜≤2m²				
门窗框与 洞口墙体 安装	预留安装 缝隙	饰面 材料	金属板 贴面	清水墙	贴面砖	贴石板材	外保温 墙体
		预留 缝隙 (mm)	≤5 (2~5)	≤15 (10~15)	≤25 (20~25)	≤50 (40~50)	保温层 厚度+10
	安装缝隙 的填塞	应采用弹性闭孔材料(如泡沫塑料、聚氨酯 PU 发泡等)填塞				
		(深圳多采用聚合物水泥防水砂浆填塞)				
	安装缝隙 的密封	预留 6mm×6mm(宽×深)凹槽,用防水密封胶密封				

注:1. 外窗（透光幕墙）开启面积要求详见建筑节能设计章节表 22.4.1（公共建筑）及表 22.5.1（居住建筑）要求。

2. 有效通风换气面积应为开启扇面积和窗开启后的空气流通界面面积的较小值。平开窗＝100%窗扇面积（不含窗框）；推拉窗＝50%窗扇面积（不含窗框）。

3. 铝合金窗窗框比取 0.20，塑钢窗或木窗窗框比取 0.30。

17.5 建筑门窗的性能

17.5.1 门窗的"七性"

门窗的"七性"：抗风压、气密性、水密性、遮阳、保温隔热、隔声、采光。

17.5.2 门窗的抗风压性能

1. 门窗抗风压性能分级

建筑外门窗抗风压性能分级表（单位为 kPa）　表 17.5.2

分级	1	2	3	4	5	6	7	8	9
分级指标值 P_3	$1.0{\leqslant}P_3$ <1.5	$1.5{\leqslant}P_3$ <2.0	$2.0{\leqslant}P_3$ <2.5	$2.5{\leqslant}P_3$ <3.0	$3.0{\leqslant}P_3$ <3.5	$3.5{\leqslant}P_3$ <4.0	$4.0{\leqslant}P_3$ <4.5	$4.5{\leqslant}P_3$ <5.0	$P_3{\geqslant}5.0$

注：1. 第 9 级应在分级后同时注明具体检测压力差值。
　　2. 一般门窗的抗风压性能可达 $P_3=3.5\sim5.0$kPa。

2. 风荷载标准值 W_k 的计算

$$W_k=\beta_{gz}\mu_{sl}\mu_z W_o \geqslant 1.0\text{kPa （kN/m}^2\text{）（全国）}$$
$$\geqslant 2.5\text{kPa （kN/m}^2\text{）（深圳）}$$

式中　β_{gz}——高度 Z 处的阵风系数；

　　　μ_{sl}——风荷载局部体型系数；

　　　μ_z——风压高度变化系数；

　　　W_o——当地基本风压，kN/m^2。

式中各系数详见《建筑结构荷载规范》GB 50009—2012。

17.5.3 门窗的气密性能

1. 门窗气密性能分级

门窗气密性能分级　　　　　表 17.5.3-1

分类指标	1	2	3	4	5	6	7	8
单位缝长分级指标值 q_1[m³/(m·h)]	$4.0{\geqslant}q_1$ >3.5	$3.5{\geqslant}q_1$ >3.0	$3.0{\geqslant}q_1$ >2.5	$2.5{\geqslant}q_1$ >2.0	$2.0{\geqslant}q_1$ >1.5	$1.5{\geqslant}q_1$ >1.0	$1.0{\geqslant}q_1$ >0.5	$q_1{\leqslant}0.5$
单位面积分级指标值 q_2[m³/(m·h)]	$12{\geqslant}q_2$ >10.5	$10.5{\geqslant}q_2$ >9.0	$9.0{\geqslant}q_2$ >7.5	$7.5{\geqslant}q_2$ >6.0	$6.0{\geqslant}q_2$ >4.5	$4.5{\geqslant}q_2$ >3.0	$3.0{\geqslant}q_2$ >1.5	$q_2{\leqslant}1.5$

2. 节能标准对气密性的要求

详见建筑节能设计章节表 22.4.1（公共建筑）与表 22.5.1（居住建筑）的要求。

3. 提高门窗气密性的措施

提高门窗气密性的措施　　　　表 17.5.3-2

类别	技术内容	
影响气密性的因素	开启方式	固定窗最优、平开窗次之、推拉窗较差
	密封程度	密封好，气密性则佳，反之则差
提高气密性的措施	采用国标规格型材，采用气密条和优质五金配件	
	改进密封方法（如在严寒地区，改双级密封为三级密封）。在密封条上再加注密封胶等	
	正确选择密封材料（如中空玻璃宜选用丁基密封胶）	

17.5.4 门窗的水密性能

1. 门窗的水密性能分级

建筑外门窗水密性能分级表（Pa）　　　表 17.5.4

分级	1	2	3	4	5	6
分级指标 ΔP	$100 \leqslant \Delta P$ < 150	$150 \leqslant \Delta P$ < 250	$250 \leqslant \Delta P$ < 350	$350 \leqslant \Delta P$ < 500	$500 \leqslant \Delta P$ < 700	$\Delta P \geqslant 700$

注：1. 第 6 级应在分级后同时注明具体检测压力差值。

2. 一般门窗的水密性能为——平开门窗 300～500Pa，推拉门窗 250～350Pa。

2. 门窗水密性能计算

$$\Delta P \geqslant 500 \mu_z W_o$$

式中　ΔP——外门窗水密性能压力差值（Pa）；

μ_z——风压高度变化系数，查表或按相应公式计算；

W_o——当地基本风压（kN/m²），深圳 $W_o = 0.75$kN/m²。

3. 深圳市规定

外门窗的水密性 $\Delta P \geqslant 300$Pa（3 级）

17.5.5 门窗的保温性能

1. 门窗保温性能分级

外门、外窗传热系数分级 ［W/(m² · K)］　　　表 17.5.5

分级	1	2	3	4	5
分级指标值	$K \geqslant 5.0$	$5.0 > K$ $\geqslant 4.0$	$4.0 > K$ $\geqslant 3.5$	$3.5 > K$ $\geqslant 3.0$	$3.0 > K$ $\geqslant 2.5$
分级	6	7	8	9	10
分级指标值	$2.5 > K$ $\geqslant 2.0$	$2.0 > K$ $\geqslant 1.6$	$1.6 > K$ $\geqslant 1.3$	$1.3 > K$ $\geqslant 1.1$	$K < 1.1$

2. 门窗的保温性能（传热系数 K）应满足当地节能标准的要求，外门窗的设计应保证无结露现象，提高门窗保温性能的技术措施可采用断热型材或中空玻璃（双玻中空、三玻中空等）。

17.5.6 门窗的遮阳（隔热）性能

门窗的遮阳（隔热）性能	表 17.5.6

类别	技术要点
门窗遮阳(隔热)性能	由遮阳系数 SC 决定,遮阳系数 SC 越小,在夏热冬暖地区的节能效果越好
门窗遮阳系数的节能要求	应满足当地节能标准的要求
遮阳系数较小的玻璃	主要有着色玻璃、热反射镀膜玻璃、遮阳型 Low-E玻璃等
提高门窗遮阳(隔热)性能的措施	采用遮阳系数小的玻璃
	设置活动式或固定式外遮阳设施
	利用建筑遮挡或阳台、外廊、凹槽等自遮阳设施

注：节能标准对外门窗（透光幕墙）遮阳系数（太阳得热系数）的要求详见 22.5 节居住建筑节能设计要求。严寒地区外门窗的遮阳系数（太阳得热系数）无要求。

17.5.7 门窗的隔声性能

1. 门窗空气声隔声性能分级

门窗的空气声隔声性能分级（dB）		表 17.5.7-1

分级	外门、外窗的分级指标值	内门、内窗的分级指标值
1	$20 \leqslant R_W + C_u < 25$	$20 \leqslant R_W + C < 25$
2	$25 \leqslant R_W + C_u < 30$	$25 \leqslant R_W + C < 30$
3	$30 \leqslant R_W + C_u < 35$	$30 \leqslant R_W + C < 35$
4	$35 \leqslant R_W + C_u < 40$	$35 \leqslant R_W + C < 40$
5	$40 \leqslant R_W + C_u < 45$	$40 \leqslant R_W + C < 45$
6	$R_W + C_u \geqslant 45$	$R_W + C \geqslant 45$

注：$R_W + C_u$ 为计权隔声量和交通噪声频谱修正量之和；$R_W + C$ 为计权隔声量和粉红噪声频谱修正量之和。

2. 门窗隔声措施

门窗隔声措施   表 17.5.7-2

类别	技 术 措 施
门	门扇与门框缝隙的密封(橡胶条、海绵条)
	双扇门碰头缝的密封(企口缝、矩形胶条、毛毡条、9 字条)
	门槛缝的密封(橡皮、9 字胶条、乳胶条、人造革包海绵橡胶)
窗	采用双层中空、多层中空玻璃
	玻璃不平行、不等厚——避免声音"吻合效应"降低隔声效果
	缝隙密封消声(橡胶密封条、玻璃棉毡等)

3. 门窗隔声性能应满足国标《民用建筑隔声设计规范》GB 50118—2010 中的低限要求

民用建筑隔声标准对外门窗的隔声要求 (dB)
表 17.5.7-3

类别	住宅	学校	医院	旅馆	办公
交通干线两侧卧室、起居室(厅)的外窗	≥30	≥30	≥30(临街一侧病房)	≥35(特级) ≥30(一级) ≥25(二级)	≥30
其他外窗	≥25	≥25	≥25(其他)		≥25
户(套)门、客房门	≥25	≥25(产生噪声房间) ≥20(其他门)	≥30(听力测试室) ≥20(其他门)	≥30(特级) ≥20(一级) ≥20(二级)	≥20

注：1. 外门窗的空气声隔声要求＝R_W+C_u，为计权隔声量和交通噪声频谱修正量之和；

    2. 户（套）门、客房门的空气声隔声要求＝R_W+C，为计权隔声量和粉红噪声频谱修正量之和。

4. 隔声门窗简介

隔声门窗简介   表 17.5.7-4

隔声门	分类		木质、钢质
	隔声量	无门槛	≤30dB
		有门槛	≤40dB
	门缝构造	有门槛	软质包边密封、"9"字形胶条密封、充气带密封、消声缝密封

	门缝构造	无门槛	扫地橡皮门缝、自动落杆式门槛关闭器	
隔声门	门扇内填充材料	玻璃布包中级玻璃棉纤维	密度80～100kg/m³	
		岩棉制品		
	门缝密封材料	全密封;q字形橡胶条;矩形海绵橡胶条;矩形乳胶条(20mm厚)		
		毛毡(14mm厚);角钢、海绵条;圆钢、海绵条		
吸声隔声门(充气门)	隔声量	平均57dB		
隔声窗	分类	窗框:木质、塑料		
		双层隔声窗、三层隔声窗		
	隔声量	双层固定木窗约49dB,双层固定塑料窗约45dB		
		三层固定木窗 50～60dB;三层可开启木窗(关闭时)50～60dB		
		夹层玻璃隔声窗	单层窗(23、38mm 夹层玻璃)45dB	
			双层窗	外窗(4+6A+4 中空玻璃)	35dB
				内窗(16.76mm 夹层玻璃)	
	设计要求	双层玻璃宜有一层倾斜安装;三层玻璃中间层宜倾斜安装(倾斜6°)——防止驻波共振		
		双层玻璃宜采用不同厚度,三层玻璃中间层玻璃厚度宜与两侧玻璃厚度不同——避免吻合效应		
		双层、三层玻璃之间的空气层厚度宜≥100mm,可取80～200mm		
		窗玻璃之间的四周应安装强吸声材料(0.8mm 厚铝穿孔板;孔 ϕ1.5@3 或木穿孔板),双框框间填充 50mm 厚玻璃棉毡		
通风隔声窗	功能	自然通风式隔声窗		
	构造	双层窗构造:外窗玻璃:16.76mm 夹层玻璃,内窗玻璃:23.38mm 夹层玻璃		
	隔声量	关闭47dB,通风 36dB		
	通风量	23m³/h		

整窗和玻璃的隔声性能　　　　　　表 17.5.7-5

序号	整窗类别	计权隔声量 R_W(dB)
1	木包铝中空玻璃平开窗	32

序号	整窗类别	计权隔声量 R_W(dB)
2	玻璃钢中空玻璃平开窗	35
3	玻璃钢双层中空玻璃平开窗	36~39
4	铝塑中空玻璃平开窗	30~32
5	铝塑双层中空玻璃平开窗	35
6	塑料中空玻璃平开窗	30~34
7	塑料中空玻璃推拉窗	25~29
8	塑料双层中空玻璃平开窗	34~36
9	铝合金中空玻璃平开窗	30~35
10	铝合金中空玻璃推拉窗	$30 \leqslant R_W \leqslant 40$
11	铝合金双层中空玻璃平开窗	$30 \leqslant R_W \leqslant 40$

各类玻璃的隔声性能　　　　表 17.5.7-6

玻璃类别	厚度(mm)	计权隔声量(dB)
单层玻璃	3	27
	5	29
	8	31
	12	33
中空玻璃	4+6A~12A+4	29
	6+6A~12A+6	31
	8+6A~12A+6	35
	6+6A~12A+10$^+$	37

注：10$^+$，加号表示夹胶玻璃。

17.5.8　门窗的采光性能

门窗的采光性能　　　　表 17.5.8

类别	技术内容				
门窗采光性能分级	分级	1	2	3	4	5
	采光性能分级指标值	$0.2 \leqslant T_r < 0.3$	$0.3 \leqslant T_r < 0.4$	$0.4 \leqslant T_r < 0.5$	$0.5 \leqslant T_r < 0.6$	$T_r \geqslant 0.6$

注：1. T_r 为外窗的透光折减系数，《建筑采光设计标准》GB 50033—2013 要求建筑外窗的 T_r 应>0.45；当 T_r 值大于 0.6 时，应给出具体数值。

　　2. 节能标准对门窗采光性能的规定详见建筑节能设计章节表 22.4.1（公共建筑）及表 22.5.1（居住建筑）要求。

17.6 建筑幕墙的性能

17.6.1 建筑幕墙的"七性"

建筑幕墙的"七性":抗风压、气密性、水密性、遮阳、保温隔热、隔声、采光。

17.6.2 建筑幕墙抗风压性能

建筑幕墙抗风压性能　　　　表 17.6.2

类别	技术内容								
抗风压性能分级	分级代号	1	2	3	4	5	6	7	8	9
	分级指标值 P_3(kPa)	$1.0{\leqslant}P_3$ <1.5	$1.5{\leqslant}P_3$ <2.0	$2.0{\leqslant}P_3$ <2.5	$2.5{\leqslant}P_3$ <3.0	$3.0{\leqslant}P_3$ <3.5	$3.5{\leqslant}P_3$ <4.0	$4.0{\leqslant}P_3$ <4.5	$4.5{\leqslant}P_3$ <5.0	$P_3{\geqslant}$ 5.0
风荷载标准	建筑幕墙风荷载标准值 W_k 的计算——与门窗相同									
	风荷载标准值 W_k 的最小限值					国标 $W_k{\geqslant}1.0$kPa(1 级)				
						深圳 $W_k{\geqslant}2.5$kPa(4 级)				

注:1. 9 级时需同时标注 P_3 的测试值。如:属 9 级(5.5kPa)。
　　2. 分级指标值 P_3 为正、负风压测试值绝对值的较小值。
　　3. 分级指标值为风荷载标准值 W_k。

17.6.3 建筑幕墙的气密性能

建筑幕墙的气密性能　　　　表 17.6.3

类别	技术内容				
建筑幕墙气密性能设计指标一般规定	地区分类	建筑层数、高度	气密性能分级	气密性能指标小于	
				开启部分 q_L(m³/(m·h))	幕墙整体 q_A(m³/(m·h))
	夏热冬暖地区	10 层以下	2	2.5	2.0
		10 层及以上	3	1.5	1.2
	其他地区	7 层以下	2	2.5	2.0
		7 层及以上	3	1.5	1.2
建筑幕墙开启部分气密性能分级	分级代号	1	2	3	4
	分级指标值 q_A[m³/(m²·h)]	$4.0{\geqslant}q_A$ >2.5	$2.5{\geqslant}q_A$ >1.5	$1.5{\geqslant}q_A$ >0.5	$q_A{\leqslant}0.5$

类别	技术内容			
建筑幕墙开启部分气密性能分级	分级代号	1	2	3	4
	分级指标值 $q_A[m^3/(m^2 \cdot h)]$	$4.0 \geqslant q_A$ >2.0	$2.0 \geqslant q_A$ >1.2	$1.2 \geqslant q_A$ >0.5	$q_A \leqslant 0.5$

注：建筑幕墙的气密性能应满足节能设计标准的要求。

17.6.4 建筑幕墙的水密性能

建筑幕墙水密性能分级　　　　表 17.6.4

类别	技术内容					
建筑幕墙水密性能分级	分级代号		1	2	3	4	5
	分级指标值 ΔP(Pa)	固定部分	$500 \leqslant \Delta P$ <700	$700 \leqslant \Delta P$ <1000	$1000 \leqslant \Delta P$ <1500	$1500 \leqslant \Delta P$ <2000	$\Delta P \geqslant 2000$
		开启部分	$250 \leqslant \Delta P$ <350	$350 \leqslant \Delta P$ <500	$500 \leqslant \Delta P$ <700	$700 \leqslant \Delta P$ <1000	$\Delta P \geqslant 1000$

注：1. 5 级时需同时标注固定部分和开启部分 ΔP 的测试值。

　　2. 一般情况下北方地区要求 2 级以上，南方多雨地区 3 级以上。

17.6.5 玻璃幕墙的遮阳性能

玻璃幕墙遮阳系数分级　　　　表 17.6.5

分级代号	1	2	3	4	5	6	7	8
分级指标值 SC	$0.9 \geqslant SC$ >0.8	$0.8 \geqslant SC$ >0.7	$0.7 \geqslant SC$ >0.6	$0.6 \geqslant SC$ >0.5	$0.5 \geqslant SC$ >0.4	$0.4 \geqslant SC$ >0.3	$0.3 \geqslant SC$ >0.2	$SC \leqslant 0.2$

注：1. 8 级时需同时标注 SC 的测试值。

　　2. 玻璃幕墙遮阳系数 = 幕墙玻璃遮阳系数 × 外遮阳的遮阳系数 × (1 - 非透光部分面积/玻璃幕墙总面积)。

　　3. 建筑幕墙的隔热性能（遮阳系数 SC）应满足节能标准的要求。

17.6.6 建筑幕墙的保温隔热性能

建筑幕墙传热系数分级　　　　表 17.6.6

分级代号	1	2	3	4	5	6	7	8
分级指标值 $K[W/(m^2 \cdot K)]$	$K \geqslant 5.0$	$5.0 > K \geqslant 4.0$	$4.0 > K \geqslant 3.0$	$3.0 > K \geqslant 2.5$	$2.5 > K \geqslant 2.0$	$2.0 > K \geqslant 1.5$	$1.5 > K \geqslant 1.0$	$K < 1.0$

注：1. 建筑幕墙的保温性能（传热系数 K）应满足节能标准的要求。

　　2. 建筑幕墙的隔热性能（遮阳系数 SC）应满足节能标准的要求。

　　3. 建筑幕墙在设计环境条件下应无结露现象。

　　4. 8 级时需同时标注 K 的测试值。

17.6.7　建筑幕墙的隔声性能

建筑幕墙的隔声性能　　　　　　表 17.6.7

建筑幕墙空气声隔声性能分级	分级代号	1	2	3	4	5
	分级指标 R_w(dB)	$25{\leqslant}R_w$ <30	$30{\leqslant}R_w$ <35	$35{\leqslant}R_w$ <40	$40{\leqslant}R_w$ <45	$R_w{\geqslant}45$
	注:5 级时需同时标注 R_w 的具体测试指标值					
对玻璃幕墙隔声性能的要求	隔声量 R_w(dB)	主干道两侧			$R_w{\geqslant}30$dB(2 级)	
		次干道两侧			$R_w{\geqslant}25$dB(1 级)	
	注:玻璃幕墙的隔声措施可采取中空玻璃和缝隙密封的方式					

17.6.8　玻璃幕墙的采光性能

1. 玻璃幕墙采光性能分级可参照外门窗采光性能的分级标准;玻璃幕墙的采光性能应满足建筑节能设计章节表 22.4.1（公共建筑）及表 22.5.1（居住建筑）的要求。

2. 玻璃幕墙的光反射比 $\rho{\leqslant}0.2$,以免对环境造成"光污染"。

3. 有采光要求的幕墙,其可见光透射比 $T_r{\geqslant}0.45$。有辨色要求的幕墙,其光源显色指数 $R_a{\geqslant}80$。

17.7　门窗及玻璃幕墙的防火设计

门窗及玻璃幕墙的防火设计详见第 4 章建筑防火设计。

17.8　门窗及玻璃幕墙的安全设计

17.8.1　门窗、玻璃幕墙及采光屋顶安全设计

门窗、玻璃幕墙及采光屋顶安全设计　　　表 17.8.1

类别		技术规定
门窗安全设计	防盗防外跌	推拉窗应有防止脱落限位装置和防止从室外侧拆卸的装置,导轮应采用铜或不锈钢导轮
		开启扇应带窗锁、执手等锁闭器具
		窗台高度<900mm 的窗及落地窗应采取加设防护栏杆或钢化夹胶玻璃等安全防护措施
	安全玻璃	${\geqslant}7$ 层(或>20m)的建筑外开窗
		面积>1.5m^2 的门窗玻璃

类别		技术规定
门窗安全设计	安全玻璃	落地窗、玻璃窗地高度＜500mm 的门窗
		易受撞击、冲击而造成人体伤害的门窗
	防玻璃热炸裂	除半钢化、钢化玻璃外，均应进行玻璃热炸裂设计计算
	防碰伤人	位于阳台、走廊处的窗宜采用推拉窗或其他措施以防开窗时碰伤人
玻璃幕墙安全设计	安全玻璃	凡玻璃幕墙均必须采用安全玻璃
		采用玻璃肋支承的点支玻璃幕墙，其玻璃肋应采用钢化夹胶玻璃
	防撞护栏	与玻璃幕墙相邻的楼面外缘无实体墙时，应设置防撞护栏
	防坠落伤人	玻璃幕墙下出入口处应设雨篷或安全遮棚，靠近的首层地面处宜设置绿化带防行人靠近
采光屋顶（天窗）安全设计	天窗离地＞3m	应采用钢化夹层玻璃，玻璃总厚度≥8.76mm，其中夹层胶片 PVB 厚度≥0.76mm
	天窗离地≤3m	可采用≥6mm 厚钢化玻璃
	优化建议	采光屋顶（天窗）宜采用钢化夹层玻璃，采用夹层中空玻璃时，夹层玻璃应放在底面

17.8.2 门窗玻璃面积及厚度的规定

门窗玻璃面积及厚度以及安全玻璃的选用应满足《建筑玻璃应用技术规程》JGJ 113—2015 及《建筑安全玻璃管理规定》（发改运行 [2003] 2116 号）的规定。

17.9 采用玻璃幕墙的相关规定

采用玻璃幕墙的相关规定 表 17.9

规定类别		技术规定
不得采用玻璃幕墙的部位	全国	新建住宅、党政机关办公楼、医院门诊急诊楼和病房楼、中小学校、托儿所、幼儿园、老年人建筑，不得在二层及以上采用玻璃幕墙

规定类别		技术规定	
不得采用玻璃幕墙的部位	全国	人员密集、流动性大的商业中心,交通枢纽,公共文化体育设施等场所,临近道路、广场及下部为出入口、人员通道的建筑	严禁采用全隐框玻璃幕墙
			在二层及以上安装玻璃的,应在幕墙下方周边区域合理设置绿化带或裙房等缓冲区域,也可采用挑檐、防冲击雨篷等防护设施
	深圳市	住宅、党政机关办公楼、医院门诊急诊楼和病房楼、中小学校、托儿所、幼儿园、养老院的新建、改建、扩建及立面改造工程,不得在二层以上采用玻璃幕墙或石材幕墙	
		建设单位是在建幕墙工程质量安全第一责任人	
		单体幕墙面积大于10000m² 或幕墙高度大于50m的幕墙工程,建设单位应在初步设计阶段编制建筑幕墙安全性报告,组织幕墙专家对设计方案进行专项安全论证	
		人员密集、流动性大的商业中心,交通枢纽,公共文化体育设施等场所,临近道路、广场及下部为出入口、人员通道的建筑	严禁采用全隐框玻璃幕墙
			在二层及以上安装玻璃或石材幕墙的,应在幕墙下方周边区域合理设置绿化带或裙房等缓冲区域,也可采用挑檐、顶棚、防冲击雨篷等防护设施
		建筑物与中小学校教学楼、托儿所、幼儿园、养老院直接相邻侧二层以上部位	
		在 T 形路口正对直线路段处	
应慎用玻璃幕墙的位置	深圳市	毗邻住宅、医院、保密单位等建筑物	如需设置玻璃幕墙,必须考虑对邻近建筑使用功能或周边环境的影响,并获得环保部门批准
		城市中规定的历史街区、文物保护区和风景名胜区内	
		位于红树林保护区及其他鸟类保护区周边的高层建筑	
不宜设置玻璃幕墙的位置	深圳市	城市道路的交叉口处	如需设置玻璃幕墙,应采用低反射玻璃
		城市主干道、立交桥、高架路两侧的建筑物20m高度以下和其余路段10m高度以下部位(高度自平路面起算)	

规定类别		技术规定	
其他规定	全国	玻璃幕墙宜采用夹层玻璃、均质钢化玻璃或超白玻璃。采用钢化玻璃应符合国家现行标准《建筑门窗幕墙用钢化玻璃》(JG/T 455—2014)的规定	加强方案及施工图设计和施工方案的安全技术论证,并在竣工前进行专项验收
	深圳市	玻璃幕墙应采用夹层玻璃、均质钢化玻璃及其制品,人员密集、流动性大的重要公共建筑,且可能造成人身伤害、财产损失的幕墙玻璃面板,倾斜或倒挂的幕墙玻璃必须采用夹层玻璃;点支承、隐框、半隐框玻璃幕墙和隐框开启扇用中空玻璃的第二道密封胶必须采用硅酮结构密封胶	

注:本表源于住房和城乡建设部、国家安全监督总局《关于进一步加强玻璃幕墙安全防护工作的通知》(建标〔2015〕38 号)、《深圳市建筑设计规则》及《深圳市住房和建设局关于加强建筑幕墙安全管理的通知》(深建物业〔2016〕43 号);全国其他地区也有类似规定,可供设计玻璃幕墙时参考。

典型玻璃的光学热工参数 附录 17-1

玻璃品种		可见光透射比 τ_v	太阳光总透射比 g_g	遮阳系数 SC	传热系数 $K_g[\text{W}/(\text{m}^2 \cdot \text{K})]$
(平板)透明玻璃	3mm 透明玻璃	0.83	0.87	1.00	5.8
	6mm 透明玻璃	0.77	0.82	0.93	5.7
	12mm 透明玻璃	0.65	0.74	0.84	5.5
(着色玻璃)吸热玻璃	5mm 绿色吸热玻璃	0.77	0.64	0.76	5.7
	6mm 蓝色吸热玻璃	0.54	0.62	0.72	5.7
	5mm 茶色吸热玻璃	0.50	0.62	0.72	5.7
	5mm 灰色吸热玻璃	0.42	0.60	0.69	5.7
阳光控制镀膜玻璃(热反射玻璃)	6mm 高透光热反射玻璃	0.56	0.56	0.64	5.7
	6mm 中等透光热反射玻璃	0.40	0.43	0.49	5.4
	6mm 低透光热反射玻璃	0.15	0.26	0.30	4.6
	6mm 特低透光热反射玻璃	0.11	0.25	0.29	4.6
单片 Low-E 玻璃	6mm 高透光 Low-E 玻璃	0.61	0.51	0.58	3.6
	6mm 中等透光型 Low-E 玻璃	0.55	0.44	0.51	3.5

玻璃品种	可见光透射比 τ_v	太阳光总透射比 g_g	遮阳系数 SC	传热系数 $K_g[W/(m^2 \cdot K)]$
6mm 透明+12mm 空气+6mm 透明	0.71	0.75	0.86	2.8
6mm 绿色吸热+12mm 空气+6mm 透明	0.66	0.47	0.54	2.8
6mm 灰色吸热+12mm 空气+6mm 透明	0.38	0.45	0.51	2.8
6mm 中等透光热反射+12mm 空气+6mm 透明	0.28	0.29	0.34	2.4
6mm 低透光热反射+12mm 空气+6mm 透明	0.16	0.16	0.18	2.3
中空玻璃 6mm 高透光 Low-E+12mm 空气+6mm 透明	0.72	0.47	0.62	1.9
6mm 中透光 Low-E+12mm 空气+6mm 透明	0.62	0.37	0.50	1.8
6mm 较低透光 Low-E+12mm 空气+6mm 透明	0.48	0.28	0.38	1.8
6mm 低透光 Low-E+12mm 空气+6mm 透明	0.35	0.20	0.30	1.8
6mm 高透光 Low-E+12mm 氩气+6mm 透明	0.72	0.47	0.62	1.5
6mm 中透光 Low-E+12mm 氩气+6mm 透明	0.62	0.37	0.50	1.4
单银中性 6mmLow-E+12mm 空气+6mm 透明	0.74	0.62	0.73	1.84
单银蓝色 6mmLow-E+12mm 空气+6mm 透明	0.65	0.52	0.61	1.83
单银浅灰 6mmLow-E+12mm 空气+6mm 透明	0.55	0.43	0.50	1.77
超白中空玻璃 双银中性 6mmLow-E+12mm 空气+6mm 透明	0.71	0.44	0.51	1.60
双银蓝色 6mmLow-E+12mm 空气+6mm 透明	0.65	0.37	0.43	1.59
双银灰色 6mmLow-E+12mm 空气+6mm 透明	0.67	0.41	0.47	1.62

各类整窗热工性能指标表

附录 17-2

玻璃	普通铝合金窗 传热系数 K (W/(m²·K))	遮阳系数 SC	太阳得热系数 SHGC	可见光透射比 Tv	断热铝合金窗 传热系数 K (W/(m²·K))	遮阳系数 SC	太阳得热系数 SHGC	可见光透射比 Tv	塑料 PVC 窗 传热系数 K (W/(m²·K))	遮阳系数 SC	太阳得热系数 SHGC	可见光透射比 Tv	铝塑窗 传热系数 K (W/(m²·K))	遮阳系数 SC	太阳得热系数 SHGC	可见光透射比 Tv
单片玻璃 透明玻璃(5~6mm)	6.0	0.78	0.68	0.62	5.3	0.72	0.63	0.58	4.7	0.67	0.58	0.54	4.92	0.67	0.59	0.54
着色吸热玻璃(5~6mm)	6.0	0.57	0.50	0.34	5.3	0.53	0.46	0.32	4.7	0.49	0.43	0.29	4.92	0.50	0.43	0.42
热反射玻璃(6mm) 高透光	6.0	0.54	0.47	0.45	5.3	0.50	0.44	0.42	4.7	0.46	0.40	0.39	4.92	0.47	0.41	0.39
热反射玻璃(6mm) 中透光	5.7	0.42	0.37	0.32	5.1	0.39	0.34	0.30	4.44	0.36	0.31	0.28	4.71	0.36	0.31	0.28
热反射玻璃(6mm) 低透光	5.1	0.26	0.23	0.12	4.5	0.24	0.21	0.11	3.88	0.22	0.19	0.11	4.15	0.22	0.19	0.11
Low-E玻璃(6mm) 高透光	4.28	0.49	0.43	0.49	3.75	0.46	0.40	0.46	3.07	0.45	0.39	0.43	3.45	0.44	0.38	0.43
Low-E玻璃(6mm) 中透光	4.20	0.43	0.37	0.44	3.68	0.40	0.35	0.41	3.18	0.37	0.32	0.39	3.38	0.38	0.33	0.39
Low-E玻璃(6mm) 低透光																
中空玻璃 无色透明中空玻璃(6+12A+6)	3.84	0.71	0.62	0.57	3.35	0.66	0.57	0.53	2.82	0.62	0.54	0.50	3.09	0.62	0.54	0.50
吸热中空玻璃(灰)(6x+12A+6) 中透光	3.84	0.44	0.38	0.30	3.35	0.41	0.36	0.29	2.82	0.38	0.33	0.27	3.09	0.38	0.33	0.27
吸热中空玻璃(灰)(6x+12A+6) 低透光	3.52	0.29	0.25	0.22	3.05	0.27	0.23	0.21	2.51	0.25	0.22	0.20	2.81	0.25	0.22	0.20
热反射中空玻璃(6R+12A+6) 高透光	3.44	0.45	0.39	0.58	2.98	0.42	0.37	0.54	2.47	0.40	0.35	0.50	2.74	0.40	0.35	0.50
热反射中空玻璃(6R+12A+6) 低透光	3.12	0.17	0.15	0.13	2.68	0.16	0.14	0.12	2.11	0.15	0.13	0.11	2.46	0.15	0.13	0.11
Low-E中空玻璃(6L+12A+6) 中透光	3.04	0.36	0.31	0.50	2.60	0.34	0.29	0.47	2.12	0.32	0.28	0.43	2.39	0.32	0.28	0.43
Low-E中空玻璃(6L+12A+6) 低透光	3.04	0.21	0.18	0.28	2.60	0.19	0.16	0.26	2.12	0.18	0.16	0.25	2.39	0.18	0.16	0.25

说明：1. 本表的各种热工性能参数是根据所附玻璃与窗框的有关数据计算结果，供设计计算参考。

2. 由于不同厂家有不同的数据参数。因此设计时宜以厂家提供的实测数据参数为准。

18 附属设施

18.1 阳 台

阳台的技术要求 表 18.1

类别	技术要求
临空防护	详表 6.6.2
	高层建筑宜采用实心栏板,加设花池时,必须解决其泄水问题。可能放置花盘处须采取防坠落措施
阳台围护	开敞阳台顶层和上下错位的阳台宜设置雨篷等挡雨设施
	不同用户之间毗邻的阳台应设置具有一定强度的实心隔板
阳台排水	开敞阳台及其雨篷应进行有组织排水。低层阳台可采用泄水管排水,伸出阳台不少于 0.05m
	开敞阳台、雨篷应进行防水设计,阳台地面应低于相邻室内地面不少于 0.05m,并以 1% 的坡度排向水落口
阳台设施	居住建筑阳台宜考虑晾晒衣物的设施
阳台保温	严寒、寒冷地区开敞阳台应进行节能设计,根据设计采取适当的保温措施

18.2 排气道和室内通风道

排气道和室内通风道的设计要求 表 18.2

类别	设 计 要 求	
一般规定	排气道、通风道应分别独立设置,不得使用同一管道系统,并排时应防相互串通烟气	
	应采用耐火极限不低于 1.00h 的不燃烧材料制作	

类别	设计要求		
一般规定	内壁应平整,断面形状、尺寸利于烟(气)通畅	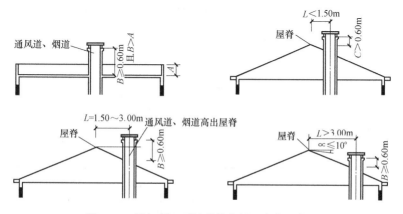	
	断面应经计算确定		
	烟道和通风道应伸出屋面,不宜水平伸出		
	烟道和通风道顶部应有防倒灌和防风雪措施,如风帽、防倒灌顶板和侧面挡板		
	伸出高度应有利烟气扩散,根据屋面形式、周围遮挡物的高度、距离和积雪深度确定,且≥0.6m		
	每层烟道的进烟口应设密封装置,防止窜烟窜味。通风道的进风口应设铝合金或不锈钢网片		
坡屋面排气道、通风道	中心线与屋脊距离 L	$L<1.5m$	应高出屋脊 0.6m
		$1.5m≤L<3.0m$	应高于屋脊,且伸出面≥0.6m
		$L>3.0m$	其顶部与屋脊的连线同水平线的夹角≤10°,且伸出面≥0.6m
地下车库排风口	宜设于下风向,并作消声处理		
	不应朝向邻近建筑的可开启外窗		
	与人员活动场所距离≤10m时,朝向该场所的排风口底部距人员活动地坪的高度应≥2.5m		

图 18.2 排气道、通风道伸出屋面高度示意图

18.3 管 道 井

管道井的技术要求　　　　　　　　　表 18.3

类别	技术要求
设置要求	安全、防火和卫生方面互有影响的管道不应敷设在同一竖井内
	电缆井、水管、排烟道、排气道、垃圾道等竖向管道井,应分别独立设置
管井构造	井壁的耐火极限不低于 1.00h,检修门应采用丙级防火门,门下设不小于 0.1m 高的门槛
	电缆井、管道井应每层采用不低于楼板耐火极限的不燃材料或防火封堵材料封堵
	电缆井、管道井与房间、走道等相连通的孔隙应采用防火封堵材料封堵
住宅建筑管道井	应采取有效的隔声措施
垃圾道	建筑内垃圾道宜靠外墙设置,排气口直接开向室外,垃圾斗应采用不燃材料制作并能自行关闭

18.4 变 形 缝

18.4.1 变形缝类型与技术特点

变形缝类型与技术特点　　　　　　　表 18.4.1

类别			技术特征及要求
定义			建筑物由于气温变化、地基不均匀沉降、地震等外界因素作用产生的变形而预留的构造缝,是伸缩缝、沉降缝、防震缝的总称
分类	按部位		①楼地面变形缝;②内墙、顶棚及吊顶变形缝;③外墙变形缝;④屋面变形缝
	按两侧结构特点	平面型	变形缝两侧的安装结构面在同一平面上
		转角型	变形缝两侧的安装结构面为互相垂直
	按装置的构造特征	金属盖板型	由铝合金基座、铝合金(不锈钢、黄铜)中心盖板、不锈钢滑杆组成,与装修层结合平整。适合于 50～500mm 缝宽
		金属卡锁型	由铝合金基座、铝合金边侧盖板及铝合金中心滑动板组成。外观整洁、安装方便。适合于 50～200mm 缝宽

类别			技术特征及要求
分类	按装置的构造特征	双列嵌平型	由铝合金基座、铝合金中心板、不锈钢滑杆和橡胶条组成。铝合金中心板可嵌入石材、地砖、地毯等,适合于洁净度高之处。适合于 100～300mm 缝宽
		单列嵌平型	由铝合金基座和橡胶条组成。结合平整、严密。适合于 50mm 缝宽
		防震型	由铝合金基座、中心盖板、胶条、滑杆和抗震弹簧组成。可承受多方向的变位,具有平整、装饰效果好的特点。适合于 75～500mm 缝宽
		承重型	有一定荷载要求的盖板型楼面变形缝装置,其基座和盖板断面加厚
设计原则			宜调整平面形状和尺寸、体形,采用构造和施工措施(如设后浇带等),尽量不设变形缝
			设变形缝时,应将建筑结构划分为独立和较规则的抗侧力结构单元,并宜将伸缩缝、沉降缝、防震缝相重合设计,使一缝具有多种缝的功能,其缝宽应符合防震缝的缝宽规定
设计要求			应采取防水、排水、防火、保温、隔热、隔声、防老化、防腐蚀、防虫害和防脱落等构造和材料
			变形缝构造基层应采用不燃烧材料
			电缆、可燃气体管道和甲、乙、丙类液体管道,不应敷设在变形缝内,如穿变形缝时,应加设不燃烧材料套管或采取其他防变形措施,以不燃烧防火封堵材料将套管空隙填塞密实

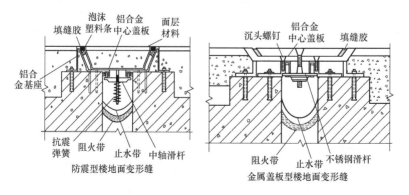

图 18.4.1　变形缝示意图

18.4.2 建筑变形缝装置的种类和构造特征表

建筑变形缝装置的种类与构造特征 表 18.4.2

使用部位	构 造 特 征							
	金属盖板型	金属卡锁型	橡胶嵌平型	防震型	承重型	阻火带	止水带	保温层
楼面	√	√	单列、双列	√	√	—	√	—
内墙、顶棚	√	√	—	√	—	√	—	—
外墙	√	√	橡胶	√	—	√	√	√
屋面	√	—	—	√	—	√	√	√

18.4.3 伸缩缝

1. 高层建筑钢筋混凝土结构伸缩缝的最大间距

高层建筑钢筋混凝土结构伸缩缝的最大间距 表 18.4.3-1

结构体系	施工方法	最大间距(m)
框架结构	现浇	55
剪力墙结构	现浇	45

注：1. 框架-剪力墙的伸缩缝间距可根据结构的具体布置情况取表中框架结构与剪力墙结构之间的数值；

2. 当屋面无保温层或隔热措施、混凝土的收缩较大或室内结构因施工外露时间较长时，伸缩缝间距应适当减少；

3. 位于气候干燥地区、夏季炎热且暴雨频繁地区的结构，伸缩缝的间距宜适当减少。

2. 钢筋混凝土结构伸缩缝的最大间距

钢筋混凝土结构伸缩缝的最大间距 （m） 表 18.4.3-2

结构类型		室内或土中	露 天
排架结构	装配式	100	70
框架结构	装配式	75	50
	现浇式	55	35
剪力墙结构	装配式	65	40
	现浇式	45	30
挡土墙、地下室墙	装配式	40	30
	现浇式	30	20

注：1. 装配整体式结构取表中装配与现浇之间的数值。

2. 框架-剪力墙、框架-核心筒取表中框架与剪力墙之间的数值。

3. 当屋面无保温层或隔热措施时，框架结构、剪力墙结构宜按露天栏的数值取用。

4. 现浇挑檐、雨罩等外露结构的局部伸缩缝间距不宜大于12m。

3. 砌体结构伸缩缝的最大间距

砌体结构伸缩缝的最大间距　　　　表 18.4.3-3

屋盖或楼盖类型		伸缩缝间距(m)
整体式或装配整体式 钢筋混凝土结构	有保温层或隔热层的屋盖、楼盖	50
	无保温层或隔热层的屋盖	40
装配式无檩体系 钢筋混凝土结构	有保温层或隔热层的屋盖、楼盖	60
	无保温层或隔热层的屋盖	50
装配式有檩体系 钢筋混凝土结构	有保温层或隔热层的屋盖	75
	无保温层或隔热层的屋盖	60
瓦材屋盖、木屋盖、楼盖、轻钢屋盖		100

注：1. 石砌体、蒸压灰砂砖、蒸压粉煤灰普通砖、混凝土砌块、混凝土普通砖和混凝土多孔砖房屋，取表中数值乘 0.8，当墙体有可靠保温措施时，其间距可取表中数值。

2. 层高大于 5m 的烧结普通砖、烧结多孔砖、配筋砌块砌体结构单层房屋，其间距可按表中数值乘以 1.3。

3. 温差较大且变化频繁地区和严寒地区不采暖的房屋，伸缩缝间距应适当减少。

18.4.4　沉降缝

当建筑相邻部分的荷载、高度相差悬殊、地基地质不均、地基承载力较低、易造成不均匀沉降时，宜设沉降缝，缝宽不小于 50mm。

18.4.5　防震缝

有抗震设防的建筑物，当体形复杂、平立面特别不规则、各部分刚度、高度和质量相差悬殊时，可在适当部位设置防震缝，形成多个较规则的抗侧力结构单元。防震缝的宽度应符合下表要求，并应 ≥70mm。

防震缝的宽度　　　　表 18.4.5

结构类型		建筑高度 H(m)	防震缝宽度(mm)			
			Ⅵ度区	Ⅶ度区	Ⅷ度区	Ⅸ度区
钢 筋 混 凝 土	框架结构	$H{\leqslant}15$	≥100			
		$H{>}15$	100mm+超过 15m 后每增加 d 则加宽 20mm			
			$d=5$m	$d=4$m	$d=3$m	$d=2$m
		—	伸缩、沉降缝的宽度同防震缝			
	框架—剪力墙结构	—	≥框架结构规定缝宽数值的 70%，且 ≥100			
	剪力墙结构	—	≥框架结构规定缝宽数值的 50%，且 ≥100			

结构类型	建筑高度 H(m)	防震缝宽度(mm)			
		Ⅵ度区	Ⅶ度区	Ⅷ度区	Ⅸ度区
钢结构	—	≥相应钢筋混凝土结构缝宽数值的 1.5 倍			
多层砌体结构	—	70～100mm			
装配式单层钢筋混凝土厂房	—	纵横跨交接处大柱网以及不设柱间支撑时		100～150mm	
	—	其他		50～90mm	

19 设备用房与防排烟设施

19.1 设备用房的面积、位置及设计要求汇总表

设备用房一览表 表 19.1

类别	设备用房名称	面 积(m²)	位置及要求
给水排水	水泵房及水池	190～300	位于地下二层及以上,室内地面与室外出入口的地坪高差小于10m,靠近消防控制室,疏散门应直通室外或安全出口。设防火墙、甲级防火门并向外开
	中水处理间及水池	150～250	地下室。与水泵房及其他水池严格分开
	热交换间	60～100	地下室或屋面
	泡沫灭火间	10(设2个泡沫罐)/间	停车≥300辆的地下车库宜设。用防火墙与其他隔开
	气体灭火间	4～10	靠近变配电室、电信机房、其他特殊重要设备室等。防火墙分隔,防火门独立对外。在外墙设泄压口(若发电机房已设则不再设)
电气	变、配电室(变压器室、高低压配电室)	0.6%总建筑面积且≥200	首层或地下一层靠外墙,宜近制冷机房,但不与水池相邻。不应布置在人员密集场所的上一层、下一层或贴邻。设防火墙和甲级防火门,应直接对外安全出口。变压器室之间、变压器室与配电室之间应设耐火极限≥2h的防火隔墙
	柴油发电机房	40～100(内含油箱间3～6)	宜首层或地下一、二层,宜靠两面外墙,设防火墙和甲级防火门,并向外开。储油间应设门槛或降低地面150mm。不应布置在人员密集场所的上一层、下一层或贴邻。储油间应

类别	设备用房名称	面　积(m²)	位置及要求
电气	柴油发电机房	40～100(内含油箱间 3～6)	设单独排风，且排风设备不应设在地下室；总储油量应≤1m³，并应采用防火墙与发电机房分隔；门应为甲级防火门
	消防控制室	24～60	首层或地下一层。应设直通室外的安全出口。靠近水泵房且联系方便
	楼宇自控室(BAS)	30	可与消防控制室合并
	闭路电视室	20	可与消防控制室相邻或合并
	电话机房	6	二～四层或地下室
	电视前端室	4～5	首层或地下室
	电梯机房	16×电梯台数	屋面。消防电梯机房应与其他电梯机房用防火墙、甲级防火门隔开。机房门不得开向公共疏散楼梯间
暖通空调	锅炉房	100～150	独立设置，贴邻民用建筑时应采用防火墙分隔，且不应贴邻人员密集场所；确需布置在民用建筑时，不应布置在人员密集场所的上一层、下一层或贴邻以及主要通道、疏散口的两旁，并应设置于首层、地下一层的靠近外墙部位，但常(负)压燃油或燃气锅炉可设置在地下二层或屋顶上，设在屋顶上时，距离通向屋面的安全出口≥6m；应设直接对外安全出口。应设防火、防爆墙和甲级防火门、窗，燃气锅炉房应设置爆炸泄压装置，其外墙、楼地面或屋面，应该有不小于锅炉房占地面积10%的泄压面积
	制冷机房	0.2%～1.0%总建筑面积	地下室或设备层，宜近空调负荷中心及配电室。两个出口，甲级防火门外开
	空调机房	2%～2.5%空调面积	空调层、设备层。靠近负荷中心，应有一边靠外墙。不得开门直接与商场相通
	地下室通风排烟机房	0.25%～0.3%通风面积	地下室。排烟口应设在下风向并远离楼梯出口

类别	设备用房名称		面　积（m²）	位置及要求
管道井	水	管道水表井	0.7×1.2	住宅建筑可设置在防烟楼梯间前室、合用前室内，但检查门应采用丙级防火门
		管道排气井	0.7×1.2	
	电	强电井	1.0×1.5	
		弱电井	0.8×1.2	
	通风	排烟井	0.4×1.5	防烟楼梯间及前室、消防电梯间前室或与防烟楼梯合用前室、地下室通风排烟机房、避难走道的前室及避难层（间）
		送风井	单用 0.4×2，合用 0.4×2.5	
机房净高			锅炉房 6m，中水处理间 5m，水泵房、电梯机房 3m，变配电室 4.5m，制冷机房 3.5～5m，发电机房 4m，空调机房 3.5～4.5m	
管道占用净空			空调管道 300～700mm，常用 500mm；商住楼、综合楼给水排水管道 200mm	

注：1. 采用相对密度（与空气密度的比值）≥0.75 的可燃气体为燃料的锅炉，不得设置在地下、半地下室。

2. 生活饮用水池（箱）应与其他用水的水池（箱）分开设置；生活饮用水池、水箱的池（箱）体应采用独立结构形式，不得利用建筑物的本体结构作为水池和水箱的壁板、底板及顶板。生活饮用水池（箱）的材质、衬砌材料和内壁涂料不得影响水质。

3. 给水泵房、排水泵房不得设置在有安静要求的房间上面、下面和毗邻的房间内；泵房内应设排水设施，地面应设防水层；泵房内应设隔振防噪设施。

4. 配变电所、智能化系统的机房不应设在厕所、浴室或其他经常积水场所的正下方，且不宜与上述场所相贴邻；当配变电所的正上方、正下方为住宅、客房、办公室等场所时，配电所应作屏蔽处理。

5. 变压器室、配电室等应设置防雨雪和小动物从采光窗、门、电缆沟等进入室内的设施。

6. 机械通风系统的进风口、空调系统的新风采集口应设置在室外空气清新、清洁的位置；废气排放不应设置在有人停留或通行的地带。

7. 冷冻机房、水泵房、换热站等应预留大型设备的进入口；有条件时，在机房内适当位置预留吊装设施。

8. 当旅馆、住宅等建筑上部有管线较多的房间，下部为大空间房间或转换为其他功能用房而管线需要转换时，宜在上下部之间设置设备层；设备层的净高应根据设备和管线的安装检修需要确定。

9. 锅炉房出入口不应少于 2 个。但对于独立锅炉房，当炉前走道总长小于 12m，且总建筑面积小于 200m² 时，其出入口可设一个；非独立锅炉房，其人员出入口必须有 1 个直通室外；锅炉房为多层布置时，其各层人员出入口不应少于 2 个。楼层上的人员出入口，应有直接通向地面的安全楼梯。

19.2 建筑防排烟设施的分类及其设计要求

建筑防排烟设施的分类及其设计要求　　　　　　　表 19.2

类别	分项内容	技术要求
自然排烟	适用范围	1. 除高度＞50m 的公共建筑、厂房、仓库和高度＞100m 的居住建筑,当防烟楼梯间的前室或合用前室符合下列条件之一时,楼梯间可不设置防烟系统: (1)前室或合用前室采用敞开的阳台、凹廊; (2)前室或合用前室具有不同朝向的可开启外窗,且可开启外窗的面积满足自然排烟口的面积要求。 2. 净空高度≤12m 的中庭、剧场舞台。 3. 长度≤60m 的内走道,长度＜40m 的疏散通道
	设计要求	1. 可开启外窗面积应符合下列要求: (1)防烟楼梯间前室、消防电梯间前室≥2m²,合用前室≥3m²; (2)靠外墙的封闭、防烟楼梯间:每 5 层内可开启外窗面积之和≥2m²; (3)符合自然排烟的内走道:≥2%内走道面积; (4)需要排烟的房间:≥2%房间面积; (5)净空高度不超过 12m 的中庭、剧场舞台:≥5%中庭、剧场舞台的楼地面面积。 2. 排烟窗口宜设计在外墙上方或屋顶上,并应有方便开启的装置。 3. 排烟窗口距防烟分区最远点≤30m
机械排烟	适用范围	(一)民用建筑 1. 设置在一、二、三层且房间建筑面积大于 100m² 的歌舞、娱乐、放映、游艺场所,设置在四层及以上楼层、地下或半地下的歌舞、娱乐、放映、游艺场所; 2. 中庭; 3. 公共建筑内建筑面积＞100m² 且经常有人停留的地上房间; 4. 公共建筑内建筑面积＞300m² 且可燃物较多的地上房间; 5. 建筑内长度＞20m 的疏散走道。 (二)厂房或仓库 1. 人员或可燃物较多的丙类生产场所,丙类厂房内建筑面积＞300m² 且经常有人停留或可燃物较多的地上房间; 2. 建筑面积＞5000m² 的丁类生产车间; 3. 占地面积＞1000m² 的丙类仓库; 4. 高度＞32m 的高层厂房(仓库)内长度＞20m 的疏散走道,其他厂房(仓库)内长度＞40m 的疏散走道。 (三)地下或半地下建筑(室)、地上建筑的无窗房间,当总建筑面积＞200m² 或一个房间建筑面积＞50m²,且经常有人停留或可燃物较多时,应设置排烟设施

类别	分项内容	技术要求
机械排烟	技术措施	设排烟井、排烟口、进风口(由通风专业确定)
机械防烟	适用范围	1. 无窗防烟楼梯间,消防电梯间前室或合用前室; 2. 有窗防烟楼梯间,其无窗的前室或合用前室; 3. 避难走道的前室、避难层(间)
	技术措施	设正压送风井、送风口、进风口(由通风专业确定)

19.3 防烟分区及设计要求

防烟分区及设计要求 表 19.3

防烟分区面积	适用范围	分隔措施
≤500m²	需设机械排烟设施且室内净高≤6m 的场所	1. 隔墙; 2. 顶棚上凸出≥500mm 的结构梁; 3. 顶棚下凸出≥500mm 的不燃体

20 建筑防腐蚀技术

20.1 基 本 概 述

建筑防腐蚀基本概述 表 20.1

类别	技术内容	
适应场所	适应于化工、冶金、机械、轻工、化纤、印染、电子、医药、医院、实验室及其他行业的工业与民用建筑的有防腐蚀要求部位的设计——楼地面、墙裙、踢脚、地沟、地坑、建筑基础、设备基础、池、槽、罐、烟道、烟囱、反应釜等	
腐蚀介质	酸、碱、油、有机溶剂、氧化性介质(氯气、过氧化氢)、盐、酸气、酸雾、硫化氢气体等;常用材料的耐腐蚀性能参本章附录 20-1-2	
腐蚀性等级	强、中、弱、微	
腐蚀分类	化学腐蚀	①气体腐蚀;②非电解质溶液腐蚀
	电化学腐蚀	①大气腐蚀;②电解质溶液腐蚀;③土壤腐蚀

20.2 常用防腐蚀材料

常用建筑防腐蚀材料 表 20.2

分类指标	常用建筑防腐蚀材料类别及技术要求		
防腐蚀面层	块材类	耐酸砖、耐酸缸砖、耐酸陶板	
		耐酸石板	花岗岩板、石英岩板、微晶石
	砂浆类	沥青砂浆、树脂砂浆、密实钾(钠)水玻璃砂浆、聚合物水泥砂浆	
	混凝土类	密实混凝土、耐碱混凝土、密实钾(钠)水玻璃混凝土、呋喃混凝土	
	树脂玻璃钢	—	
	涂料类	—	
	选材	两层沥青玻璃布油毡	3mm 厚 SBS 改性沥青卷材	1.5mm 厚三元乙丙卷材

分类指标		常用建筑防腐蚀材料类别及技术要求		
防腐隔离层	选材	1.5mm 厚聚氨酯涂层	1mm 厚聚乙烯丙纶卷材	1mm 厚树脂玻璃钢
	位置	基层找平层与结合层之间		
	要求	与结合层材料相容，无不良反应	如沥青类面层应选用 SBS 改性沥青卷材、三元乙丙或聚乙烯丙纶隔离层；树脂类面层应选用树脂玻璃钢隔离层	
防水层	常见种类	SBS 改性沥青卷材、三元乙丙卷材、聚乙烯丙纶卷材、聚氨酯涂料		
结合层（粘结层）胶泥、勾缝胶泥	常见种类	沥青胶泥	环氧胶泥	环氧沥青胶泥
		呋喃胶泥	密实钾水玻璃胶泥	密实钠水玻璃胶泥
		双酚 A 型不饱和聚酯胶泥	二甲苯型不饱和聚酯胶泥	间苯型不饱和聚酯胶泥
		邻苯型不饱和聚酯胶泥	乙烯基酯胶泥	酚醛胶泥
		氯丁胶乳水泥砂浆	聚丙烯酸酯乳液水泥砂浆	环氧乳液水泥砂浆

注：1. 常用防腐蚀材料及其运用部位参附录 20-2。
　　2. 一般结合层与勾缝材料宜配套使用。

20.3 防 腐 涂 料

涂层设计应包括：基层要求；底涂层、中间涂层、面涂层的涂料名称、遍数和厚度；涂层总厚度及面层颜色；新建工程钢结构重要构件的除锈等级不应低于 Sa2.5；涂层的品种及适用性详见表 20.3-2。

防腐涂料的应用 表 20.3-1

类别	技术内容
适用的基层	木质基层、混凝土基层、钢基层等
基层要求	钢结构重要构件的除锈等级不应低于 Sa2.5
涂层厚度	底涂层（2 遍，厚 60～80μm），中间涂层（1～2 遍，厚 80～120μm），面涂层（2～3 遍，厚 100～120μm）
涂层构造	包括底涂层、中间涂层、面涂层
涂层品种	聚氨酯涂料、丙烯酸类涂料、环氧类涂料等，详表 20.3-2

涂料品种		耐酸	耐碱	耐油	耐候	耐磨	与基层附着力		装饰效果
							钢铁	水泥	
氯化橡胶涂料		○	○	○	○	○	○	○	○
脂肪族	聚氨酯涂料	○	○	√	○	√	○	○	√
芳香族		○	○	×	√	○	○	○	√
环氧涂料		○	√	√	×	√	√	√	○
聚氯乙烯萤丹涂料		√	○	○	○	√	○	○	○
高氯化聚乙烯涂料		○	○	○	○	○	○	○	○
氯磺化聚乙烯涂料		○	○	○	○	○	○	○	○
聚苯乙烯涂料		○	○	○	△	○	○	○	○
醇酸涂料		△	×	○	○	○	○	△	○
丙烯酸涂料		△	△	○	○	○	○	○	○
丙烯酸环氧涂料		○	○	○	○	√	√	√	○
丙烯酸聚氨酯涂料		○	○	○	○	○	○	○	○
氟碳涂料		○	○	○	√	√	由于价格较贵不用作底涂		√
聚硅氧烷涂料		○	○	○	√	√			√
聚脲涂料		○	○	○	○	○	○	○	○
环氧沥青涂料、聚氨酯沥青涂料		○	○	△	×	○	√	√	×

注：1. 表中：√优、○良、△可、×差。
　　2. 加入氟树脂改性的聚氯乙烯萤丹涂料，其耐候性为优。

20.4　典型的防腐蚀楼地面做法

典型的防腐蚀楼地面做法　　　　　　表 20.4

类型	层次	材料		构造做法
耐酸面砖/石板楼地面	1. 面层	面砖		耐酸砖（20、30、65mm 厚）、缸砖（20、40、65mm 厚），缝宽 3～5mm
		石板		耐酸石板（20mm 厚）、花岗岩板（60mm 厚），缝宽 3～5mm
	2. 结合层（粘结层）	胶泥	沥青类	沥青胶泥（3～5mm 厚）
			环氧类	环氧胶泥、环氧沥青胶泥（4～6mm 厚）
			呋喃类	呋喃胶泥（4～6mm 厚）

类型	层次	材料		构造做法
耐酸面砖/石板楼地面	2. 结合层（粘结层）	胶泥	水玻璃类	密实钾水玻璃胶泥、密实钠水玻璃胶泥（3~5mm 厚）
			不饱和聚酯类	双酚 A 型不饱和聚酯胶泥、二甲苯型不饱和聚酯胶泥、间苯型不饱和聚酯胶泥、邻苯型不饱和聚酯胶泥（4~6mm 厚）
			乙烯类	乙烯基酯胶泥（4~6mm 厚）
			酚醛类	酚醛胶泥（4~6mm 厚）
		水泥砂浆		氯丁胶乳水泥砂浆（4~6mm 厚）
				聚丙烯酸酯乳液水泥砂浆（4~6mm 厚）
				环氧乳液水泥砂浆（4~6mm 厚）
	3. 隔离层	卷材、涂料		1mm 厚聚乙烯丙纶卷材、3mm 厚 SBS 改性沥青卷材
				1.5mm 厚聚氨酯涂料、1.5mm 厚三元乙丙卷材
	4. 找平层	水泥砂浆		20mm 厚 1:2 水泥砂浆
	5a. 垫层	混凝土		120mm 厚 C20 细石混凝土，纵横设缝@3~6m（用于地面）
	5b. 找坡层	混凝土		20~80mm 厚 C20 细石混凝土，坡度 i=2%（用于楼面）
	6. 防潮层	塑料膜		0.2mm 厚塑料薄膜（用于地面）
	7. 基层	楼面		现浇或预制钢筋混凝土楼板（预制板上应浇 40mm 厚配筋细石混凝土）
		地面		基土找坡夯实（夯实系数≥0.9）
沥青砂浆、密实混凝土楼地面	1. 面层	沥青砂浆		20~40mm 厚沥青砂浆碾压成型，表面熨烫平整
		密实混凝土		60mm 厚 C30 密实混凝土（或 I 级耐碱混凝土）随捣提浆抹平压光
	2. 隔离层	油毡、卷材胶泥		两层沥青玻璃布油毡、3mm 厚 SBS 改性沥青卷材、1.5mm 厚三元乙丙卷材（三选一）
	3. 找平层	水泥砂浆		20mm 厚 1:2 水泥砂浆
	4. 垫层	混凝土		120mm 厚 C20 细石混凝土，纵横设缝@3~6mm（用于地面）
	5. 找坡层	混凝土		20~80mm 厚 C20 细石混凝土，坡度 i=2%（用于楼面）

类型	层次	材料	构造做法
沥青砂浆、密实混凝土楼地面	6.防潮层	塑料膜	0.2mm 厚塑料薄膜(用于地面)
	7.基层	楼面	现浇或预制钢筋混凝土楼板(预制板上应浇40mm 厚配筋细石混凝土)
		地面	基土找坡夯实(夯实系数≥0.9)
密实钾水玻璃混凝土、砂浆楼地面(无隔离层)	1.面层	水玻璃混凝土	60～80mm 厚密实钾水玻璃混凝土提浆抹平压光
		水玻璃砂浆	30～40mm 厚密实钾水玻璃砂浆抹平压光
	2.垫层	混凝土	120mm 厚 C20 细石混凝土,纵横设缝@3～6m(用于地面)
	3.找坡层	混凝土	20～80mm 厚 C20 细石混凝土,坡度 $i=2\%$(用于楼面)
	4.防潮层	塑料膜	0.2mm 厚塑料薄膜(用于地面)
	5.基层	楼面	现浇或预制钢筋混凝土楼板(预制板上应浇40mm 厚配筋细石混凝土)
		地面	基土找坡夯实(夯实系数≥0.9)
密实钾(钠)水玻璃混凝土楼地面(有隔离层)	1.面层	水玻璃混凝土	80mm 厚密实水玻璃混凝土提浆抹平压光
	2.隔离层	卷材、涂料	1mm 厚聚乙烯丙纶卷材或 1.5mm 厚聚氨酯涂料
	3.找平层	水泥砂浆	20mm 厚 1:2 水泥砂浆
	4.垫层	混凝土	120mm 厚 C20 细石混凝土,纵横设缝@ 3～6m(用于地面)
	5.找坡层	混凝土	20～80mm 厚 C20 细石混凝土,坡度 $i=2\%$(用于楼面)
	6.基层	楼面	现浇或预制钢筋混凝土楼板(预制板上应浇40mm 厚配筋细石混凝土)
		地面	基土找坡夯实(夯实系数≥0.9)
环氧砂浆楼地面	1.面层	胶料	0.2mm 厚环氧面层胶料
		砂浆	5mm 厚环氧砂浆
	2.隔离层	玻璃钢	1mm 厚环氧玻璃钢隔离层(也可取消此层)
	3.打底层	打底料	0.15mm 厚环氧打底料 2 道
	4.垫层	混凝土	120mm 厚 C30 细石混凝土,强度达标后表面打磨或喷砂处理(用于地面)
	5.找坡层	混凝土	20～80mm 厚 C30 细石混凝土,坡度 $i=2\%$,强度达标后表面打磨(用于楼面)

类型	层次	材料	构造做法
环氧砂浆楼地面	6.防潮层	塑料膜	0.2mm厚塑料薄膜(用于地面)
	7.基层	楼面	现浇或预制钢筋混凝土楼板(预制板上应浇40mm厚配筋细石混凝土)
		地面	基土找坡夯实(夯实系数≥0.9)
环氧自流平砂浆楼地面	1.面层	环氧砂浆	3~5mm厚环氧自流平砂浆
	2.打底层	打底料	0.15mm厚环氧打底料2道
	3.其余构造层次及做法(垫层、找坡层、防潮层、基层)同上		
PVC楼地面	1.面层	PVC板	3mm厚PVC板用专用胶粘剂粘贴
	2.打底层	砂浆	20mm厚聚合物水泥砂浆
	3.界面层	水泥浆	聚合物水泥浆一道
	4.垫层	混凝土	120mm厚C20细石混凝土,纵横设缝@3~6m(用于地面)
	5.找坡层	混凝土	20~80mm厚C20细石混凝土,坡度 $i=2\%$(用于楼面)
	6.防潮层	塑料膜	0.2mm厚塑料薄膜(用于地面)
	7.基层	楼面	现浇或预制钢筋混凝土楼板(预制板上应浇40mm厚配筋细石混凝土)
		地面	基土找坡夯实(夯实系数≥0.9)

20.5 室内防腐材料其他要求

民用建筑需同时符合的各项要求 表 20.5

类别	技术内容
室内防腐材料环保要求	《民用建筑工程室内环境污染控制规范》GB 50325—2010 的相应要求
天然石材放射性要求	《建筑材料放射性核素限量》GB 6566—2010 的 A 级要求

注:气态、液态、固态介质的腐蚀性等级、采用材料的物理力学性能、配合比等可参见国家标准图集《建筑防腐蚀构造》08J333 附录。

常用材料的耐腐蚀性能表一

介质名称	环氧类材料	酚醛类材料	不饱和和聚酯类材料				糠醇糠醛型呋喃类材料	乙烯基酯类材料
			双酚A型	邻苯型	间苯型	二甲苯型		
硫酸	≤60%耐	≤70%耐	≤50%耐	≤50%耐	≤50%耐	≤70%耐	≤60%耐	≤70%耐
盐酸	≤31%耐	耐	耐	≤20%耐	≤31%耐	耐	≤20%耐	耐
硝酸	≤10%尚耐	≤10%尚耐	≤40%耐	≤5%耐	≤20%耐	≤40%耐	≤10%耐	≤40%耐
醋酸	≤10%耐	耐	≤40%耐	≤30%耐	≤40%耐	≤40%耐	≤20%耐	≤40%耐
铬酸	≤5%尚耐	≤20%耐	≤20%耐	≤5%耐	≤10%耐	≤20%耐	≤5%耐	≤20%耐
氢氟酸	耐	≤40%耐	≤40%耐	≤20%耐	≤30%耐	≤30%尚耐	≤20%耐	≤30%耐
氢氧化钠	耐	不耐	尚耐(注2)	不耐	尚耐	尚耐(注2)	尚耐(注2)	尚耐(注2)
碳酸钠	耐	尚耐	≤20%耐	不耐	尚耐	耐	耐	耐
氨水	耐	不耐	不耐	不耐	不耐	不耐	尚耐	尚耐
尿素	耐	耐	耐	耐	耐	尚耐	耐	耐
氯化铵	耐	耐	耐	耐	耐	耐	耐	耐
硝酸铵	耐	耐	耐	尚耐	尚耐	耐	耐	耐
硫酸钠	尚耐	尚耐	尚耐	不耐	不耐	耐	耐	耐
丙酮	尚耐	不耐	不耐	不耐	耐	不耐	不耐	不耐
乙醇	耐	尚耐	尚耐	耐	尚耐	尚耐	尚耐	尚耐
汽油	耐	耐	耐	不耐	尚耐	尚耐	耐	耐
苯	耐	耐	不耐	不耐	尚耐	不耐	尚耐	尚耐
5%硫酸和5%氢氧化钠交替作用	耐	不耐	尚耐	不耐	尚耐	耐	耐	耐

注: 1. 表中介质为常温。"%"系指介质的质量浓度百分比。
　　2. 对稀的氢氧化钠为尚耐，对浓的氢氧化钠为耐。
　　3. 系指密实型水玻璃类材料。

附录 20-1-2

常用材料的耐腐蚀性能表 一

介质名称	花岗石、石英石、微晶石	耐酸砖、缸砖、陶板	硬聚氯乙烯	氯丁胶乳水泥砂浆	聚丙烯酸酯乳液水泥砂浆	环氧乳液水泥砂浆	沥青类材料	水玻璃类材料	弹性嵌缝防水密封材料 · 沥青型	氯磺化聚乙烯型	聚氨酯型	聚硫型
硫酸	耐	耐	≤70%耐	不耐	≤2%尚耐	≤10%尚耐	≤50%耐	耐	稀酸、耐	稀酸、耐	稀酸、耐；中等浓度的尚耐	稀酸、耐；中等浓度的尚耐
盐酸	耐	耐	≤50%耐	≤2%尚耐	≤5%尚耐	≤10%尚耐	≤20%耐	耐				
硝酸	耐	耐	≤50%耐	≤2%尚耐	≤5%尚耐	≤5%尚耐	≤10%耐	耐				
醋酸	耐	耐	≤60%耐	≤2%尚耐	≤5%尚耐	≤10%尚耐	≤40%耐	耐				
铬酸	耐	耐	≤50%耐	≤2%尚耐	≤5%尚耐	≤5%尚耐	≤5%耐	耐	—	—	—	尚耐
氢氟酸	不耐	不耐	≤40%耐	≤20%尚耐	≤5%尚耐	≤5%尚耐	≤5%耐	不耐	≤25%耐	≤20%耐	耐	耐
氢氧化钠	≤30%耐	耐	耐	尚耐	≤20%尚耐	≤30%尚耐	≤25%耐	不耐	耐	耐	耐	耐
碳酸钠	耐	耐	耐	耐	尚耐	耐	耐	不耐	耐	耐		
氨水	耐	耐	耐	耐	耐	耐	耐	不耐	耐	耐	耐	耐
尿素	耐	耐	耐	尚耐	尚耐	耐	耐	尚耐（注3）	耐	耐	耐	耐
氯化铵	耐	耐	耐	尚耐	尚耐	尚耐	耐	不耐	耐	耐		
硝酸铵	耐	耐	耐	尚耐	耐	耐	耐	不耐	耐	耐		
硫酸钠	耐	耐	耐	耐	尚耐	耐	耐	不耐	耐	耐		
丙酮	耐	耐	不耐	耐	尚耐	耐	不耐	渗透作用	不耐	少量作用时，尚耐	不耐	尚耐
乙醇	耐	耐	耐	耐	尚耐	尚耐	耐		耐	耐	尚耐	耐
汽油	耐	耐	不耐	耐	尚耐	耐	不耐		不耐	尚耐	不耐	耐
苯	耐	不耐	不耐	耐	尚耐	耐	不耐	不耐	耐	耐	耐	尚耐
5%硫酸和5%氢氧化钠的交替作用	耐	耐	耐	不耐	不耐	尚耐	耐	不耐	耐	耐	耐	耐

注：1. 表中介质为常温，"%"系指介质的质量浓度百分比。
　　2. 对稀的氢氧化钠为尚耐，对浓的氢氧化钠为耐。
　　3. 系指密实型水玻璃类材料。

附录 20-2

常用防腐蚀材料及其运用部位

材料＼部位		楼地面	内墙	墙裙	踢脚($h\geqslant$250mm高)	排水沟集水坑池槽	地漏	钢柱支座、钢梯梯脚	设备基础	散水	备注
耐酸砖		√	—	√	√	√	—	√	√	√	耐酸率≥99.8%, 吸水率≤2%
耐酸缸砖		√	—	—	√	√	—	√	√	√	耐酸率≥98%, 吸水率≤6%, 抗压强度≥55MPa
耐酸陶板		√	—	√	√	√	—	√	√	√	耐酸率≥98%, 吸水率≤6%, 抗压强度≥80MPa
耐酸石板	花岗石	√	—	√	√	√	—	√	√	√	耐酸率≥95%, 吸水率≤1%, 抗压强度≥100MPa, 浸酸安定性应合格
	石英石	√	—	√	√	√	—	√	√	√	
	微晶石	√	—	—	√	√	—	√	√	√	耐酸率≥99%, 吸水率为0. 抗压强度≥700MPa
沥青浸渍砖		√	—	√	√	√	—	√	√	√	
沥青砂浆		√	√	√	√	√	—	√	√	√	
密实混凝土		√	—	—	√	√	—	√	√	√	抗渗等级≥S8
耐碱混凝土		√	—	—	√	√	—	√	√	√	抗渗等级≥S12

部位 / 材料	楼地面	内墙	墙裙	踢脚(h≥25(mm高))	排水沟集水坑池槽	地漏	钢柱支座、钢梯梯脚	设备基础	散水	备注
密实钾(钠)水玻璃混凝土	√	—	—	√	√	—	√	√	√	
密实钾水玻璃砂浆	√	—	√	√	√	—	√	√	√	
聚合物水泥砂浆	√	√	√	√	√	—	√	√	√	
呋喃混凝土	√	—	—	√	√	—	√	√	√	也可用于管道
树脂玻璃钢	√	—	√	√	√	√	√	√	—	只适应于室内
树脂砂浆	√	√	√	√	√	—	√	√	—	只适应于室内
环氧自流平	√	—	√	√	—	—	—	—	—	只适应于室内
PVC板	√	—	√	√	√	—	√	—	—	只适应于室内
湿固化改性环氧胶泥整体面层	√	—	√	√	√	—	—	—	—	只适应于室内
玻璃钢格栅铺楼板	—	—	—	√	—	—	—	—	—	
硬塑料	—	—	—	—	—	√	—	—	—	也可用于管道
硬铅	—	—	—	—	—	√	—	—	—	
铸铁	—	—	—	—	—	√	—	—	—	

21 建筑采光设计

21.1 一般规定

21.1.1 建筑采光设计指标

建筑采光设计 表 21.1.1

分 类		内 容
定义		是将天空光(不含直射日光)通过窗引入到建筑室内进行照明的方法
评价指标	采光系数	室内给定平面上一点的天空漫射光照度与室外无遮挡水平面上的天空漫射光照度之比
	室内天然光照度	对应于规定的室外天然光设计照度值和相应的采光系数标准值的参考平面上的照度值
采光系数平均值(Cav)		假定工作面上各点采光系数的平均值
采光系数标准值		在规定的室外天然光设计照度下,满足视觉要求时的采光系数平均值。 《建筑采光设计标准》GB 50033—2013 标准中统一采用采光系数平均值作为采光系数标准值

21.1.2 各采光等级参考平面上的采光标准值

各采光等级参考平面上的采光标准值 表 21.1.2

采光等级	侧面采光		顶部采光	
	采光系数标准值(%)	室内天然光照度标准值(lx)	采光系数标准值(%)	室内天然光照度标准值(lx)
Ⅰ	5	750	5	750
Ⅱ	4	600	3	450
Ⅲ	3	450	2	300
Ⅳ	2	300	1	150
Ⅴ	1	150	0.5	75

注: 1. 工业建筑参考平面取距地 1m, 民用建筑取距地 0.75m, 公用场所取地面。
    2. 表中所列采光系数标准值适用于我国Ⅲ类光气候区, 采光系数标准值是按室外设计照度值 15000lx 制定的。
    3. 采光标准的上限值不宜高于上一采光等级的级差, 采光系数不宜高于 7%。

21.1.3 我国的光气候分区

我国的光气候分区见下图，各光气候区的室外天然光设计照度值应按表 21.1.3 采用。所在地区的采光系数标准值应乘以相应地区的光气候系数 K。

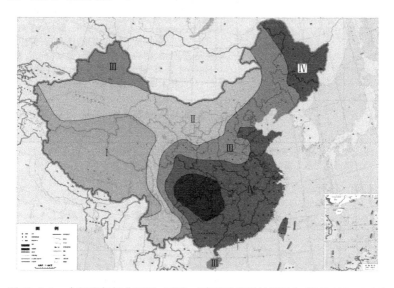

图 21.1.3　中国光气候分区图（引自《建筑采光设计标准》GB 50033—2013）

光气候分区及光气候系数 K 值　　　　　表 21.1.3

光气候区	K 值	室外天然光设计照度值 E_s(lx)	光气候分区内的主要城市
I	0.85	18000	拉萨、昌都、林芝、格尔木、玉树、丽江、民丰
II	0.9	16500	西宁、昆明、临沧、思茅、蒙自、鄂尔多斯、呼和浩特、锡林浩特、固原、银川、酒泉、榆林、甘孜、阿克苏、吐鲁番、和田、哈密、喀什、塔城
III	1	15000	大同、太原、汕头、楚雄、赤峰、通辽、天津、北京、高雄、西昌、兰州、平凉、大连、丹东、沈阳、营口、朝阳、锦州、四平、白城、亳州、邢台、承德、安阳、郑州、商丘、延安、齐齐哈尔、乌鲁木齐、伊宁、克拉玛依、阿勒泰

光气候区	K 值	室外天然光设计照度值 Es(lx)	光气候分区内的主要城市
IV	1.1	13500	上海、济南、潍坊、运城、广州、汕尾、阳江、河源、韶关、百色、南宁、桂林、台北、马尔康、天水、本溪、长春、延吉、合肥、安庆、蚌埠、吉安、宜春、南昌、景德镇、赣州、南京、徐州、石家庄、驻马店、信阳、南阳、汉中、安康、西安、杭州、温州、衢州、海口、武汉、麻城、长沙、株洲、常德、牡丹江、佳木斯、哈尔滨、厦门、福州、崇武
V	1.2	12000	河池、乐山、成都、宜宾、泸州、南充、绵阳、贵阳、遵义、重庆、宜昌

注：对于 I、II 采光等级的侧面采光，当开窗面积受到限制时，其采光系数值可降低到 III 级，所减少的天然光照度应采用人工照明补充。

21.1.4 各建筑类型的采光系数标准值

各类建筑的采光系数标准值要求   表 21.1.4

建筑类型	场所名称	采光等级	侧面采光		顶部采光		备注
			采光系数标准值（%）	室内天然光照度标准值（lx）	采光系数标准值（%）	室内天然光照度标准值（lx）	
住宅	卧室、起居室(厅)	IV	2	300			★
	厨房	IV	2	300			
	卫生间、过道、餐厅、楼梯间	V	1	150			
教育建筑	普通教室	III	3	450			★
	专用教室、实验室、阶梯教室、教师办公室	III	3	450			
	走道、楼梯、卫生间	V	1	150			
医疗建筑	一般病房	IV	2	300			★
	诊室、药房、治疗室、化验室	III	3	450	2	300	
	医生办公室(护士室)、候诊室、挂号处、综合大厅	IV	2	300	1	150	
	走道、楼梯间、卫生间	V	1	150	0.5	75	

建筑类型	场所名称	采光等级	侧面采光		顶部采光		备注
			采光系数标准值（%）	室内天然光照度标准值（lx）	采光系数标准值（%）	室内天然光照度标准值（lx）	
办公建筑	设计室、绘图室	Ⅱ	4	600			
	办公室、会议室	Ⅲ	3	450			
	复印室、档案室	Ⅳ	2	300			
	走道、楼梯间、卫生间	Ⅴ	1	150			
图书馆	阅览室、开架书库	Ⅲ	3	300			
	目录室	Ⅳ	2	150			
	书库、走道、楼梯间、卫生间	Ⅴ	1	75			
旅馆建筑	会议室	Ⅲ	3	450	2	300	
	大堂、客房、餐厅、健身房	Ⅳ	2	300	1	150	
	走道、楼梯间、卫生间	Ⅴ	1	150	0.5	75	
博物馆	文物修复室、标本制作室、书画装裱室	Ⅲ	3	450	2	300	
	陈列室、展厅、门厅	Ⅳ	2	300	1	150	
	库房、走道、楼梯间、卫生间	Ⅴ	1	150	0.5	75	
展览建筑	展厅（单层及顶层）	Ⅲ	3	450	2	300	
	登录厅、连接通道	Ⅳ	2	300	1	150	
	库房、楼梯间、卫生间	Ⅴ	1	150	0.5	75	
交通建筑	进站厅、候机（车）厅	Ⅲ	3	450	2	300	
	出站厅、连接通道、自动扶梯	Ⅳ	2	300	1	150	
	站台、楼梯间、卫生间	Ⅴ	1	150	0.5	75	
体育建筑	体育馆场地、观众入口大厅、休息厅、运动员休息室、治疗室、贵宾室、裁判用房	Ⅳ	2	300	1	150	
	浴室、楼梯间、卫生间	Ⅴ	1	150	0.5	75	

建筑类型	场所名称	采光等级	侧面采光		顶部采光		备注
			采光系数标准值（%）	室内天然光照度标准值（lx）	采光系数标准值（%）	室内天然光照度标准值（lx）	
工业建筑	特精密机电产品加工、装配、检验、工艺品雕刻、刺绣、绘画	I	5	750	5	750	
	精密机电产品加工、装配、检验、通信、网络、试听设备、电子元器件、电子零部件加工、抛光、复材加工、纺织品精纺、织造、印染、服装裁剪、缝纫机检验、精密理化实验室、计量室、测量室、主控制室、印刷品的排版、印刷、药品制剂	II	4	600	3	450	
	机电产品加工、装配、检修、机库、一般控制室、木工、电镀、油漆、铸工、理化实验室、造纸、石化产品后处理、冶金产品冷轧、热轧、拉丝、粗炼	III	3	450	2	300	
	焊接、钣金、冲压剪切、锻工、热处理、食品、烟酒加工和包装、饮料、日用化工产品、炼铁、炼钢、金属冶炼、水泥加工与包装、配、变电所、橡胶加工、皮革加工、精细库房（及库房作业区）	IV	2	300	1	150	
	发电厂主厂房、压缩机房、风机房、锅炉房、泵房、动力站房（电石库、乙炔库、氧气瓶库、汽车库、大中件贮存库）、一般库房、煤的加工、运输、选煤配料间、原料间、玻璃退火、熔制	V	1	150	0.5	75	

注：标有★号者为《建筑采光设计标准》GB 50033—2013 的强制性条文要求。

21.2 建筑采光计算

21.2.1 估算法——窗地面积比

在建筑方案设计时，对Ⅲ类光气候区的采光，窗地面积比和采光有效进深可按表21.2.1进行估算，其他光气候区的窗地面积比应乘以相应的光气候系数 K。标准中规定的窗地面积比是在规定的计算条件下确定的，此窗地面积比只适用于规定的计算条件。

窗地面积比和采光有效进深 表 21.2.1

分　类	侧 面 采 光		顶 部 采 光
	窗面积比(Ac/Ad)	采光有效进深(b/hs)	窗面积比(Ac/Ad)
Ⅰ	1/3	1.8	1/6
Ⅱ	1/4	2.0	1/8
Ⅲ	1/5	2.5	1/10
Ⅳ	1/6	3.0	1/13
Ⅴ	1/10	4.0	1/23

注：1. 窗地面积比计算条件：窗的总透射比 τ 取 0.6；室内各表面材料反射比的加权平均值：Ⅰ～Ⅲ级 ρ_j 取 0.5；Ⅳ级 ρ_j 取 0.4；Ⅴ级 ρ_j 取 0.3。
2. 顶部采光指平天窗采光，锯齿形天窗和矩形天窗可分别按平天窗的 1.5 倍和 2 倍窗地面积比进行估算。

21.2.2 简化采光计算方法

在进行具体采光设计时，利用简单的公式和图表计算得到房间的平均采光系数和窗地面积。《建筑采光设计标准》GB 50033—2013 推荐的平均采光系数计算方法属简化采光计算方法。

简化采光计算方法 表 21.2.2

侧面采光系数平均值计算	公式法	$$C_{av}=\frac{A_c\tau\theta}{A_z(1-\rho_j^2)}$$ 式中　τ——窗的总透射比； 　　　A_c——窗洞口面积(m^2)； 　　　A_z——室内表面总面积(m^2)； 　　　ρ_j——室内各表面反射比的加权平均值； 　　　θ——从窗口中心点计算的垂直可见天空的角度值，无室外遮挡时 θ 为 $90°$
	查表法	典型条件下的采光系数平均值可按规范附录 C 表 C.0.1 取值

顶部采光系数 平均值计算	$C_{av} = \tau \cdot CU \cdot A_c/A_d$ 式中 C_{av}——采光系数平均值(%); 　　τ——窗的总透射比; 　　CU——利用系数,可控规范表6.0.2取值; 　　A_c/A_d——窗地面积比;
导光管系统 天然光照度计算	$E_{av} = \dfrac{n \times \phi_u \times CU \times MF}{l \times b}$ 式中 E_{av}——平均水平照度(1x); 　　n——拟采用的导光管采光系统数量; 　　CU——导光管采光系统利用系数,可按规范 　　　　表6.0.2取值; 　　MF——维护系数,导光管采光系统在使用一 　　　　定周期后,与新装时的平均照度或平 　　　　均亮度之比; 　　ϕ_u——导光管采光系统漫射器的设计输出 　　　　光通量(1m) 　　l——房间长度(m) 　　b——房间进深(m)

注:上表中规范均指《建筑采光设计标准》(GB 50033—2013)。

21.2.3 精确计算——采光软件分析计算

对采光形式复杂的建筑,应利用计算机模拟软件进行采光计算分析。

1. 适用于对不同天空类型进行采光计算(全阴天空、全晴天空、中间天空等);

2. 计算假定工作面各个点上的采光系数标准值;

3. 对采光形式复杂的建筑进行采光计算;

4. 用于建筑遮挡采光分析和调整方案;

5. 国外有常用采光计算软件,国内有与标准相配套的软件。

21.3 建筑采光节能计算

1. 建筑采光设计时,应根据地区光气候特点,采取有效措施,综合考虑充分利用天然光,节约能源。

2. 建筑设计阶段评价采光节能效果时,宜进行采光节能计算,作为照明节能的一部分。

22 建筑节能设计

22.1 建筑节能设计文件编制内容

建筑节能设计文件编制内容 表 22.1

文 件 类 别	技 术 内 容
节能设计说明	工程项目概况、设计依据（节能设计标准、节能目标、节能计算软件、有关法规等）、建筑节能设计措施（总体、单体、围护结构、可再生能源利用等）、围护结构（屋顶、外墙、外门窗）、热工性能指标、能耗指标、节能产品材料送检要求
节能设计图纸	平立剖面图纸、材料做法表、门窗表及门窗大样（含幕墙）、围护结构节能构造做法详图或标准图索引、其他节能构配件详图（如外遮阳设施）
节能计算书	基本参数计算、建筑热工计算、能耗指标计算
节能设计报审表	按照地方要求编写

22.2 建筑节能设计方法

建筑节能设计方法 表 22.2

类 别		技 术 内 容
按规定指标设计		设计建筑相关指标必须全部符合节能设计标准中的围护结构热工性能限值要求
		乙类公共建筑必须采用本方式
按性能指标设计	适用除乙类公共建筑外的其他建筑	设计建筑相关指标未能全部符合节能设计标准中的围护结构热工性能限值要求，而国家及地方节能设计标准中允许将设计建筑与参照建筑作比对的情况下，经综合评价或权衡判断，设计建筑的能耗不超过参照建筑的能耗或规定的耗热量指标时，则节能设计合格
		国家及地方节能设计标准中属于强制性条文的规定必须满足

注：甲类公共建筑权衡判断要求见 22.4.4 节

339

22.3 建筑节能设计原则与措施简述

22.3.1 建筑节能设计原则

应根据当地的气候条件，在保证室内环境质量的前提下，改善围护结构保温隔热性能，提高建筑设备及系统的能源利用效率，将建筑能耗控制在规定的范围内。公共建筑、居住建筑代表城市建筑热工设计分区见表22.3.1-1及表22.3.1-2。

公共建筑代表城市建筑热工设计分区　　表 22.3.1-1

气候分区及气候子区		代 表 城 市
严寒地区	严寒A区	博克图、伊春、呼玛、海拉尔、满洲里、阿尔山、玛多、黑河、嫩江、海伦、齐齐哈尔、富锦、哈尔滨、牡丹江、大庆、安达、佳木斯、二连浩特、多伦、大柴旦、阿勒泰、那曲
	严寒B区	
	严寒C区	长春、通化、延吉、通辽、四平、抚顺、阜新、沈阳、本溪、鞍山、呼和浩特、包头、鄂尔多斯、赤峰、额济纳旗、大同、乌鲁木齐、克拉玛依、酒泉、西宁、日喀则、甘孜、康定
寒冷地区	寒冷A区	丹东、大连、张家口、承德、唐山、青岛、洛阳、太原、阳泉、晋城、天水、榆林、延安、宝鸡、银川、平凉、兰州、喀什、伊宁、阿坝、拉萨、林芝、北京、天津、石家庄、保定、邢台、济南、德州、兖州、郑州、安阳、徐州、运城、西安、咸阳、吐鲁番、库尔勒、哈密
	寒冷B区	
夏热冬冷地区	夏热冬冷A区	南京、蚌埠、盐城、南通、合肥、安庆、九江、武汉、黄石、岳阳、汉中、安康、上海、杭州、宁波、温州、宜昌、长沙、南昌、株洲、永州、赣州、韶关、桂林、重庆、达县、万州、涪陵、南充、宜宾、成都、遵义、凯里、绵阳、南平
	夏热冬冷B区	
夏热冬暖地区	夏热冬暖A区	福州、莆田、龙岩、梅州、兴宁、英德、河池、柳州、贺州、泉州、厦门、广州、深圳、湛江、汕头、南宁、北海、梧州、海口、三亚
	夏热冬暖B区	
温和地区	温和A地区	昆明、贵阳、丽江、会泽、腾冲、保山、大理、楚雄、曲靖、泸西、屏边、广南、兴义、独山
	温和B地区	瑞丽、耿马、临沧、澜沧、思茅、江城、蒙自

居住建筑代表城市建筑热工设计分区   表 22.3.1-2

气候分区及气候子区		代表城市
严寒地区 （Ⅰ区）	严寒（A）区	海拉尔、博克图、阿尔山、呼玛、黑河、嫩江、伊春、玛多、那曲
	严寒（B）区	二连浩特、哈尔滨、海伦、齐齐哈尔、富锦、安达、牡丹江、阿勒泰、多伦、大柴旦、林西、敦化、长白、玉树
	严寒（C）区	围场、丰宁、蔚县、大同、河曲、呼和浩特、通辽、赤峰、额济纳旗、沈阳、本溪、长春、四平、延吉、日喀则、酒泉、西宁、乌鲁木齐、克拉玛依、甘孜、康定
寒冷地区 （Ⅱ区）	寒冷（A）区	张家口、承德、怀来、青龙、唐山、乐亭、太原、丹东、大连、青岛、拉萨、林芝、榆林、延安、宝鸡、兰州、平凉、天水、银川、喀什、伊宁
	寒冷（B）区	北京、天津、石家庄、保定、邢台、沧州、泊头、运城、徐州、济南、兖州、郑州、西安、吐鲁番、哈密、库尔勒、德州、安阳
夏热冬冷地区（Ⅲ区）		南京、蚌埠、合肥、安庆、九江、武汉、黄石、岳阳、上海、杭州、宁波、温州、宜昌、长沙、南昌、株洲、永州、赣州、韶关、桂林、重庆、成都、遵义、衡阳
夏热冬暖地区（Ⅳ区）	北区	福州、莆田、龙岩、梅州、兴宁、龙川、英德、河池、柳州、贺州
	南区	泉州、厦门、漳州、广州、深圳、茂名、湛江、汕头、南宁、北海、梧州、百色、凭祥、海口、三亚
温和地区（Ⅴ区）		昆明、贵阳、大理、西昌、元江、腾冲、景洪、察隅

22.3.2 建筑节能设计措施简述

建筑节能设计措施   表 22.3.2

部　位	节能设计措施
建筑朝向	建筑物的朝向宜采用南北向或接近南北向，或选择本地区最佳朝向
自然通风	建筑群总体布置、单体建筑的平面、立面设计和门窗的设置应有利于自然通风，同时避免冬季主导风向
天然采光	选择适宜的窗墙面积比以满足本地区的气候特点及房间功能需要
建筑体形 规整	（1）建筑体形宜简单规整 （2）控制体形系数措施——减少面宽、加大进深、增加层数、体形简单、规整

部 位	节能设计措施		
屋顶	(1)屋顶应有保温隔热措施		
	(2)传热系数 K 及有要求的热惰性指标 D 应尽量符合规定要求		
	(3)按地区要求进行隔热验算		
	(4)倒置式屋面保温层的设计厚度应按计算厚度增加 25% 取值,且最小厚度不得小于 25mm		
外墙	(1)外墙应有保温隔热或遮阳措施,其传热系数 K 应尽量符合节能设计标准要求。夏热冬冷、夏热冬暖地区的建筑,其热惰性指标 D 也应符合节能要求		
	(2)外墙保温形式——外保温、内保温、夹芯保温、自保温		
	(3)外墙外保温系统	板材系统:EPS 板、XPS 板、PUR 板	薄抹灰外保温系统
			现浇混凝土外保温系统
			有网、无网现浇混凝土外保温系统
			机械固定钢丝网架板外保温系统
		浆料系统	胶粉颗粒浆料外保温系统:EPS,XPS,PUR
			聚合物聚苯颗粒浆料外保温系统
			无机保温砂浆(玻化微珠保温砂浆)
			泡沫玻璃
		喷涂系统	聚氨酯现场整体喷涂外保温系统
	(4)外墙外保温系统构造层次	1.基层(各类墙体) 2.界面层(界面剂,界面砂浆) 3.找平层(水泥砂浆) 4.保温(隔热)层——板材,浆料,砂浆 5.抹灰层(防水抗裂砂浆) 6.饰面层(涂料、面砖)	
	(5)按地区要求进行东、西外墙隔热验算		
外窗（含透明幕墙）	(1)窗墙面积比	宜适当控制窗墙比使其尽量符合规定要求	
	(2)传热系数 K	在严寒、寒冷地区,应选择 K 值较小的断热中空玻璃窗	

342

部　位	节能设计措施		
外窗 (含透明 幕墙)	(3)遮阳系数 SC、综合遮阳系数 SW		在气候炎热地区,应选择 SC 值较小的遮阳型节能窗,如 Low-E 玻璃窗
	(4)可开启面积		应满足规定要求,以有利自然通风,提高热舒适度
	(5)气密性 q_1		应满足规定要求,以减少空气渗透的能耗
	(6)可见光透射比		应满足规定要求,以减少人工照明的能耗
	(7) 提高外窗 热工性能 的措施	(1)提高窗户的保温性能	采用 Low-E 中空玻璃,断热型材
		(2)提高窗户的遮阳性能	采用热反射玻璃、遮阳型 Low-E 玻璃、贴热反射膜
		(3)加强窗户的外遮阳设施	设活动式或固定式外遮阳,利用建筑遮挡或阳台、外廊等自遮阳设施
		(4)控制窗墙面积比	应尽量满足规定要求
		(5)提高窗户的气密性能	采用气密条,改双级密封为三级密封等
天窗	(1)屋顶透明部分面积比		居住建筑≤4%,公共建筑≤20%,应尽量满足要求
	(2)传热系数 K		应尽量满足规定要求
	(3)遮阳系数 SC 或太阳得热系数 $SHGC$		应尽量满足规定要求
	(4)同时应满足安全要求		采用钢化夹胶玻璃
分户墙、户门、 楼板、 架空楼板	(1)传热系数 K		应尽量满足规定要求
	(2)楼板应满足撞击声隔声要求		铺地毯、木地板、隔声板、隔声毡、挤塑板、玻璃棉或其他浮筑楼板
地面	周边地面与非周边地面的热阻 R 应尽量满足规定要求		
地下室外墙	地下室外墙(与土壤接触的墙)的热阻 R 应尽量满足规定要求		

注:1. "应尽量满足规定要求"是指:满足要求时按规定指标设计,不满足要求时按性能指标设计。

2. 保温材料的燃烧性能及使用范围见第 4 章防火设计,表 4.3.4 与表 4.8.5。

22.4 公共建筑节能设计要求

22.4.1 公共建筑节能设计应满足的要求

公共建筑节能设计要求　　　　　　表 22.4.1

部　位			节能设计要求	
建筑体形系数	甲类公共建筑（严寒和寒冷地区）		单栋建筑面积≤800m²，体形系数≤0.50	
			单栋建筑面积>800m²，体形系数≤0.40	
屋顶隔热验算	广东省内的公共建筑屋顶需隔热验算			
外墙隔热验算	广东省内的公共建筑东、西外墙需隔热验算			
外窗（含透明幕墙）	窗墙面积比	甲类	严寒地区	各单一立面窗墙面积比（包括透光幕墙）均不宜大于0.6
			其他地区	各单一立面窗墙面积比（包括透光幕墙）均不宜大于0.7
	可开启面积	甲类	外窗（包括透光幕墙）有效通风换气面积不宜小于房间外墙面积的10%；当透光幕墙无开启窗扇时，应设置通风换气装置	按单一立面设计
		乙类	外窗有效通风换气面积不宜小于窗面积的30%	
	遮阳	夏热冬暖、夏热冬冷、温和地区	各朝向外窗（包括透光幕墙）均应采取遮阳措施	
		寒冷地区	宜采取遮阳措施	
	外门、窗气密性	外窗	1～9层≥6级，10层及以上≥7级	
		外门	严寒和寒冷地区≥4级	
		执行《建筑外门窗气密、水密、抗风压性能分级及检测方法》GB/T 7106标准		
		气密性不应低于《建筑幕墙》GB/T 21086的3级		
	幕墙	当公共建筑入口大堂采用全玻幕墙时，全玻幕墙中非中空玻璃的面积不应超过同一立面透光面积（门窗和玻璃幕墙）的15%，且应按同一立面透光面积（含全玻幕墙面积）加权计算平均传热系数		

部　　位	节能设计要求			
外窗(含透明幕墙)	可见光透射比	甲类公共建筑	窗墙面积比小于 0.4 时,透光材料的可见光透射比不应小于 0.6	按单一立面设计
			窗墙面积比大于等于 0.4 时,透光材料的可见光透射比不应小于 0.4	
天窗	甲类公建的屋顶透光部分面积不应大于屋顶总面积的 20%,当不满足时,必须进行权衡判断			
其他	屋面、外墙和地下室的热桥部位的墙体内表面温度不应低于室内空气露点温度			

注:1. 公共建筑分类:①甲类公共建筑——单栋建筑面积大于 300m³ 的建筑;单栋建筑面积小于或等于 300m³,但建筑面积大于 1000㎡ 的建筑群。②乙类公共建筑——单栋建筑面积小于或等于 300m³ 的建筑。

2. 表中黑体字部分均为强制性条文。

22.4.2 甲类公共建筑的围护结构热工性能

甲类公共建筑的围护结构热工性能应符合表 22.4.2 的规定。当不能满足时,必须进行权衡判断。

甲类公共建筑围护结构热工性能限值　　表 22.4.2

围护结构部位			严寒A、B区		严寒C区		寒冷地区		夏热冬冷地区	夏热冬暖地区	温和地区
			$S≤0.3$	$0.3<S≤0.5$	$S≤0.3$	$0.3<S≤0.5$	$S≤0.3$	$0.3<S≤0.5$			
传热系数 K	屋面	$D≤2.5$	≤0.28	≤0.25	≤0.35	≤0.28	≤0.45	≤0.40	≤0.40	≤0.50	≤0.50
		$D>2.5$							≤0.50	≤0.80	≤0.80
	外墙	$D≤2.5$	≤0.38	≤0.35	≤0.43	≤0.38	≤0.50	≤0.45	≤0.60	≤0.80	≤0.80
		$D>2.5$							≤0.80	≤1.5	≤1.5
	底面接触室外空气的架空或外挑楼板		≤0.38	≤0.35	≤0.43	≤0.38	≤0.50	≤0.45	≤0.70	≤1.5	—
	地下车库与供暖房间之间的楼板		≤0.50	≤0.50	≤0.70	≤0.70	≤1.0	≤1.0	—	—	—
	非供暖楼梯间与供暖房间之间的隔墙		≤1.2	≤1.2	≤1.5	≤1.5	≤1.5	≤1.5	—	—	—

续表

围护结构部位			严寒A、B区		严寒C区		寒冷地区		夏热冬冷地区	夏热冬暖地区	温和地区
			$S≤0.3$	$0.3<S≤0.5$	$S≤0.3$	$0.3<S≤0.5$	$S≤0.3$	$0.3<S≤0.5$			
单一立面外窗(包括透光幕墙)	B≤0.2	K	≤2.7	≤2.5	≤2.9	≤2.7	≤3.0	≤2.8	≤3.5	≤5.2	≤5.2
		SHGC(东、南、西/北)	—	—	—	—	—	—	—	≤0.52/—	—
	0.2<B≤0.3	K	≤2.5	≤2.3	≤2.6	≤2.4	≤2.7	≤2.5	≤3.0	≤4.0	4.0
		SHGC(东、南、西向/北向)	—	—	—	—	≤0.52/—	≤0.52/—	≤0.44/0.48	≤0.44/0.52	≤0.44/0.48
	0.3<B≤0.4	K	≤2.2	≤2.0	≤2.3	≤2.1	≤2.4	≤2.2	≤2.6	≤3.0	≤3.0
		SHGC(东、南、西向/北向)	—	—	—	—	≤0.48/—	≤0.48/—	≤0.40/0.44	≤0.35/0.44	≤0.40/0.44
	0.4<B≤0.5	K	≤1.9	≤1.7	≤2.0	≤1.7	≤2.2	≤1.9	≤2.4	≤2.7	≤2.7
		SHGC(东、南、西向/北向)	—	—	—	—	≤0.43/—	≤0.43/—	≤0.35/0.4	≤0.35/0.4	≤0.35/0.4
	0.5<B≤0.6	K	≤1.6	≤1.4	≤1.7	≤1.5	≤2.0	≤1.7	≤2.2	≤2.5	≤2.5
		SHGC(东、南、西向/北向)	—	—	—	—	≤0.4/—	≤0.4/—	≤0.35/0.4	≤0.26/0.35	≤0.35/0.4
	0.6<B≤0.7	K	≤1.5	≤1.4	≤1.7	≤1.5	≤1.9	≤1.7	≤2.2	≤2.5	≤2.5
		SHGC(东、南、西向/北向)	—	—	—	—	≤0.35/0.6	≤0.35/0.6	≤0.30/0.35	≤0.24/0.3	≤0.30/0.35
	0.7<B≤0.8	K	≤1.4	≤1.3	≤1.5	≤1.4	≤1.6	≤1.5	≤2.0	≤2.5	≤2.5
		SHGC(东、南、西向/北向)	—	—	—	—	≤0.35/0.52	≤0.35/0.52	≤0.26/0.35	≤0.22/0.26	≤0.26/0.35
	B>0.8	K	≤1.3	≤1.2	≤1.4	≤1.3	≤1.5	≤1.4	≤1.8	≤2.0	≤2.0
		SHGC(东、南、西向/北向)	—	—	—	—	≤0.3/0.52	≤0.3/0.52	≤0.24/0.3	≤0.18/0.26	≤0.24/0.3

围护结构部位		严寒 A、B 区		严寒 C 区		寒冷地区		夏热冬冷地区	夏热冬暖地区	温和地区
		$S{\leqslant}0.3$	$0.3{<}S{\leqslant}0.5$	$S{\leqslant}0.3$	$0.3{<}S{\leqslant}0.5$	$S{\leqslant}0.3$	$0.3{<}S{\leqslant}0.5$			
屋顶透光部分 (≤20%)	K	≤2.2		≤2.3		≤2.4	≤2.4	≤2.6	≤3.0	≤3.0
	$SHGC$	—		—		≤0.44	≤0.35	≤0.30	≤0.30	≤0.30
热阻 R	周边地面	≥1.1		≥1.1		≥0.6		—	—	—
	供暖地下室与土壤接触的外墙	≥1.1		≥1.1		≥0.6		—	—	—
	变形缝(两侧墙内保温时)	≥1.2		≥1.2		≥0.9		—	—	—

注：1. 进行权衡判断前，应按表 22.4.4 对设计建筑的热工性能进行核查。

　　2. "S" 为体形系数；"K" 为传热系数 [W/(m² · K)]；"$SHGC$" 为太阳得热系数，分别按照（东、南、西向/北向）取值；"R" 为保温材料层热阻 [(m² · K)/W]；"B" 为窗墙面积比；"D" 为围护结构热惰性指标。

22.4.3 乙类公共建筑的围护结构热工性能

乙类公共建筑围护结构热工性能限值　　表 22.4.3

	围护结构部位	严寒 A、B 区	严寒 C 区	寒冷地区	夏热冬冷地区	夏热冬暖地区
传热系数 K	屋面	≤0.35	≤0.45	≤0.55	≤0.70	≤0.90
	外墙(包括非透光幕墙)	≤0.45	≤0.50	≤0.60	≤1.0	≤1.5
	底面接触室外空气的架空或外挑楼板	≤0.45	≤0.50	≤0.60	≤1.0	
	地下车库与供暖房间之间的楼板	≤0.50	≤0.70	≤1.0		
单一立面外窗	K	≤2.0	≤2.2	≤2.5	≤3.0	≤4.0
	$SHGC$				≤0.52	≤0.48
屋顶透光部分	K	≤2.0	≤2.2	≤2.5	≤3.0	≤4.0
	$SHGC$			≤0.44	≤0.35	≤0.30

注：1. 乙类公共建筑必须满足此表要求，不得采用权衡判断的方式。

　　2. "K" 为传热系数 [W/(m³ · K)]；"$SHGC$" 为太阳得热系数。

22.4.4 甲类公共建筑权衡判断的要求

若甲类公共建筑不满足表 22.4.2 的限值要求，应对设计建筑的热工性能进行核查，当满足表 22.4.4 的要求时，方可进行权衡判断。

甲类公共建筑权衡判断的要求　　　　　表 22.4.4

围护结构部位			严寒 A、B 区	严寒 C 区	寒冷地区	夏热冬冷地区	夏热冬暖地区
屋面 K			≤0.35	≤0.45	≤0.55	≤0.70	≤0.90
外墙 K			≤0.45	≤0.50	≤0.60	≤1.0	≤1.5
外窗	K	0.4<B≤0.7（严寒地区 0.6）	≤2.5	≤2.6	≤2.7	≤3.0	≤4.0
		B>0.7（严寒地区 0.6）	≤2.2	≤2.3	≤2.4	≤2.6	≤3.0
	SHGC		—	—	—	≤0.44	≤0.44

注："K" 为传热系数 [W/(m³·K)]；"SHGC" 为太阳得热系数；"B" 为窗墙面积比。

22.4.5 外墙主体部位传热系数的修正系数

外墙主体部位传热系数的修正系数 ψ　　　表 22.4.5

气候分区	严寒地区	寒冷地区	夏热冬冷地区	夏热冬暖地区
外保温	1.30	1.20	1.10	1.00
夹芯保温（自保温）	—	1.25	1.20	1.05
内保温	—	—	1.20	1.05

22.5　居住建筑节能设计要求

22.5.1　居住建筑节能设计要求

居住建筑节能设计要求　　　　表 22.5.1

部　位	节能设计要求
天然采光	夏热冬暖地区：卧室、书房、起居厅等主要房间窗地面积比不应小于 1/7
体形系数	夏热冬暖地区：单元式、通廊式体形系数不宜大于 0.35，塔式体形系数不宜大于 0.4

348

部　位	节能设计要求		
屋顶隔热验算	夏热冬冷地区：K 满足限值要求，但 $D\leqslant2.0$ 时的居住建筑屋顶需隔热验算		
	夏热冬暖地区及深圳市的居住建筑 $D<2.5$ 的轻质屋顶、广东省内的居住建筑屋顶需隔热验算		
东、西外墙隔热验算	夏热冬冷地区：K 满足限值要求，但 $D\leqslant2.0$ 时的居住建筑外墙需隔热验算		
	夏热冬暖地区及深圳市的居住建筑 $D<2.5$ 的轻质外墙、广东省内的居住建筑外墙需隔热验算		
外窗（包括透明幕墙）	可开启面积	夏热冬冷地区	外窗可开启面积（含阳台门面积）不应小于外窗所在房间地面积的 5%
		夏热冬暖地区	外窗（含阳台门面积）的通风开口面积不应小于房间地面积的 10% 或外窗面积的 45%
	遮阳	寒冷 B 区	南向外窗（包括阳台的透明部分）宜设置水平或活动遮阳；东、西向外墙宜设置活动遮阳
		夏热冬冷地区	东偏北 30°至东偏南 60°、西偏北 30°至西偏南 60°内的外窗应设置挡板式遮阳或可以遮住窗户正面的活动外遮阳，南向的外窗宜设置水平遮阳或可以遮住窗户正面的活动外遮阳
		夏热冬暖地区	东、西向外窗必须采取建筑外遮阳措施，建筑外遮阳系数 $SD\leqslant0.8$
			南、北向外窗应采取建筑外遮阳措施，建筑外遮阳系数 SD 不应大于 0.9
	外窗气密性	严寒地区	所有楼层≥6 级
		寒冷地区	1～6 层≥4 级，7 层及 7 层以上≥6 级
		夏热冬冷地区	1～6 层≥4 级，7 层及 7 层以上≥6 级
		夏热冬暖地区	1～9 层≥4 级，10 层及 10 层以上≥6 级
		外窗气密性执行《建筑外门窗气密、水密、抗风压性能分级及检测方法》GB/T 7106 标准	
	可见光透射比	夏热冬暖地区：当房间窗地面积比小于 1/5 时，外窗玻璃的可见光透射比不应小于 0.4	

部 位	节能设计要求	
凸窗	严寒地区	除南向外不应设置凸窗	凸窗凸出不应大于400mm,凸窗的传热系数限值比普通窗降低15%
	寒冷地区	北向的卧室、起居室不得设置凸窗	
	夏热冬冷地区	凸窗的传热系数限值比普通窗降低10%	
其他	严寒和寒冷地区:门窗洞口的侧墙面、外墙与屋面的热桥部位、变形缝两侧墙的墙体内表面温度不应低于室内空气设计温、湿度条件下的露点温度		

22.5.2 严寒和寒冷地区居住建筑的围护结构热工性能

严寒和寒冷地区居住建筑的围护结构热工性能应符合表22.5.2规定的限值。当不能满足时,必须进行权衡判断。

严寒和寒冷地区居住建筑围护结构热工性能限值　　　　表 22.5.2

围护结构部位		严寒(A)区			严寒(B)区			严寒(C)区			寒冷地区		
		$F\leqslant3$	$4\leqslant F\leqslant8$	$F\geqslant9$	$F\leqslant3$	$4\leqslant F\leqslant8$	$F\geqslant9$	$F\leqslant3$	$4\leqslant F\leqslant8$	$F\geqslant9$	$F\leqslant3$	$4\leqslant F\leqslant8$	$F\geqslant9$
传热系数K	屋面	0.20	0.25	0.25	0.25	0.30	0.30	0.30	0.40	0.40	0.35	0.45	0.45
	外墙	0.25	0.40	0.50	0.30	0.45	0.55	0.35	0.50	0.60	0.45	0.60	0.70
	架空或外挑楼板	0.30	0.40	0.40	0.30	0.45	0.45	0.35	0.50	0.50	0.45	0.60	0.60
	非采暖地下室顶板	0.35	0.45	0.45	0.35	0.50	0.50	0.50	0.60	0.60	0.50	0.65	0.65
	分隔采暖与非采暖空间的隔墙	1.2	1.2	1.2	1.2	1.2	1.2	1.5	1.5	1.5	1.5	1.5	1.5
	分隔采暖与非采暖空间的户门	1.5	1.5	1.5	1.5	1.5	1.5	1.5	1.5	1.5	2.0	2.0	2.0
	阳台门下部门芯板	1.2	1.2	1.2	1.2	1.2	1.2	1.2	1.2	1.2	1.7	1.7	1.7
外窗K、SC	$B\leqslant0.2$　K	2.0	2.5	2.5	2.0	2.5	2.5	2.0	2.5	2.5	2.8	3.1	3.1
	$0.2<B\leqslant0.3$　K	1.8	2.0	2.2	1.8	2.0	2.2	1.8	2.2	2.2	2.5	2.8	2.8
	$0.3<B\leqslant0.4$　K	1.6	1.8	2.0	1.6	1.9	2.0	1.6	2.0	2.0	2.0	2.5	2.5
	SC	—	—	—	—	—	—	—	—	—	0.45/—	0.45/—	0.45/—
	$0.4<B\leqslant0.45$　K	1.5	1.6	1.8	1.5	1.7	1.8	1.8	1.8	1.8	—	—	—
	SC	—	—	—	—	—	—	—	—	—	—	—	—
	$0.45<B\leqslant0.5$　K	—	—	—	—	—	—	—	—	—	1.8	2.0	2.3
	SC	—	—	—	—	—	—	—	—	—	0.45/—	0.45/—	0.45/—

围护结构部位		严寒(A)区			严寒(B)区			严寒(C)区			寒冷地区		
		$F\leqslant 3$	$4<F\leqslant 8$	$F\geqslant 9$	$F\leqslant 3$	$4<F\leqslant 8$	$F\geqslant 9$	$F\leqslant 3$	$4<F\leqslant 8$	$F\geqslant 9$	$F\leqslant 3$	$4<F\leqslant 8$	$F\geqslant 9$
R	周边地面	1.70	1.40	1.10	1.40	1.10	0.83	1.10	0.83	0.56	0.83	0.56	—
	地下室外墙(与土壤接触的外墙)	1.80	1.50	1.20	1.50	1.20	0.91	1.20	0.91	0.61	0.91	0.61	—
体形系数 S	$F\leqslant 3$		0.50									0.52	
	$4<F\leqslant 8$		0.30									0.33	
	$9\leqslant F\leqslant 13$		0.28									0.30	
	$F\geqslant 14$		0.25									0.26	
B	北向		0.25									0.30	
	东、西向		0.30									0.35	
	南向		0.45									0.50	

注：1. 进行权衡判断时，各朝向的窗墙面积比 B 只能比表中的限值大 0.1。

2. "S" 为体形系数；"K" 为传热系数 $[W/(m^3 \cdot K)]$；"SC" 为寒冷（B）区的东、西向外窗综合遮阳系数；"R" 为保温材料层热阻 $(m^3 \cdot K/W)$；"F" 为设计建筑的层数；"B" 为窗墙面积比，按建筑开间计算。

22.5.3 夏热冬冷地区居住建筑的围护结构热工性能

夏热冬冷地区居住建筑的围护结构热工性能应符合表 22.5.3-1 及表 22.5.3-2 规定的限值。当不能满足时，必须进行综合判断。

夏热冬冷地区居住建筑围护结构传热系数 K 限值

表 22. 5. 3-1

围护结构部位	屋面 K		外墙 K		底面接触室外空气的架空或外挑楼板 K	分户墙、楼板、楼梯间隔墙、外走廊隔墙 K	户门 K		外窗(含阳台门透明部分)K				
	$D\leqslant 2.5$	$D>2.5$	$D\leqslant 2.5$	$D>2.5$			通往封闭空间	通往非封闭空间或户外	$B\leqslant 0.2$	$0.2<B\leqslant 0.3$	$0.3<B\leqslant 0.4$	$0.4<B\leqslant 0.45$	$0.45<B\leqslant 0.6$
$S\leqslant 0.4$	0.8	1.0	1.0	1.5	1.5	2.0	3.0	2.0	4.7	4.0	3.2	2.8	2.5
$S>0.4$	0.5	0.6	0.8	1.0	1.0	2.0	3.0	2.0	4.0	3.2	2.8	2.5	2.3

注："S" 为体形系数；"K" 为传热系数 $[W/(m^3 \cdot K)]$；"D" 为围护结构热惰性指标；"B" 为窗墙面积比，按建筑开间计算。

体形系数 S				窗墙面积比 B					外窗综合遮阳系数 *SC*w					
层数	F≤3	4≤F≤11	F≥12	朝向	北	东、西	南	每套房间允许一个房间(不分朝向)	窗墙面积比B	0.3<B≤0.4		0.4<B≤0.45		0.45<B≤0.6
										东、西向	南向	东、西向	南向	
限值	0.55	0.40	0.35	限值	0.4	0.35	0.45	0.6	限值	夏季≤0.4	夏季≤0.45	夏季≤0.35	夏季≤0.4	东西南向设置外遮阳,夏季≤0.25,冬季≥0.6

注:"*F*"为设计建筑的层数;"*B*"为窗墙面积比,按建筑开间计算。

22.5.4 夏热冬暖地区居住建筑的围护结构热工性能

夏热冬暖地区居住建筑的围护结构热工性能应符合表22.5.4.1~3的规定。当不能满足时,必须进行综合评价。

夏热冬暖地区居住建筑的围护结构热工性能限值及要求

表 22.5.4.1

围护结构部位	设计要求及限值	
窗墙面积比	各朝向的单一朝向窗墙面积比,南、北向不应大于0.40;东、西向不应大于0.30	
天窗	天窗面积不应大于屋顶总面积的4%,传热系数不应大于[4.0 W/(m²·K)],遮阳系数不应大于0.40	
屋顶及外墙 K、D	屋顶	外墙
	0.4<K≤0.9,D≥2.5	2.0<K≤2.5,D≥3.0(仅适用于南区)或1.5<K≤2.0,D≥2.8 或 0.7<K≤1.5,D≥2.5
	K≤0.4	K≤0.7

夏热冬暖北区居住建筑外窗平均传热系数和平均综合遮阳系数限值

表 22.5.4.2

外墙平均指标	外窗平均传热系数 K	北区外窗加权平均综合遮阳系数 S_W			
		C_{MF}≤0.25 或 C_{MW}≤0.25	0.25<C_{MF}≤0.30 或 0.25<C_{MW}≤0.30	0.30<C_{MF}≤0.35 或 0.30<C_{MW}≤0.35	0.35<C_{MF}≤0.40 或 0.35<C_{MW}≤0.40
K≤2.0, D≥2.8	4.0	≤0.3	≤0.2	—	—
	3.5	≤0.5	≤0.3	≤0.2	—
	3.0	≤0.7	≤0.5	≤0.4	≤0.3
	2.5	≤0.8	≤0.6	≤0.6	≤0.4

外墙平均指标	外窗平均传热系数 K	北区外窗加权平均综合遮阳系数 S_W			
		$C_{MF}≤0.25$ 或 $C_{MW}≤0.25$	$0.25<C_{MF}$ ≤0.30 或 $0.25<C_{MW}$ ≤0.30	$0.30<C_M$ ≤0.35$_F$ 或 $0.30<C_{MW}$ ≤0.35	$0.35<C_{MF}$ ≤0.40 或 $0.35<C_{MW}$ ≤0.40
$K≤1.5$, $D≥2.5$	6.0	≤0.6	≤0.3	—	—
	5.5	≤0.8	≤0.4	—	—
	5.0	≤0.9	≤0.6	≤0.3	—
	4.5	≤0.9	≤0.7	≤0.5	≤0.2
	4.0	≤0.9	≤0.8	≤0.6	≤0.4
	3.5	≤0.9	≤0.9	≤0.7	≤0.5
	3.0	≤0.9	≤0.9	≤0.8	≤0.6
	2.5	≤0.9	≤0.9	≤0.9	≤0.7
$K≤1.0$, $D≥2.5$ 或 $K≤0.7$	6.0	≤0.9	≤0.9	≤0.6	≤0.2
	5.5	≤0.9	≤0.9	≤0.7	≤0.4
	5.0	≤0.9	≤0.9	≤0.8	≤0.6
	4.5	≤0.9	≤0.9	≤0.8	≤0.7
	4.0	≤0.9	≤0.9	≤0.9	≤0.7
	3.5	≤0.9	≤0.9	≤0.9	≤0.8

夏热冬暖南区居住建筑外窗平均传热系数和平均综合遮阳系数限值

22.5.4.3

外墙平均指标 ($ρ≤0.8$)	南区外窗加权平均综合遮阳系数 S_W				
	$C_{MF}≤0.25$ 或 $C_{MW}≤0.25$	$0.25<C_{MF}$ ≤0.30 或 $0.25<C_{MW}$ ≤0.30	$0.30<C_{MF}$ ≤0.35 或 $0.30<C_{MW}$ ≤0.35	$0.35<C_{MF}$ ≤0.40 或 $0.35<C_{MW}$ ≤0.40	$0.40<C_{MF}$ ≤0.45 或 $0.40<C_{MW}$ ≤0.45
$K≤2.5$, $D≥3.0$	≤0.5	≤0.4	≤0.3	≤0.2	—
$K≤2.0$, $D≥2.8$	≤0.6	≤0.5	≤0.4	≤0.3	≤0.2
$K≤1.5$, $D≥2.5$	≤0.8	≤0.7	≤0.6	≤0.5	≤0.4
$K≤1.0$, $D≥2.5$ 或 $K≤0.7$	≤0.9	≤0.8	≤0.7	≤0.6	≤0.5

注："K"为传热系数 $[W/(m^2·K)]$；"D"为围护结构热惰性指标；"S_W"为外窗加权平均综合遮阳系数；"C_{MF}"为平均窗地面积比；"C_{MW}"为平均窗墙面积比；"$ρ$"为外墙外表面的太阳辐射吸收系数。

22.6 常用建筑材料的热工性能参数

常用建筑材料的热工性能参数　　　　表 22.6

材料名称		干密度 ρ_0 (kg/m³)	导热系数 λ (W/ (m·K))	蓄热系数 S (W/ (m²·K))	材料名称	干密度 ρ_0 (kg/m³)	导热系数 λ (W/ (m·K))	蓄热系数 S (W/ (m²·K))
水泥砂浆		1800	0.93	11.37	PUR 聚氨酯 硬泡体	30～50	0.025	0.27
水泥石灰砂浆		1700	0.87	10.75				
石灰砂浆		1600	0.81	10.07	EPS 膨胀 聚苯板	30	0.039	0.36
抗裂砂浆		1700	0.87	10.75				
建筑用砂		1600	0.58	8.26	水泥膨胀珍珠 岩板	800	0.26	4.37
黏土实心砖		1800	0.81	10.63				
黏土空心砖		1400	0.58	7.92	水泥膨胀 蛭石板	350	0.14	1.99
黏土	结实	2000	1.16	12.95				
	松散	1200	0.47	6.36	矿棉、岩棉、 玻璃棉板	<80	0.05	0.59
灰砂砖		1900	1.10	12.72				
硅酸盐砖		1800	0.87	11.11	保温浆料	180～250	0.06	1.02
炉渣砖		1700	0.81	10.43	保温砂浆	<230	0.07	0.964
钢筋混凝土		2500	1.74	17.20	发泡水泥 保温板	160～230	0.05～ 0.16	1.63
碎石卵石混凝土		2300	1.51	15.36				
陶粒混凝土		1400	0.70	8.93	泡沫玻璃	140	0.058	0.70
煤矸石、 炉渣混凝土		1500	0.76	9.54	地砖	2100	1.28	17.78
					面砖	2100	1.51	15.36
加气混凝土		500	0.19	2.81	陶瓷锦砖	2100	1.16	12.56
		600	0.21	3.20	水泥瓦	1800	0.81	10.63
		700	0.22	3.59	花岗石	2800	3.49	25.49
普通 混凝土 空心 砌块	单排孔		0.91	7.48	大理石	2800	2.91	23.27
	双排孔		0.79	8.42	石灰石	2000	1.16	12.56
	三排孔		0.75	8.38	钢板	7850	58.2	126
石膏板		1050	0.33	5.28	铝板	2700	203	191
松木、 杉木	热流 顺木纹	500	0.29	5.55	平板玻璃	2500	0.76	10.69
					胶合板	600	0.17	4.57
	热流 垂直纹	500	0.14	3.85	纤维板	1000	0.34	8.13
						600	0.23	5.28
XPS 挤塑 保温板		30	0.030	0.32	油毡	600	0.17	3.33

注：1. 表中的导热系数 λ 和蓄热系数 S 为标准值，实际应用时应根据使用情况采用经修正后的计算值，其修正系数 a 另详表 22.8。

　　2. 本表数据摘自《民用建筑热工设计规范》GB 50176—1993 及有关材料的国家、行业标准。

　　3. 建筑玻璃的特性及外窗的热工性能见第 17 章附录。

22.7 封闭及通风空气间层的热阻、蓄热系数、热惰性指标

封闭及通风空气间层的热阻、蓄热系数、热惰性指标   表22.7

部位、材料特性			热阻 R(m²·K/W)		蓄热系数 S [W/(m²·K)]	热惰性指标 D
			夏季	冬季		
封闭空气间层（间层厚度≥60mm）	一般空气间层	屋顶（水平）	0.15	0.20	0	0
		墙体（垂直）	0.15	0.18		
	单面贴铝箔	屋顶（水平）	0.54	0.64		
		墙体（垂直）	0.37	0.50		
	双面贴铝箔	屋顶（水平）	0.86	1.01		
		墙体（垂直）	0.50	0.71		
通风空气间层			0		0	0

注：本表数据摘自《民用建筑热工设计规范》GB 50176—1993。

22.8 常用建筑材料的 λ、S 值修正系数 a

常用建筑材料的 λ、S 值修正系数 a   表22.8

序号	材料、构造、施工、地区及使用情况	a
1	作为夹芯层浇筑在混凝土墙体及屋面构件中的块状多孔保温材料（如加气混凝土、泡沫混凝土及水泥膨胀珍珠岩等），因干燥缓慢及灰缝影响	1.6
2	铺设在密闭屋面中的多孔保温材料（如加气混凝土、泡沫混凝土、水泥膨胀珍珠岩、石灰炉渣等），因干燥缓慢	1.5
3	铺设在密闭屋面中及作为夹芯层浇筑在混凝土构件中的半硬质矿棉、岩棉、玻璃棉板等，因压缩及吸湿	1.2
4	作为夹芯层浇筑在混凝土构件中的泡沫塑料等，因压缩	1.2
5	开孔型保温材料（如水泥刨花板、木丝板、稻草板等），表面抹灰或与混凝土浇筑在一起，因灰浆渗入	1.3
6	加气混凝土、泡沫混凝土砌块墙体及加气混凝土条板墙体、屋面，因灰缝影响	1.25
7	填充在空心墙体及屋面构件中的松散保温材料（如稻壳、木屑、矿棉、岩棉等），因下沉	1.2
8	矿渣混凝土、炉渣混凝土、浮石混凝土、粉煤灰陶粒混凝土、加气混凝土等实心墙体及屋面构件，在严寒地区，且在室内平均相对湿度超过65%的采暖房间内使用，因干燥缓慢	1.15

注：1. 本表数据摘自《民用建筑热工设计规范》GB 50176—1993。
   2. 当地节能设计标准有不同规定时，应按当地规定取值。

22.9 围护结构外表面太阳辐射吸收系数 ρ 值

围护结构外表面太阳辐射吸收系数 ρ 值　　表 22.9

分类	面层类型	表面性质	表面颜色	吸收系数 ρ 值	分类	面层类型	表面性质	表面颜色	吸收系数 ρ 值
墙面	石灰粉刷墙面	光滑、新	白色	0.48	屋面	绿豆砂保护层屋面	—	浅黑色	0.65
	抛光铝反射板	—	浅色	0.12		白石子屋面	粗糙	灰白色	0.62
	水泥拉毛墙	粗糙、旧	米黄色	0.65		浅色油毛毡屋面	不光滑、新	浅黑色	0.72
	白水泥粉刷墙面	光滑、新	白色	0.48		黑色油毛毡屋面	不光滑、新	深黑色	0.86
	水刷石墙面	旧、粗糙	灰白色	0.70	油漆	黑色漆	光滑	深黑色	0.92
	水泥粉刷墙面	光滑、新	浅黄色	0.56		灰色漆	光滑	深灰色	0.91
	砂石粉刷面	—	深色	0.57		褐色漆	光滑	淡褐色	0.89
	浅色饰面砖及浅色涂料	—	浅黄、褐绿色	0.50		绿色漆	光滑	深绿色	0.89
						棕色漆	光滑	深棕色	0.88
	红砖墙	—	红褐色	0.75		蓝色漆、天蓝色漆	光滑	深蓝色	0.88
	硅酸盐砖墙	不光滑	灰白色	0.50		中棕色漆	光滑	中棕色	0.84
	混凝土砌块	—	灰色	0.65		浅棕色漆	光滑	浅棕色	0.80
	混凝土墙	平滑	深灰色	0.73		棕色、绿色喷漆	光亮	中棕、中绿色	0.79
	大理石墙面	磨光	白、深色	白 0.44 深 0.65		红油漆	光亮	大红色	0.74
	花岗石墙面	磨光	红色	0.55		浅色涂料及面砖	光平	浅黄、浅红色	0.50
屋面	红瓦屋面	旧	红褐色	0.70		银色漆	光亮	银色	0.25
	灰瓦屋面	旧	浅灰色	0.52	其他	草地	—	绿色	0.80
	水泥屋面	旧	青灰色	0.70		水(开阔湖、海面)	—	—	0.96
	水泥瓦屋面	—	深灰色	0.69					
	石棉水泥瓦屋面	—	浅灰色	0.75					

注：本表数据摘自《民用建筑热工设计规范》GB 50176—1993 及《公共建筑节能设计标准》DBJ 15—51—2007 广东省实施细则。

23 环保及室内环境污染控制

环保及污染防治设施原则与要求 表 23-1

类 别	原则与要求
环保"三同时"原则	环保及污染防治设施与主体工程同时设计、同时施工、同时使用
总体规划	污染项目置于水源的下游及主导风向的下风侧,且与居住区有足够的卫生防护距离并采取绿化隔离
	优化规划布局,减少外部交通噪声、汽车尾气等对小区环境的影响
	合理安排居住区配套设施规划布局,减少对住户的影响
废水、污水污染防治	采用雨、污分流制,有利于污水处理和雨水回收再利用;废水、污水经处理达标后,用密封管道排入城市下水道;废水排放执行国家及地方相关标准
废气、烟气污染防治	推行液化石油气或天然气等清洁燃料
	制冷设备采用非氟利昂制冷剂
	柴油发电机房的排烟经净化处理达标后排至屋顶上空
	烟囱排烟经除尘、吸收等净化处理后,向高空排放
	厨房油烟经排烟道集中向高空排放或经专业处理后排放
	废气排放执行国家及地方相关标准
固体废弃物污染防治	建筑废弃物的处理应符合国家及地方标准
	生活垃圾袋装每天由专人收集,密封清运,集中处理
	医疗废物集中收运、集中处置
	工业废渣妥善分类,临时堆放贮存,其堆场设防水、防渗漏、防扬散等措施,由环保部门统一清运,集中处理

类　别	原则与要求		
噪声污染防治	主干道两侧建筑采用隔声降噪窗		
	住宅区	与主干道之间设置绿化隔离带,住宅密集区路段设置声屏障	
		采用低噪声路面材料	
	控制噪声源,选用低噪声的工艺设备		
	风机、水泵、发电机等动力设备机房,按规定采取隔振降噪措施(如吸声墙面、吸声吊顶、隔声门窗等)		
	冷却塔置于隐蔽僻静处,减少对周围环境的影响		
	施工单位制定适宜的施工时间安排,减少对周围居民的影响;施工噪声执行相关标准		
光污染防治	玻璃幕墙的玻璃可见光反射率	在建筑20m以下	≤0.15
		在建筑20m以上	≤0.3
建设用地土壤中氡浓度超标防治	改善地下室混凝土地面层下排水措施,密封地下室的裂缝和洞口,防止地下室处于负压状态		
	提高通风性能,防止通风死角		
	采取换土或化学处理方法		
	采取建筑物内地面抗开裂措施,并对基础进行一级防水处理,按相关标准采取综合建筑构造防氡措施		
	当Ⅰ类民用建筑工程场地土壤中氡浓度或土壤表面氡析出率超标,且土壤中的镭、钍、钾的内照射指数或外照射指数也超标时,工程场地土壤不得作为回填土使用,或另择其他场地建设		
用油、贮油设备及设施污染防治	防渗透	地面铺水泥或其他防渗材料	
	防溢漏	设备设施周围建围墙,出入口设门槛	
	防雨淋	顶部设顶盖,禁止露天堆放	
	油污收集	地面设收集沟和集油池,地面水总出口处设隔油池,及时收集、清理并用密封桶罐收集和贮存	
	油污处理	残油、废油定期交由取得环保部门认证资格的单位进行收集和处理;严禁直接向水体或雨污水管倾倒油污	

类　别	原则与要求
室内环境污染控制	使用清洁能源,选用可循环、可回用和可再生建材;选用对人体健康无毒无害的建材
	各类建材所含放射性和非放射性污染物不超过国家规定的控制指标(具体详见表23-2)
	建材供应商应提供建材中有害物质含量的检测报告
	施工单位在室内装修过程中,不得使用苯、工业苯、石油苯、重质苯及混苯等稀释剂、溶剂,不得采用有机溶剂清洗施工用具
	不使用焦油类产品和材料
生态环境改善与恢复	规划设计充分利用地形地貌,尽量不破坏生态环境
	建(构)筑物之间保持必要的卫生防护间距
	采用地面绿化、空中绿化、屋顶花园等立体绿化系统,提高绿地率和绿化率
	因施工过程受到破坏的环境(如水土流失、山体裸露等)均及时采取恢复植被及其他有效措施进行补救,恢复或重建良性自然生态系统
	在建设过程中逐项落实环评报告书的各项环保措施和水土保持措施

民用建筑工程室内环境污染物浓度限量　　表 23-2

污染物	Ⅰ类民用建筑工程	Ⅱ类民用建筑工程
氡(Bq/m³)	≤200	≤400
甲醛(mg/m³)	≤0.08	≤0.1
苯(mg/m³)	≤0.09	≤0.09
氨(mg/m³)	≤0.2	≤0.2
TVOC(mg/m³)	≤0.5	≤0.6

注:1. Ⅰ类民用建筑工程包括:住宅、医院、老年建筑、幼儿园、学校教室等民用建筑工程。

　　2. Ⅱ类民用建筑工程包括:办公室、商店、旅店、文化娱乐场所、书店、图书馆、展览馆、体育馆、公共交通等候室、餐厅、理发店等民用建筑工程。

24 绿色建筑设计

24.1 绿色建筑的定义

绿色建筑的定义 表 24.1

类 别	技 术 内 容
绿色建筑的定义	是指在建筑的全寿命周期内,最大限度地节约资源(节能、节地、节水、节材),保护环境和减少污染,为人们提供健康、适用和高效的使用空间,与自然和谐共生的建筑
绿色建筑的简称	绿色建筑也可简称为"四节一环保"建筑
建筑的全寿命周期	包括:选址、场地改造、建筑设计、建造、运行、维护、翻新和拆除

24.2 绿色建筑的分类与等级

绿色建筑的分类与等级 表 24.2

绿色建筑分类	分类	绿色建筑等级	国标	深标
	绿色居住建筑		一星级 ★	铜
	绿色公共建筑		二星级 ★★	银
	绿色工业建筑		三星级 ★★★	金、铂金

24.3 绿色建筑的评价

24.3.1 评价范畴

绿色建筑评价范畴 表 24.3.1

评价阶段		评价指标	评价项目	评价标识
设计评价	运营评价	节地与室外环境 节能与能源利用 节水与水资源利用 节材与材料资源利用 室内环境质量 施工管理 运营管理 提高与创新	控制项—— 满足/不满足 评分项—— 得分值 加分项—— 得分值	绿色建筑设计标识证书 绿色建筑标识证书
◆绿色建筑设计评价标识评审(施工图审查通过后即可评审) ◆评价节地、节能、节水、节材、室内环境五类指标	◆绿色建筑运行评价标识评审(投入使用一年后即可评审) ◆评价节地、节能、节水、节材、室内环境、施工管理、运营管理七类指标			

24.3.2 评价方法

1. 评分计算规则

评分计算规则　　　　　　　　表 24.3.2-1

绿色建筑评价总得分：$\Sigma Q = \sum\limits_{1}^{7} \omega_i Q_i + Q_8$

各类指标评分项评价得分 Q_i	各类指标评分项加权得分 ΣQ_i	加分项附加得分 Q_8
$(Q_i) = \dfrac{各类指标实际得分}{各类指标适用得分} \times 100$	$\Sigma Q_i = \sum\limits_{1}^{7} \omega_i Q_i$	$Q_8 = $ 性能提高得分 + 创新得分
Q_i——七类指标各自的评分项的得分值； Q_1——节地与室外环境； Q_2——节能与能源利用； Q_3——节水与水资源利用； Q_4——节材与材料资源利用； Q_5——室内环境质量； Q_6——施工管理； Q_7——运营管理	ω_i——七类指标评分项的权重系数： ω_1——节地与室外环境； ω_2——节能与能源利用； ω_3——节水与水资源利用； ω_4——节材与材料资源利用； ω_5——室内环境质量； ω_6——施工管理； ω_7——运营管理	当附加得分大于10分时，取为10分
各类指标实际得分——各参评条文符合标准要求的具体得分值 各类指标适用得分——各参评条文的标准分值（100——不参评分值）	ω_i 按表 24.3.2-2 取值	

绿色建筑各类评价指标的权重系数表　　表 24.3.2-2

评价阶段		节地与室外环境 ω_1	节能与能源利用 ω_2	节水与水资源利用 ω_3	节材与材料资源利用 ω_4	室内环境质量 ω_5	施工管理 ω_6	运营管理 ω_7
设计评价	居住建筑	0.21	0.24	0.20	0.17	0.18	—	—
	公共建筑	0.16	0.28	0.18	0.19	0.19	—	—
运行评价	居住建筑	0.17	0.19	0.16	0.14	0.14	0.10	0.10
	公共建筑	0.13	0.23	0.14	0.15	0.15	0.10	0.10

注：对于同时具有居住和公建功能的单体建筑，各类评价指标权重取为居住建筑和公共建筑所对应权重的平均值。

表 24.3.2-3

《绿色建筑评价标准》（GB/T 50378—2014）设计评价指标体系

节地与室外环境

序号	分值	指标
		控制项
1	—	选址合规
2	—	场地安全
3	—	无超标污染源
4	—	日照标准
		评分项
I	34	土地利用
1	19	节约集约用地
2	9	绿化用地
3	6	地下空间
II	18	室外环境
4	4	光污染
5	4	环境噪声
6	6	风环境
7	4	热岛强度

节能与能源利用

序号	分值	指标
		控制项
1	—	节能设计标准
2	—	电热设备
3	—	能耗分项计量
4	—	照明功率密度
		评分项
I	22	建筑与围护结构
1	6	建筑设计优化
2	6	外窗幕墙可开启
3	10	热工性能
II	37	暖通空调
4	6	冷热热机组能效
5	6	输配系统效率
6	10	暖通系统优化
7	6	过渡季节能

节水与水资源利用

序号	分值	指标
		控制项
1	—	水资源利用方案
2	—	给水排水系统
3	—	节水器具
		评分项
I	35	节水系统
1	10	节水用水定额
2	7	管网漏损
3	8	超压出流
4	6	用水计量
5	4	公用浴室节水
II	35	节水器具与设备
6	10	卫生器具水效
7	10	绿化灌溉
8	10	节水冷却技术

节材与材料资源利用

序号	分值	指标
		控制项
1	—	紫限材料
2	—	400MPa钢筋
3	—	建筑造型要素
		评分项
I	40	节材设计
1	9	建筑形体规则
2	5	结构优化
3	10	土建装修一体化
4	5	灵活隔断
5	5	预制构件
6	6	整体化厨卫
II	60	材料选用
7	10	本地材料
8	10	预拌混凝土

室内环境质量

序号	分值	指标
		控制项
1	—	室内噪声级
2	—	构件隔声性能
3	—	照明数量质量
4	—	暖通设计参数
5	—	内表面面结露
6	—	内表面温度
7	—	空气污染物浓度
		评分项
I	22	室内声环境
1	6	室内噪声级
2	9	构件隔声性能
3	4	噪声干扰
4	3	专项声学设计
II	25	室内光环境视野

节地与室外环境			节能与能源利用			节水与水资源利用			节材与材料资源利用			室内环境质量		
序号	指标	分值	序号	指标	分值	序号	指标	分值	序号	指标	分值	序号	指标	分值
III	交通设施与服务	24	8	部分负荷节能	9	9	其他用水节水	5	5	预拌砂浆	5	5	户外视野	3
8	公共交通设施	9	III	照明与电气	21	III	非传统水源利用	30	6	高强结构材料	10	6	采光系数	8
9	人行道无障碍	3	9	照明节能控制	5	10	非传统水源	15	7	高耐久结构材料	5	7	天然采光优化	14
10	停车场所	6	10	照明功率密度	8	11	冷却水补水	8	III	可循环利用材料	10	III	室内热湿环境	20
11	公共服务设施	6	11	电梯扶梯	3	12	景观水体	7	8	废弃物生产材料	5	8	可调节遮阳	12
IV	场地设计与场地生态	24	12	其他电气设备	5		加分项		9	装饰装修材料	5	9	空调末端调节	8
12	生态保护补偿	3	IV	能源综合利用	20	13	卫生器具水效	1		加分项		IV	室内空气质量	33
13	绿色雨水设施	9	13	排风热回收	3				10	结构形式优化	1	10	自然通风优化	13
14	径流总量控制	6	14	蓄冷蓄热	3							11	气流组织	7
15	绿化方式与植物	6	15	余热废热利用	4							12	IAQ监控	8
	加分项		16	可再生能源	10							13	CO监测	5
	废弃场地/旧建筑	1		加分项									加分项	
				热工性能	1								空气处理措施	1
				冷热源机组能效	1								空气污染物浓度	1
				分布式三联供	1									

注：还有4项综合性较强的加分项指标未列入：建筑方案、BIM技术、<u>碳排放</u>、<u>其他</u>（加下划线者为新增条文）。

2. 绿色建筑等级的确定

绿色建筑等级的确定　　　　表 24.3.2-4

类型	要　　求	类型	星级	要　　求
前提条件	每类指标控制项均达标，每类指标评分项不低于 40 分	星级确定	一星级	总得分达到 50 分
			二星级	总得分达到 60 分
			三星级	总得分达到 80 分

24.3.3　绿色建筑标识与证书

24.4　绿色建筑设计文件

24.4.1　绿色建筑设计文件组成

绿色建筑设计文件组成　　　　表 24.4.1

绿色建筑设计文件组成		绿色建筑设计专篇内容	
设计说明	绿色建筑设计专篇	报告书	场地检测报告
	各专业设计总说明及其他专篇说明		环评报告
			日照分析报告
设计图纸	各专业设计图纸		声、光热、风环境模拟分析报告
	选用的标准图		
计算书	各专业计算书		地质勘察报告

绿色建筑设计文件组成		绿色建筑设计专篇内容	
报告书	结构体系优化论证报告	绿色建筑设计技术措施	针对各大指标分别说明
	其他相关报告		
工程项目概况		绿色设计自我评估	控制项——必须全部达标，不计分
技术经济指标			
设计依据	规范标准、设计任务书、有关批文		评分项——达标项数及得分值
			加分项——达标项数及得分值
建设目标及主要绿色设计指标	绿色等级		设计达标绿色等级——1～3星级
	节能率、绿地率、节水率		
	节材率、可再生能源利用		增量成本、效益及风险分析

注：《绿色建筑设计专篇》的形式和内容可根据工程实际状况作适当调整，方案阶段可适当简化，并且将各专业合并在一起编写。施工图阶段则宜分专业编写。

24.5 绿色建筑设计策略

绿色建筑设计策略　　　　　　　　　　表 24.5

技术类型	被动式技术	节水技术	设备节能技术
设计策略	1. 围护结构保温隔热（内外保温、夹芯保温、自保温）； 2. 建筑外遮阳——建筑自遮挡、构件遮阳、玻璃遮阳、活动遮阳； 3. 屋顶绿化（种植屋面）； 4. 墙体绿化（垂直绿化）； 5. 透水地面； 6. 节能门窗； 7. 隔声降噪； 8. 自然通风——风压通风、热压通风； 9. 自然采光——光反射板、光导管、光导纤维、棱镜组合多次反射	1. 人工湿地、下凹式绿地、雨水花园； 2. 雨水收集与利用、绿地入渗、透水地面； 3. 中水回用； 4. 节水洁具与设备； 5. 节水灌溉（喷灌、微灌、滴灌）	1. 变频泵/风机； 2. 热回收——排风热、冷凝热回收； 3. 高效制冷机； 4. 诱导风机； 5. 冰蓄冷、水蓄冷； 6. 热电冷联供

技术类型	可再生能源利用技术	软件模拟技术	环保技术
设计策略	1. 太阳能热水系统； 2. 太阳能光伏系统； 3. 太阳能建筑一体化设计； 4. 地源热泵、空气源热泵、水源热泵； 5. 风力发电； 6. 沼气	1. 热工性能化； 2. 能耗模拟； 3. 风环境模拟分析； 4. 光环境模拟分析； 5. 照明模拟分析； 6. 室外热岛模拟分析； 7. 遮阳模拟分析	1. 垃圾分类回收； 2. 环保无污染材料； 3. 快速再生材料； 4. 废弃物再利用； 5. 旧家具再利用

24.6 绿色建筑决策要素与技术措施

节地与室外环境——决策要素与技术措施　　表 24.6-1

<table>
<tr><td colspan="3">决 策 要 素</td><td>技 术 措 施</td></tr>
<tr><td rowspan="16">1.1
场地
选择</td><td rowspan="8">场地
安全</td><td>洪水位</td><td>场地位于当地洪水位之上</td></tr>
<tr><td>洪涝泥石流</td><td>远离洪涝灾害或泥石流威胁,设置防灾挡灾措施</td></tr>
<tr><td>地震断裂带</td><td>避开地震断裂带、易液化土、软弱土等对抗震不利的地段</td></tr>
<tr><td>电磁辐射</td><td>远离电磁辐射污染源:电视广播发射塔、通信发射台、雷达站、变电站、高压电线等</td></tr>
<tr><td>火、爆、毒</td><td>远离火、爆、毒——油库、煤气站、有毒物质厂房、仓库</td></tr>
<tr><td>土壤氡</td><td>土壤氡浓度检测,对超标土壤采取防治措施</td></tr>
<tr><td>各种污染</td><td>远离空气污染、水污染、固体污染、光污染、噪声污染、土壤污染等各种污染源,查阅环评报告,并采取相应的避让防治措施</td></tr>
<tr><td rowspan="5">废弃
场地
利用</td><td rowspan="2">废弃场地包含
内容</td><td>不可建设用地:裸岩、石砾地、陡坡地、塌陷地、盐碱地、沙荒地、沼泽地、废窑坑等</td></tr>
<tr><td>工厂与仓库弃置地</td></tr>
<tr><td>土壤检测</td><td>检测土壤中是否存在有毒物质</td></tr>
<tr><td>土壤治理</td><td>对有毒有污染的土壤采取改造、改良等治理修复措施</td></tr>
<tr><td>再利用评估</td><td>对废弃场地的再利用进行评估,确保安全、符合相关标准要求</td></tr>
<tr><td rowspan="4">1.2
土地
利用</td><td rowspan="3">规划
指标</td><td rowspan="2">居住建筑人均
居住用地
(11~35m²)、
人均公共绿地
(1.0~1.5m²)</td><td>合理控制人均居住用地指标,节约、集约利用土地
采取合理规划,适当提高容积率、增加层数、加大进深、高低结合、点板结合、退台处理等节地措施</td></tr>
<tr><td>合理设置绿化用地,同时采取屋顶绿化、墙体绿化等立体绿化措施</td></tr>
<tr><td>公共建筑容积率</td><td>合理控制容积率(0.5~3.5)。
尽量增大绿地率(30%~40%),并将绿地向社会公众开放</td></tr>
<tr><td>地下空间利用</td><td>合理开发利用地下空间,可采用下沉式广场、地下半地下室、多功能地下综合体(车库、步行通道、商业、设备用房等)</td></tr>
</table>

决策要素		技术措施
1.3 室外环境	光污染 / 玻璃幕墙	外立面避免大面积采用玻璃幕墙; 严格控制玻璃幕墙玻璃的可见光反射比≤0.2,在市中心区、主干道立交桥等区域幕墙玻璃的可见光反射比≤0.16
	光污染 / 室外照明	降低外装修材料(涂料、玻璃、面砖等)的眩光影响; 合理选配照明器具,并采取相应措施防止溢流
	声环境 / 场地噪声	远离噪声源——避免邻近主干道、远离固定设备噪声源,隔离噪声源——隔声绿化带、隔声屏障、隔声窗等
	声环境 / 模拟分析	进行场地声环境模拟分析和预测
	风环境 / 模拟分析	对场地风环境进行 CFD 数据模拟分析,指导建筑规划布局及体形设计
	风环境 / 优化布局、自然通风	调整建筑布局、景观绿化布置等,改善住区流场分布、减少涡流和滞风现象,加强自然通风,避开冬季不利风向,必要时设置防风墙、防风林、导风墙(板)、导风绿化等
	降低热岛强度 / 降低室外场地及建筑外立面的排热	红线范围内户外活动场地有遮阴措施(乔木、构筑物等); 超过 70% 的道路路面、建筑屋面的太阳辐射反射系数≥0.4; 合理设置屋顶绿化和墙体绿化; 尽量增加室外绿地面积
	降低热岛强度 / 降低夏季空调室外排热	采用地源热泵或水源热泵负担部分或全部空调负荷,有效减少碳排放; 采用排风热回收措施
1.4 交通设施与公共服务	交通体系 / 公共交通	场地出入口到达公共汽车站的步行距离不大于 500m,或到达轨道交通站的步行距离不大于 800m; 场地出入口步行距离 800m 范围内设有 2 条及以上线路的公共交通站点; 有便捷的人行通道联系公共交通站点
	停车场所 / 停车位	按当地停车位配制标准设置地下和地上停车位
	停车场所 / 停车方式	停车方式——地下车库、停车楼、机械式停车库等
	停车场所 / 自行车	按有关规定标准设置自行车位

决策要素		技术措施
1.4 交通设施与公共服务	公共服务设施 / 居住建筑	住区配套服务设施——教育、医疗卫生、文化体育、商业、金融、邮电、社区服务、市政公用、行政管理。 住区内1000m范围内的公共服务设施不应少于5种。 场地出入口到达幼儿园的距离≤300m，到达小学和商业≤500m
	公共服务设施 / 公共建筑	2种及以上的公建集中布置，或公建兼容2种及以上的公共服务功能。 配套辅助设施设备共同使用，资源共享。 建筑和室外活动场地应向社会公众提供开放的公共空间
	公共服务设施 / 无障碍设计	建筑入口、电梯、卫生间、停车场(库)、人行通道等处均应采用无障碍设计
1.5 场地设计与场地生态	生态保护 / 地形地貌	尽量保持和充分利用原有地形地貌
	生态保护 / 土石方工程	尽量减少土石方工程
	生态保护 / 生态复原	减少开发建设过程对场地及周边环境生态系统的破坏(水体、植被)，对被损害的地形地貌、水体植被等，事后应及时采取生态复原措施
	地面景观 / 乡土植物	采用适合当地气候特征的乡土植物
	地面景观 / 复层绿化	采取乔、灌、草相结合的复层绿化
	地面景观 / 林荫场地	尽量多设置林荫广场、林荫停车场、林荫道路等遮阴效果好的场地
	地面景观 / 下凹绿地	下凹式绿地、雨水花园等有调蓄雨水功能的绿地和水体面积之和占绿地面积的比例达到30%
	地面景观 / 透水地面	硬质铺装地面中透水铺装面积的比例达到50%
	雨水收集利用 / 专项设计	对大于10hm²的场地进行雨水专项规划设计
	雨水收集利用 / 雨水径流	合理规划地表与屋面雨水径流，对场地雨水实施外排总量控制，且总量控制率宜≥55%
	雨水收集利用 / 雨水利用	收集和利用屋面雨水、道路雨水进入地面生态设施
	绿化 / 植物种类	种植适应当地气候和土壤条件的植物，采用乔、灌、草结合的复层绿化
	绿化 / 绿化方式	居住建筑绿地配植乔木不少于3株/100m²； 公共建筑采用垂直绿化(墙体、阳台)、屋顶绿化(种植屋面)等方式

节能与能源利用——决策要素与技术措施　　表 24.6-2

决策要素			技术措施
2.1 围护结构	建筑体形	朝向	选择本地区最佳朝向或适宜朝向
		体形系数	满足节能设计标准的要求
		窗墙(地)比	满足节能设计标准的要求
	保温隔热	屋面保温	正置式、倒置式保温隔热屋面、架空屋面、蓄水屋面等
		墙体保温	外保温、内保温、夹芯保温、自保温
		门窗幕墙	断热型材、节能玻璃(Low－E、中空、镀膜、真空、自洁、智能等)
	遮阳系统	外遮阳	水平遮阳、垂直遮阳、综合遮阳、固定遮阳、活动遮阳、玻璃遮阳、卷帘、百叶、内置百叶中空玻璃、玻璃幕墙中置遮阳百叶等
		内遮阳	卷帘、百叶
	外窗幕墙开启面积		可开启面积比例满足节能与绿建标准的要求
2.2 暖通空调	冷热源选型	系统及容量	合理确定冷热源机组容量;选择高效冷热源系统
		机组	选择高性能冷热源机组(能效比、热效率、性能系数)
		控制系统	配置空调冷热源智能控制系统
	空调输配系统	设备	选用高性能输配设备(风机、水泵)
		水系统	空调水系统变流量运行(空调水泵变频运行)
		送风系统	空调变风量运行
		新风系统	智能新风系统
	自动控制	制冷机房	制冷机房群控子系统
		空调末端	空调末端群控子系统
2.3 能源综合利用	余热回收利用	锅炉	锅炉排烟热回收
		水冷机组	冷水机组冷凝热量回收
		热泵机组	采用全热回收型热泵机组
	蓄冷蓄热	冰蓄冷	冰蓄冷技术
		水蓄冷	水蓄冷技术
		蓄热技术	蓄热技术
	排风热回收	集中空调	对集中采暖空调的建筑——选用全热回收装置或显热回收装置
		非集中空调	对不设集中新风排风的建筑——采用带热回收的新风与排风的双向换气装置

决 策 要 素			技 术 措 施
2.4 可 再 生 能 源 利 用	太阳能热水	集热器	集热器类型——平板型、真空管式、热管式、U形管式等
		热水系统运行方式	热水系统运行方式——强制循环间接加热(双贮水装置、单贮水装置); 强制循环直接加热(双贮水、单贮水装置); 直流式系统、自然循环系统
		热水供应方式	集中供热水系统,集中集热分散供热水系统,分散供热水系统
	光伏发电	系统选择	独立光伏发电系统,并网光伏发电系统,光电建筑一体化系统
		输出方式	交流系统,直流系统,交直流混合系统
	地热	系统选择	地源热泵系统,水源热泵系统(地下水源、地表水源、污水源)
	风能	应用形式	大型风场发电,小型风力发电与建筑一体化
2.5 照明 与 电气	照明系统	节能灯具	采用节能灯具——T5荧光灯、LED灯等
			采用低能耗、性能优的光源用电附件——电子镇流器、电感镇流器
			电子触发器、电子变压器等
		照明控制	采用智能照明控制系统——分区控制、定时控制、自动感应开关、照度调节等
			照明功率密度值达到现行国标规定的目标值
	电梯	节能电梯	采用节能电梯及节能自动扶梯
		电梯控制	采用电梯群控、扶梯自动启停等节能控制措施
	供配电系统	变压器	所用配电变压器满足现行国标的节能评价值
		电气设备	水泵、风机及其他电气设备装置满足相关国标的节能评价值
		无功补偿	对供配电系统采取动态无功补偿装置和措施或谐波抑制和治理措施
		交配电所	合理选择变配电所位置,正确选择导线截面及线路敷设方案
	能耗分项计量	按用途分项	冷热源、输配系统、照明、办公设备、热水能耗等
		按区域分项	办公、商业、物业后勤、旅馆等
	智能化系统	居住建筑	安全防范、管理与监控、信息网络三大子系统
		公共建筑	信息设施、信息化应用、建筑设备管理公共安全、机房、智能化集成系统

决 策 要 素			技 术 措 施
3.1 水系统规划	水资源利用	制订方案	当地水资源现状分析,项目用水概况,用水定额,给水排水系统设计,节水器具设备,非传统水源综合利用方案,用水计量
3.2 节水器具与设备		节水卫生器具	节水水龙头,节水坐便器,节水淋浴器
		节水灌溉	喷灌、微喷灌、微灌、滴灌、渗灌、涌泉灌
	冷却塔节水	冷却塔选型	选用节水型冷却塔,冷却塔补水使用非传统水源
		冷却塔废水	充分利用冷却塔废水
		冷却水系统	采用开式循环冷却水系统
		冷却技术	采用无蒸发耗水量的冷却技术(风冷式冷水机组、风冷式多联机、地源热泵、干式运行的闭式冷却塔等)
3.3 非传统水源利用	雨水利用	雨水入渗	绿地入渗、透水地面、洼地入渗、浅沟入渗、渗透管井、池等
		雨水收集	优先收集屋面雨水,用作景观绿化用水,道路冲洗等
		调蓄排放	人工湿地、下凹式绿地、雨水花园、树池、干塘等
	中水回用	中水水源	盆浴淋浴排水、盥洗排水、空调冷却水、冷凝水、泳池水、洗衣水等
		处理工艺	物理化学法、生物法、膜分离法
		用途	景观补水、绿化灌溉、道路冲洗、洗车、冷却补水、冲厕等
3.4 避免管网漏损	设计选型监测	阀门、设备管材选用	选用密闭性能好的阀门、设备,使用耐腐蚀、耐久性能好的管材
		埋地管道设计施工监督	室外埋地管道采用有效措施避免管网漏损——做好基础处理和覆土,控制管道埋深,加强施工监督,把好施工质量关
		运行检测	运行阶段对管网漏损进行检测、整改
3.5 用水计量		按使用功能	对厨房、卫生间、空调系统、游泳池、绿化、景观等用水分别设置用水计量装置,统计用水量
		按付费或管理单元	按付费或管理单元,分别设置用水计量装置,统计用水量

节材与材料资源利用——决策要素
与技术措施　　　　　　表 24.6-4

决策要素			技 术 措 施	
4.1 材料选用	本地化建材		使用当地生产的建材,提高就地取材制成的建材产品的比例	
	可再循环利用材料		包括:钢、铸铁、铜及铜合金、铝、铝合金、不锈钢、玻璃、塑料、石膏制品、木材、橡胶等	
	高强材料	钢筋混凝土结构	梁、柱纵向受力普通钢筋应采用不低于 400MPa 级的热轧带肋钢筋	
		高层建筑	尽量采用强度等级不小于 C50 的混凝土	
		钢结构	尽量选用 Q345 及以上的高强钢材	
	耐久材料	钢筋混凝土结构	尽量采用高性能、高耐久性的混凝土	合理采用清水混凝土,采用耐久性好、易维护的外立面和内装材料
		钢结构	尽量选用耐候结构钢与耐候型防腐涂料	
	废弃物	建筑废弃物	利用建筑废弃物再生骨料制作的混凝土砌块、水泥制品、再生混凝土	
		工业废弃物	利用工业废弃物、农作物秸秆、建筑垃圾、淤泥为原料制作的水泥、混凝土、墙体材料、保温材料等	
	预拌混凝土、预拌砂浆		现浇混凝土采用预拌混凝土,建筑砂浆采用预拌砂浆	
4.2 旧建筑利用			利用旧建筑材料——砌块、砖石、管道、板材、木制品、钢材、装饰材料;合理利用既有建筑物、构筑物	
4.3 建筑造型	造型简约		造型要素简约,无大量装饰性构件	
	女儿墙高度		合理设置女儿墙高度,避免其超过规范安全要求 2 倍以上	
	装饰构件		采用装饰和功能一体化构件	
4.4 结构优化	结构体系选择		采用资源消耗小和环境影响小的建筑结构体系	
	结构优化		对地基基础、结构体系、结构构件进行节材优化设计	
4.5 建筑工业化	预制结构		采用装配式结构体系,采用预制混凝土结构和预制钢筋制品	
	建筑部品		整体式厨房、卫浴成套定型产品,装配式隔墙、复合外墙、集成吊顶(吊顶模块与电器模块二者标准化组合模块)、工业化栏杆等	

决策要素			技术措施
4.6 室内灵活隔断	可变换功能的室内空间		采用可重复使用的灵活隔墙和隔断——轻钢龙骨石膏板、玻璃隔墙、预制板隔墙、大开间敞开式空间的矮隔断
4.7 土建装修一体化	设计同步		土建设计与装修设计同步进行
	图纸齐全		土建与装修各专业的施工图齐全,且达到施工图深度要求
	预留预埋、无缝对接		土建设计考虑装修要求,事先进行孔洞预留和预埋件安装,二者紧密结合,统一协调、无缝对接

室内环境质量——决策要素与技术措施　　表 24.6-5

决策要素			技术措施
5.1 室内空气品质	室内空气污染源控制		采用绿色环保建材;入住前进行室内空气质量检测(氨、氡、甲醛、苯、TVOC)
	室内通风	自然通风	加强自然通风——穿堂风
		室内通风气流组织设计	优化室内气流组织设计(将厨卫设置在自然通风的负压侧,对不同功能房间保持一定压差,避免厨、卫、餐厅、地下车库等的气味或污染物串通到别的房间,注意进排风口的位置与距离,避免短路污染)
		建筑设计优化	建筑空间和平面设计优化——外窗可开启面积比例,房间进深与净高的关系,导风窗、导风墙等
		空调新风设计优化	新风量合理、新风比可调节,尽量做到过渡季节全新风运行设计
	空气质量监控	浓度监测	CO、CO_2 浓度监测
		实时报警	其他污染物浓度实时报警
5.2 室内热湿环境	空气温湿度控制	热湿参数	温度:冬季 18~20℃,夏季 25℃;相对湿度:冬季 30%~60%,夏季 40%~65%
		设计优化	供暖空调系统末端现场可独立调节(独立调节温湿度,独立开启关闭)
	遮阳隔热	可调节遮阳	活动外遮阳,中空玻璃内置智能内遮阳,外遮阳+内部高反射率可调节遮阳等

决策要素			技术措施
5.3 室内声环境	建筑布局隔声	总体布局	建筑总体布局隔声降噪、远离噪声源——主干道、立交桥,并设置绿化、隔声屏障等
		平面布局	建筑平面布局隔声降噪、避开噪声源——变配电房、水泵房、空调机房、电梯井道机房等
	围护结构隔声	隔声材料	隔声垫、隔声砂浆、地毯
		隔声构造	浮筑楼板、双层墙、木地板等
		隔声门窗	采用隔声门窗
	设备隔声减振	设备选型	选用噪声低的设备
		设备隔声	对噪声大的设备采取设消声器、静压箱措施
		设备基础	对有振动的设备基础采取减振、降噪措施
		管道支架	对设备管道及支架均采取消声、减振、降噪措施
5.4 室内光环境与视野	室内采光	外窗设计	外窗优化设计——采光系数、窗地比、室外视野
		自然采光	优化自然采光——导光玻璃、导光管、导光板、天窗、采光井、下沉式庭院
		控制眩光	避免直射阳光,视觉背景不宜为窗口、室内外遮挡设施、窗周围的内墙面宜采用浅色饰面
	室内视野	建筑间距	两栋住宅楼的水平视线距离≥18m,同时应避免互相视线干扰
		全明设计	居住建筑尽量做到全明设计(含卫生间);公共建筑主要房间至少70%的区域能通过外窗看到室外景观

施工管理——决策要素与技术措施　　　表 24.6-6

决策要素		技术措施
6.1 组织与管理	管理团队	组建施工管理团队——项目经理、管理员、绿色施工方案、责任人
	管理体系	建立环保管理体系——目标、网络、责任人、认证
	评价体系	建立绿色施工动态评价体系——事前控制、事中控制、事后控制、环境影响评价、资源能源效率评价、绿色指标、目标分解……
	管理制度	建立人员安全与健康管理制度——防尘、防毒、防辐射、卫生急救、保健防疫、食住、水与环境卫生管理、营造卫生健康的施工环境

决 策 要 素			技 术 措 施
6.2 环境 保护	防水 土流 失、 防尘	围墙排水沟	设置围墙或淤泥栅栏、临时排水沟、沉淀池(井)
		过滤网、清洗台	下水道入口处设置过滤网、搅拌机、运输车清洗台
		覆盖绿化	临时覆盖或绿化
		其他	其他措施——洒水、脚手架外侧设置密目防尘网(布)
	噪声 控制	监测控制	在施工现场对噪声进行实时监测与控制,确保噪声不超标
		设备选型	使用低噪声、低振动的机械设备
		隔声隔振	采取隔声隔振措施,尽量减少噪声对周边环境的影响
	光 污染	室外照明	采取遮光措施——夜间室外照明加灯罩
		电焊作业	电焊作业采取遮挡措施,避免电焊弧光外泄
	废弃 物 处理	制订计划、 分类堆放	制订废弃物管理计划,统一规划现场堆料场,分类堆放储存,标明标识,专人管理
		限额领料	限额领料,节约材料
		清理回收	每天清理回收、分类堆放、专人负责
		专门处理	现场不便处理,但可回收利用的废弃物,可运往废弃物处理厂处理
		记录拍照	专人记录废弃物处理量,定期拍照,反映废弃物管理及回用情况
6.3 资源 节约	节地	临时用地指标	尽量降低临时用地指标——合理确定施工临时设施(临时加工厂、现场作业棚、材料堆场、办公生活设施等),施工现场平面布置紧凑、合理、无死角,有效利用率≥90%
		临时用地保护	减少土方开挖和回填量,减少对土地的扰动,保护周边自然生态环境,少占农田耕地,竣工后及时恢复原地形地貌
	节能	节能方案	制订并实施施工节能用能方案
		施工设备	合理选择配置施工机械设备,避免大功率低负荷或小功率超负荷运行
		用电控制	设定施工区、生活区用电量控制指标,定期监测、计量、对比分析,并随时改正完善
		临时建筑	现场施工临时建筑设施应合理布置与设计,基本符合节能设计标准要求,尽量减少能耗
		施工进度	合理安排施工工序和施工进度,减少和避免返工造成的能源浪费
		节能灯具	施工照明采用节能灯具

决策要素		技术措施
6.3 资源节约	**节水** 蓄水池	在施工现场修建蓄水池,将施工降水抽进水池供施工现场使用
	节水器具	临时办公、生活设施采用节水型水龙头和节水型卫生洁具
	节水工艺	采用节水施工工艺
	节水教育	加强对员工进行"节约用水"教育
	节材 节材管理措施	就地取材,减少运输过程造成的材料损坏与浪费,选用适宜工具和装卸方法运输材料,防止损坏和遗漏,材料就近堆放,避免和减少二次搬运
	木作业节材	按计划放样开料,不得随意乱开料;剩余短料、边角料分类堆放待用
	施工现场及临时建筑设施节材	施工中尽量采用可循环材料,办公、生活用房采用周转式活动房,采用装配式可重复使用围挡作围墙,提高钢筋利用率(专业化加工),提高模板周转次数,废弃物减量化、资源化
6.4 机电系统调试	调试步骤	三个步骤——设备单机调试—系统调试—系统联动调试
	调试过程	(1)制订工作方式和工作计划; (2)审查设计文件和施工文件; (3)编制检查表和功能测试操作步骤; (4)现场观测; (5)准备功能运行测试; (6)功能测试
	调试报告	撰写机电综合调试报告

运营管理——决策要素与技术措施　　　　表 24.6-7

决策要素		技术措施
7.1 管理制度	资质与能力	提升物业管理部门的资质与能力——通过 ISO 14001 环境管理体系认证
	制定科学可行的操作管理制度	节能管理制度,节水管理制度,耗材管理制度,绿化管理制度,建筑、设备、系统的维护制度,岗位责任制,安全卫生制度,运行值班制度,维修保养制度,事故报告制度

决 策 要 素			技 术 措 施
7.1 管理 制度	绿色教育与宣传		对操作管理人员和建筑使用人员进行绿色节能教育与宣传,提高绿色意识
	资源管理激励机制		物业管理的经济效益与建筑能耗、水耗、资源节约等直接挂钩,租用合同应包含节能条款,做到多用资源多收费,少用资源少收费,少用资源有奖励,从而达到绿色运营的目标,采用能源合同管理模式
7.2 技术 管理	节能 节水 管理	分户分类计量	分户(居建)分类(公建)计量
		节能管理	业主和物业共同制定节能管理模式,建立物业内部的节能管理机制,节能指标达到设计要求
		节水管理	防止给水系统和设备管道的跑冒滴漏,提高水资源的使用效率,采取梯级用水、循环用水措施,充分使用雨水、再生水(中水)等非传统水源,定期进行水质检测
	耗材 管理	维护制度	建立建筑、设备、系统的维护制度,减少维修材耗
		耗材管理制度	建立物业耗材管理制度,选用绿色材料(反复使用清洁布,采用双面打印或电子办公方式,减少纸张的消耗等)
	室内环境品质管理		空调清洗,HVAC设备自动监控技术
	设备 设置 检测	设备设置	各种设备、管道的布置应方便维修、改造和更换
		施工单位	施工单位在施工图上详细注明设备和管道的安装位置
		物业单位	物业管理单位应定期检查、调试设备系统,不断提升设备系统的性能,提高能效管理水平
	物业 档案 管理	技术交接	做好技术交换工作——设计资料、施工资料的归库管理
		建立档案	建立完善的建筑工程设备、能耗监管、配件档案及维修记录
		运营记录	按时连续地记录建筑的运行情况——日常管理记录、全年计量与收费记录、建筑智能化系统运行数据记录、绿化养护记录、垃圾处理记录、废气废水处理排放记录等

377

决策要素			技术措施
7.3 环境管理	绿化管理	病虫害防治	采取无公害、病虫害的防治措施,加强病虫害的预测预报,对化学药品的使用要规范,并实行有效的管控
		树木成活率	提高树木成活率
	垃圾管理	垃圾分类	垃圾分类回收——建筑垃圾、生活垃圾、厨余垃圾、办公垃圾
		可降解垃圾	可降解垃圾单独收集——纸张、植物、食物粪便、肥料、有机厨余垃圾等
		垃圾站	垃圾站冲洗清洁

提高与创新——决策要素与技术措施　　　表 24.6-8

决策要素	技术措施
围护结构热工性能提高 20%	采取有效措施,降低传热系数 K,遮阳系数 SC,太阳得热系数 $SHGC$——主要指屋面、外墙、外窗和幕墙。屋顶外墙的保温隔热、外窗幕墙的遮阳(玻璃遮阳、固定外遮阳、可调节外遮阳等)
供暖空调负荷	采用高性能、高能效比的供暖空调设备及系统负荷降低 15%
冷热源机组能效比	采用高能效的冷热源机组,能效指标提高或降低 12%～16%
采用分布式热电冷联供技术	燃气冷热电三联供系统:优化系统配置,满足能源梯级利用的要求
	设备配置及系统设计:以冷热负荷定发电量,优先满足本建筑的机电系统用电
	余热利用设备及容量选择:宜采用余热直接回收利用的方式。
	余热利用设备最低制冷容量不小于发电机满负荷运行时产生的余热制冷量

8.1 性能提高

卫生器具用水效率达国标一级

卫生器具一级用水效率等级指标						
水嘴流量	坐便器(冲水量/次)		小便器(冲水量/次)	淋浴器(流量)	大便器冲洗阀(冲水量/次)	小便器冲洗阀(冲水量/次)
0.1 L/s	单档	平均 4.0L	2.0L	0.08L/s	4.0L	2.0L
	双档	大档 4.5L				
		小档 3.0L				
		平均 3.5L				

决策要素			技术措施
8.1 性能提高	环保节约型结构		钢结构、木结构、预制装配式结构及构件
	主要功能房间采取有效的空气处理措施		空调系统的新风回风经过滤处理
			人员密集空调区域或空气质量要求较高场所的全空气空调系统设置空气净化装置,并对净化装置选型(高压静电、光催化、吸附反应)提出根据人员密度、初投资、运行费用、空调区环境要求、污染物性质等经技术经济比较确定等具体要求。空气净化装置的设置符合《民用建筑供暖通风与空气调节设计规范》第7.5.11条的要求
	空气中有害污染物浓度≤70%国标		氨(NH_3):0.14mg/m³,甲醛(HCHO):0.07mg/m³,总挥发性有机物(TVOC):0.42mg/m³,苯(C_6H_6):0.08mg/m³,氡(^{222}Rn):320Bq/m³,可吸入颗粒物(PM_{10}):0.11mg/m³
8.2 创新	建筑规划设计	改善场地微气候环境	1. 设置架空层促进自然通风; 2. 场地内设置挡风板、导风板、区域通风廊道; 3. 屋顶绿化、外墙垂直绿化; 4. 优化建筑体形,控制迎风面积比
		改善自然通风效果	1. 在建筑形体中设置通风开口; 2. 利用中庭加强自然通风(上设天窗); 3. 设置太阳能拔风道; 4. 门上设亮子或内廊墙上设百叶高窗组织穿堂风; 5. 设置自然通风道、通风器、通风窗、地道风
		改善天然采光效果	1. 设置反光板,顶层全部采用导光管; 2. 设置自然采光通风的楼梯、电梯间
		提高保温隔热性能	1. 建筑形体形成有效的自遮阳; 2. 屋顶遮阳或采用通风屋面; 3. 外墙设置双层通风外墙; 4. 透明围护结构采用可调节外遮阳; 5. 选用新型、高效的保温隔热材料(真空型); 6. 屋面外墙面采用高效隔热反射材料(陶瓷隔热涂料、TPO防水层),设置被动式太阳能房

决策要素		技术措施
建筑规划设计	其他被动措施	1. 利用连廊、平台、架空层、屋面等向外部公众提供开放的运动、休闲、交往空间； 2. 有效利用难于利用的空间(人防、坡屋顶、异形空间等)，提高空间利用率； 3. 充分利用本地乡土材料，再利用拆除的旧建筑材料； 4. 采用空心楼盖； 5. 采用促进行为节能的措施
	选用废弃场地	对废弃场地进行改造并加以利用
8.2创新	充分利用旧建筑	尚可使用的旧建筑；能保证使用安全的旧建筑，通过少量改造加固后能安全使用的旧建筑
		进行环境评估并编写《环评报告》； 对旧建筑进行检测鉴定，编写旧建筑利用专项报告
	BIM技术应用	在项目设计中建立和应用 BIM 信息，并向内部各方(或专业)或外部其他方(或专业)交付使用，协同工作，信息共享。 具有正确性、完整性、协调一致性。应用产生的效果、效率和效益均较好
	减少碳排放	进行建筑碳排放计算分析，采取措施降低建筑物在施工阶段和运营阶段的碳排放——建筑节能、可再生能源利用、交通运输、绿化(碳汇)
	节约能源资源、保护生态环境、保障安全健康	采用超越现有技术的新技术、新工艺、新装置、新材料。 在关键技术、技术集成、系统管理等方面取得重大突破。 创新技术在应用规模、复杂难易程度及技术先进性方面在国内、国际上达到领先水平，具有良好的经济、社会和环境效益，具有发展前景和推广价值，对推动行业技术进步、引导绿色建筑发展具有积极意义和作用

注：本节内容来源于田慧峰、孙大明、刘兰编著的《绿色建筑适宜技术指南》及住建部的《绿色建筑评价技术细则》。

24.7 绿色建筑增量成本

24.7.1 绿色建筑的增量成本定义

相比常规建筑，绿色建筑由于采取了改善居住舒适性、减少资源消耗和环境影响等措施，导致其全寿命周期内各项成本值发生变化，该变化量称为绿色建筑的增量成本。

24.7.2 绿色建筑增量成本的组成

绿色建筑的增量成本定义 表 24.7.2

咨询成本	认证成本	技术增量成本	注：技术增量成本＝初始造价增量成本＋运营维护增量成本－常规建筑相应技术成本；
方案设计费、模拟分析费、申报材料费等	设计标识5万元、运营标识15万元	初始造价增量成本、运营维护增量成本	例：地源热泵增量成本＝地源热泵成本－常规暖通技术成本

24.7.3 绿色建筑各项技术措施平均增量成本比例

绿色建筑各项技术措施平均增量成本比例 表 24.7.3

绿色技术类别	节地	节能	节水	节材	室内环境	运营管理
增量成本比例	1.74%	70.6%	5.95%	1.38%	16.2%	4.13%
备注	可为0或负值	主要成本，较难控制	可为0	可为0，不明显	因标准不同，差异较大	可为0，增量不明显

24.7.4 绿色建筑平均增量成本统计值

绿色建筑平均增量成本统计值 表 24.7.4

星级	建筑类别	单位面积增量(元/m²)	增量成本比例	备注
一星级	绿色住宅	25	3.05%	数据来源： 1.《2014年度绿色建筑评价标识统计报告》； 2. 住房和城乡建设部科技发展促进中心，2015年二季度； 3.《建筑科技》2016年10期
一星级	绿色公建	30	3.05%	
二星级	绿色住宅	73	7.93%	
二星级	绿色公建	136	7.93%	
三星级	绿色住宅	145	10.84%	
三星级	绿色公建	280	10.84%	

24.7.5 绿色建筑六大指标增量成本分析

六大指标增量成本分析　　　　表 24.7.5

类型	技术措施		常规投资	绿色设计投资	增量投资	备注
节地与室外环境		透水地面	35 元/m²	60 元/m²	25 元/m²	
		绿化屋顶	300 元/m²	450 元/m²	150 元/m²	
		多层植物	300 元/m²	400 元/m²	100 元/m²	
	其他技术:自然通风、自然采光、室内风环境、空调的模拟分析		在常规建筑中应用,不需要增加成本			
节能与能源利用	可再生能源利用	地源热泵	350 元/m²	450 元/m²	100 元/m²	按空调面积计算
		太阳能光伏	0	3 万元/kW	3 万元/kW	按发电功率计算
		太阳能热水	0	2000 元/m²	2000 元/m²	按集热面积计算
	公共场所照明节能灯		15 元/盏	55 元/盏	40 元/盏	
	围护结构保温		—	—	75 元/m²	按建筑面积计算
节水与水资源利用	雨水收集利用		—	设备成本:1500 元/m³		雨水
				处理成本:0.2 元/m³		
	中水回用		—	设备成本:2500 元/m³		中水
				处理成本:1 元/m³		
	节水灌溉(微型喷灌)			5.21 元/m²		绿化面积
	节水器具			1.6 元/m²		建筑面积
节材与材料资源利用	绿色建材的市场价格与传统建材相差不大,不会造成建筑成本的增加					
室内环境质量	可调节外遮阳			150 元/m²		
	地下室采光井			2 元/m²		按地下室面积计算
	光导管技术			6 元/m²		
	室内环境监控系统			9 元/m²		
	其他技术:自然通风、自然采光、室内风环境、空调的模拟分析		在常规建筑中应用,不需要增加成本			
运营管理	智能化管理系统		初始投资 30 元/m²			
			维护费用 0.2 元/m²			
	垃圾回收处理		属于常规要求,不会增加建筑成本			

24.8 绿色建筑实例

24.8.1 深圳市建筑科学研究院办公大楼

1. 项目概况

位于深圳市福田区北部梅林片区;
总用地面积 3000m²;
总建筑面积 1.8 万 m²;
建筑地上 12 层,地下 2 层;达到国家三星级绿色建筑评价标识和 LEED 金奖

图 24.8.1(a)建筑外观

图 24.8.1(b)立面绿化

2. 绿色建筑技术策略

类　　型	技术策略	具体措施
节地与室外环境	绿化	6 层及屋顶绿化、花池绿化、垂直绿化
节能与能源利用	外围护结构节能	外墙:1~5 层采用 140mmASLOC 水泥纤维板+内保温系统; 7~12 层采用带形玻璃幕墙+砌体墙+LBG 板
		屋顶:倒置屋面+种植
	设备节能	空调分区,按需开启,灵活调节
	太阳能利用	光电利用:太阳能光伏系统总安装功率 80.14kW,年发电量 73766kWh
		光热利用:集中式、分户式热水系统,热管式集热器等
		专家工作区采用太阳能高温热水溶液除湿空调系统,以浓溶液干燥新风
	风能利用	屋顶安装 5 架 1kW 微风启动风力发电机
节水与水资源利用	再生水利用	布置人工湿地处理污水,用于冲厕、绿化灌溉

类　型	技术策略	具体措施
节材与材料 资源利用	高强钢筋＋高性能混凝土	
	本地材料＋可回收再利用材料＋局部土建装修一体化	
室内环境 质量	空调系统	地下1层实验室:1套水源热泵空调系统; 2～12层:水环式冷水机组＋集中冷却水系统; 9层小间独立办公和11层专家公寓:高效风冷变频多联空调,结合全热新风系统; 4层新风要求低:水环式冷水机组＋风机盘管＋独立新风; 5层大空间报告厅:水环式冷水机组＋二次回风空调箱＋座椅送风(置换通风); 10层大空间办公:高温水环冷水机组＋干式风机盘管＋新风溶液除湿机组的温湿度独立控制空调
	自然通风	"凹"形平面布局,外窗开启面积控制,中悬外窗
	室内环境质量控制	对墙体内表面和房间温湿度、二氧化碳、噪声监控与预测;声学模拟

24.8.2　清华大学节能中心示范楼

1. 项目概况

位于清华校园东区;

总建筑面积 2930m²;

地上 4 层,地下 1 层;

为清华大学建筑学院节能研究中心开放实验室、办公和展示用房

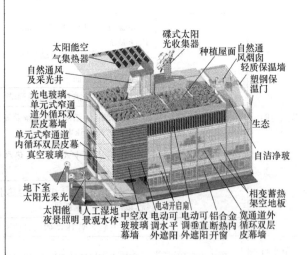

2. 绿色建筑策略

类　型	技术策略	具体措施
节地与室外环境	植被屋面	地被型的复合免维护型屋顶绿化
	人工湿地	水平潜流人工湿地工艺
节能与能源利用	外围护结构节能	东、南立面分别采用窄、宽通道双层玻璃幕墙；西、北立面采用 300mm 厚轻质保温外墙、铝幕墙外饰面
		外窗采用断热铝合金窗和彩色塑钢门窗，外设保温卷帘，综合应用 Low—E 镀膜玻璃、单片铯钾防火玻璃、真空玻璃、充惰性气体中空玻璃、自洁净玻璃等多种玻璃
		地板采用相变温度为 21℃ 的相变蓄热材料
	太阳能利用	光—电转换：南立面安装 30m² 光伏玻璃，用于驱动玻璃幕墙开启扇和遮阳百叶
		光—热转换：屋顶装设太阳能空气集热器，用于除湿系统的溶液再生
		光—热—电转换：屋面装有太阳能高温热发电装置，采用抛物面蝶式双轴跟踪聚焦系统，峰值发电功率为 3kW
		光—光转换：采用太阳能光导管采光系统
	热电冷联供系统	综合采用了内燃机、固体氧化物燃料电池、微燃机等设备。发电后余热冬季用于供热，夏季则当做低温热源驱动液体除湿新风机组
节水与水资源利用	—	多种节水技术和非传统水源利用
节材与材料资源利用	—	可再利用、可再循环钢结构，应用绿色防水、防火、防腐材料
室内环境	自然通风	在楼梯间和走廊设通风竖井，顶部设玻璃烟囱
	遮阳	外遮阳、内遮阳
	天然采光	采光井、采光板、太阳能光导管
	室内照明	自动控制照明系统和可调光节能灯
	室内环境质量控制	温湿度独立控制空调系统

24.8.3 国药集团一致药业（坪山）医药研发制造基地

1. 项目概况

位于深圳市坪山新区聚龙中路以西，规划六路以南；

包含综合制剂厂房、办公楼和宿舍楼、餐厅等生活设施；

建筑总用地面积 77352m²；

总建筑面积 141238.6m²；

其中，综合制剂厂房：

建筑占地面积 14515.4m²；

建筑面积为 55528.3m²；

达到国家绿色工业建筑二星级设计标识

综合制剂厂房

2. 绿色建筑技术策略

类型	技术策略	具体措施
节地与室外环境	交通优化	物流、交通组织合理，实现人流、物流分离
	废弃物处理	场地西北侧增设废弃物回收、处理的专用设施
		物料采用管道输送，固体废物分类采取不同方式处置，含尘废气采用高效过滤器过滤排放
节能与能源利用	外围护结构节能	屋顶 45mm 挤塑聚苯板，外墙 250mm 加气混凝土砌块，外窗 Low-E 中空玻璃
	设备节能	采用 T5 管、荧光灯等高效节能灯具
		立体库采用分层空调
节水与水资源利用	中水回用	洗瓶废水经处理后用于绿地浇洒、冲厕和冷却塔补水等
	节水器具	包括节水清洗设备及节水盥洗器具等
节材与材料资源利用	—	采用框架结构体系、土建与装修一体化设计，高强度钢比例达 100%
室内环境	天然采光	屋面采用采光井
	噪声控制	振动设备基础设置橡胶或弹簧减振器，降低室内噪声
	室内环境质量控制	洁净车间按 GMP 设计，并进行职业病危害控制效果评价

24.8.4 上海建筑科学研究院绿色建筑工程研究中心办公楼

1. 项目概况

位于上海市莘庄科技发展
园区内；
占地面积905m²；
建筑面积1994m²；
建筑主体为钢筋混凝土框
架剪力墙结构，屋面为斜屋面
结构；
南面两层、北面三层

2. 绿色建筑技术策略

类型	技术策略	具体措施
节地与室外环境	绿化系统	绿化屋面、垂直绿化、场地景观绿化
	水体	水体景观、水域生态保持和修复技术系统
节能与能源利用	外围护结构节能	四种复合外墙外保温体系＋三种复合型屋面保温体系＋断桥铝合金框双层中空Low-E玻璃门窗＋三种遮阳技术
	太阳能利用	光—电转换：5kW光伏电站并与电网并网，全年发电量为5130.8kWh
		光—热转换：设置150m²太阳能真空管集热器为空调和采暖提供热源，4m²太阳能平板式集热器，并采用电辅助加热，用于提供热水
	设备节能	全热回收技术，空调能耗降低10%～20%左右
节水与水资源利用	非传统水源利用	雨水、污水收集处理用于绿化灌溉、景观水池用水、冲厕和道路清洁等
节材与材料资源利用	结构体系	建筑主体采用钢筋混凝土框架剪力墙结构
	绿色建材	可回收利用材料使用率达到60%；采用了低毒、防霉、抗菌的环保装饰装修材料

类型	技术策略	具体措施
室内环境	自然通风	计算机模拟、风洞实验,可南北侧开窗风压通风,也可屋顶拔风塔、中庭排风道热压通风
	天然采光	利用模拟技术优化中庭天窗、外墙门窗采光及遮阳设计
	遮阳	天窗外部采用可控制软遮阳(遮阳帘幕)技术; 南立面采用可调节水平铝合金百叶外遮阳技术; 西立面采用可调节垂直铝合金百叶遮阳技术
	空调系统	采用热泵驱动的热湿独立控制空调系统
	采暖	采用太阳能、热水型吸附式空调和地板采暖系统

参 考 文 献

[1] 深圳市建筑设计研究总院编. 建筑设计技术细则与措施
[2] 深圳市建筑设计研究总院编. 建筑设计技术手册
[3] 《全国民用建筑工程设计技术措施》(2009 年版)
[4] 钟祥璋. 建筑吸声材料与隔声材料［M］. 第二版. 北京：化学工业出版社，2012.
[5] 建筑设计防火规范 GB 50016—2014［S］.
[6] 建筑内部装修设计防火规范 GB 50222—1995（2001 年版）［S］.
[7] 公共建筑节能设计标准 GB 50189—2015［S］.
[8] 夏热冬暖地区居住建筑节能设计标准 JGJ 75—2012［S］.
[9] 夏热冬冷地区居住建筑节能设计标准 JGJ 134—2010［S］.
[10] 严寒和寒冷地区居住建筑节能设计标准 JGJ 26—2010［S］.
[11] 绿色建筑评价标准 GB/T 50378—2014［S］.
[12] 民用建筑设计通则 GB 50352—2005［S］.
[13] 无障碍设计规范 GB 50763—2012［S］.
[14] 城市居住区规划设计规范 GB 50180—1993（2002 年版）［S］.
[15] 住宅设计规范 GB 50096—2011［S］.
[16] 住宅建筑规范 GB 50368—2005［S］.
[17] 办公建筑设计规范 JGJ 67—2006［S］.
[18] 商店建筑设计规范 JGJ 48—2014［S］.
[19] 饮食建筑设计规范 JGJ 64—1989［S］.
[20] 旅馆设计规范 JGJ 62—2014［S］.
[21] 展览建筑设计规范 JGJ 218—2010［S］.
[22] 体育建筑设计规范 JGJ 31—2003［S］.
[23] 档案馆建筑设计规范 JGJ 25—2010［S］.
[24] 博物馆建筑设计规范 JGJ 66—2015［S］.
[25] 文化馆建筑设计规范 JGJ 41—2014［S］.
[26] 电影院建筑设计规范 JGJ 58—2008［S］.
[27] 图书馆建筑设计规范 JGJ 38—2015［S］.

［28］ 交通客运站建筑设计规范 JGJ/T 60—2012 ［S］.

［29］ 中小学校设计规范 GB 50099—2011 ［S］.

［30］ 宿舍建筑设计规范 JGJ 36—2005 ［S］.

［31］ 托儿所、幼儿园建筑设计规范 JGJ 39—2016.

［32］ 综合医院建筑设计规范 GB 51039—2014 ［S］.

［33］ 医院洁净手术部建筑技术规范 GB 50333—2013 ［S］.

［34］ 医用气体工程技术规范 GB 50751—2012 ［S］.

［35］ 急救中心建筑设计规范 GB/T 50939—2013 ［S］.

［36］ 疗养院建筑设计规范 JGJ 40—1987 ［S］.

［37］ 老年人居住建筑设计规范 GB 50340—2016 ［S］.

［38］ 养老设施建筑设计规范 GB 50687—2013

［39］ 城市公共厕所设计标准 CJJ 14—2016 ［S］.

［40］ 汽车库、修车库、停车场设计防火规范 GB 50067—2014 ［S］.

［41］ 车库建筑设计规范 JGJ 100—2015 ［S］.

［42］ 机械式停车库工程技术规范 JGJ/T 326—2014 ［S］.

［43］ 城市道路工程设计规范 CJJ 37—2012 ［S］.

［44］ 住房和城乡建设部编. 城市停车设施建设指南 ［M］.

［45］ 民用建筑电动汽车充电设备配套设施设计规范 DBJ 50—218—2015 ［S］.

［46］ 电动汽车充电基础设施建设技术规范 DG/T J08—2093—2012 ［S］.

［47］ 地下工程防水技术规范 GB 50108—2008 ［S］.

［48］ 屋面工程技术规范 GB 50345—2012 ［S］.

［49］ 坡屋面工程技术规范 GB 50693—2011 ［S］.

［50］ 倒置式屋面工程技术规程 JGJ 230—2010 ［S］.

［51］ 种植屋面工程技术规程 JGJ 155—2013 ［S］.

［52］ 压型金属板工程应用技术规范 GB 50896—2013 ［S］.

［53］ 建筑地面设计规范 GB 50037—2013 ［S］.

［54］ 建筑采光设计标准 GB 50033—2013 ［S］.

［55］ 民用建筑热工设计规范 GB 50176—1993 ［S］.

［56］ 民用建筑隔声设计规范 GB 50118—2010 ［S］.

［57］ 民用建筑工程室内环境污染控制规范 GB 50325—2010 （2013 年版）［S］.

［58］ 建筑外门窗气密、水密、抗风压性能分级及检测方法 GB/T 7106—2008［S］.

［59］ 建筑外门窗保温性能分级及检测方法 GB/T 8484—2008［S］.

［60］ 建筑外窗采光性能分级及检测方法 GB/T 11976—2015［S］.

［61］ 建筑门窗空气声隔声性能分级及检测方法 GB/T 8485—2008［S］.

［62］ 建筑玻璃应用技术规程 JGJ 113—2015［S］.

［63］ 建筑幕墙 GB/T 21086—2007［S］.

［64］ 玻璃幕墙工程技术规范 JGJ 102—2003［S］.

［65］ 建筑材料放射性核素限量 GB 6566—2010［S］.

［66］ 建筑幕墙用瓷板 JG/T 217—2007［S］.

［67］ 建筑门窗幕墙用钢化玻璃 JG/T 455—2014［S］.

［68］ 真空玻璃 JC/T 1079—2008［S］.

［69］ 夹丝玻璃 JC 433—1991（1996 年版）［S］.

［70］ 建筑用安全玻璃第 2 部分：钢化玻璃 GB 15763.2—2005［S］.

［71］ 中空玻璃 GB/T 1194—2012［S］.

［72］ 镀膜玻璃第 1 部分：阳光控制镀膜玻璃 GB/T 18915.1—2013［S］.

［73］ 超白浮法玻璃 JC/T 2128—2012［S］.

［74］ 国家建筑标准设计图集、建筑专业相关图集.

［75］ 深圳市人民政府. 深圳市城市规划标准与准则.

［76］ 深圳市规划和国土资源委员会. 深圳市建筑设计规则（深归土〔2014〕402 号）［Z］.

［77］ 中华人民共和国消防法［Z］.

［78］ 广东省公安厅关于加强部分场所消防设计和安全防范的若干意见（粤公通字〔2014〕13 号）［Z］.

［79］ 关于加强超大城市综合体消防安全工作的指导意见（公消〔2016〕113 号）［Z］.

［80］ 建筑安全玻璃管理规定（发改运行〔2003〕2116 号）［Z］.

［81］ 住房城乡建设部　国家安全监督总局关于进一步加强玻璃幕墙安全防护工作的通知（建标〔2015〕38 号）［Z］.

［82］ 深圳市住房和建设局关于加强建筑幕墙安全管理的通知（深建物业〔2016〕43 号）［Z］.